Thinking About GIS
Geographic Information System Planning for Managers

地理信息系统
规划与实施

[加] 罗杰·汤姆林森 著

Roger Tomlinson

蒋波涛 译

测绘出版社

·北京·

著作权合同登记号:01-2010-5522

English language edition:
Thinking About GIS
By Roger Tomlinson
Copyright © 2007 by Roger Tomlinson
Published by ESRI Press
This Chinese version published by Surveying and Mapping Press, Beijing
Under license from Roger Tomlinson
All Rights Reserved

图书在版编目(CIP)数据

地理信息系统规划与实施 /(加)汤姆林森
(Tomlinson,R.)著;蒋波涛译. —北京:测绘出版社,2010.9
书名原文:Thinking About GIS
ISBN 978-7-5030-2122-0

Ⅰ.①地… Ⅱ.①汤… ②蒋… Ⅲ.①地理信息系统
—研究 Ⅳ.①P208

中国版本图书馆 CIP 数据核字(2010)第 175923 号

责任编辑	吴 芸		封面设计	李 伟
出版发行	测绘出版社			
地　　址	北京市西城区三里河路 50 号		电　话	010—68531160(营销)
邮政编码	100045			010—68531609(门市)
电子信箱	smp@sinomaps.com		网　址	www.sinomaps.com
印　　刷	北京建筑工业印刷厂		经　销	新华书店
成品规格	169mm×239mm			
印　　张	15		字　数	286 千字
版　　次	2010 年 9 月第 1 版		印　次	2010 年 9 月第 2 次印刷
印　　数	3001—6000		定　价	48.00 元
书　　号	ISBN 978-7-5030-2122-0/P • 491			

本书如有印装质量问题,请与我社联系调换。

序

我国的地理信息系统研究与应用始于20世纪70年代末80年代初,从最初的准备阶段、起步及试验阶段、发展阶段到如今的产业化阶段,已经经历了30多年。自1996年以来,我国的地理信息系统在技术研究、成果应用、人才培养、软件开发等方面进展迅速,GIS已从初步发展时期的研究实验、示范应用走向产业化发展道路,成为国民经济建设普遍使用的工具,并在各行各业发挥着重大作用。

现在我国的GIS行业的发展如火如荼,很多公司在GIS的应用以及产业化上做出了很多的探索和贡献,但是很少从用户角度研究GIS规划和应用的问题。我们的GIS技术人员,更多地也是关注于GIS的技术和如何实现具体的开发,对于整个项目的规划进程也所知不多。即使是实施GIS项目的公司以及政府部门,对于GIS到底能做什么以及能发挥多大的作用也不能了如指掌。对于上面的这些问题,我们需要从不同的思路来进行探讨,或许我们可以从"GIS之父"Roger Tomlinson博士那儿学习到一些经验。

早在20世纪60年代,Roger Tomlinson博士就提出了地理信息系统这一术语,并建立了世界上第一个GIS——加拿大地理信息系统(CGIS)。其后,他专注于研究GIS应用以及如何让其最大限度地发挥作用,他将在世界各地实施GIS项目规划与实施的经验总结成书,提供给大家参考。《地理信息系统规划与实施》是他关于GIS规划和实施的专著《Thinking About GIS》(第3版)的中文版,书中详细阐述了为什么要做GIS规划、如何进行GIS规划以及规划的细节等问题。

2007年6月于美国加州大学参加第5届国际数字地球大会合影

最近几年我两次见到Roger Tomlinson博士老先生,他依然思维敏锐,谈笑风生,晚生受益匪浅。今应测绘出版社之邀,为《地理信息系统规划与实施》作序,借此愿将本书推荐给国内的同行,希望这本书不仅能帮助实施GIS项目的管理层和具体研发的项目经理,还能启发GIS专业的学生,尤其是帮助纯粹的技术人员建立一种项目全局观,以此帮助他们不断地超越和成长。

李德仁

2010年9月6日于武昌珞珈山

译者序

两年前读到英文原版《Thinking About GIS》及后来写下第一篇书评时,我并没有预料到自己将来有机会承担这本书的翻译工作。原因有二:其一,这本书的版权不好谈;其二,有一家我们认为较为适合出版这种"理论性"著作的出版社婉拒了美国环境系统研究所公司(Environmental Systems Research Institute Inc.,ESRI)的建议,使得该书的引进之路变得模糊起来。所幸的是,后来遇到测绘出版社的吴芸编辑,正是他们的坚持与远见,历经漫长的接洽以及测绘出版社对我本人的信任,才使得本书得以通过方块字的形式出现在读者面前。

与目前国内的各种 GIS 著作相比,本书有三不同:第一,它是"GIS 之父"Roger Tomlinson 博士最重要的作品,Roger Tomlinson 博士虽然是 GIS 的奠基人,但他并不名重于学术界,而是通过跨国咨询公司的形式,在世界各地推广他关于 GIS 项目规划与实施的经验,这也许正应了 Michael Goodchild 教授所认为的"从根本上说,GIS 是一种应用技术"的观点;第二,这是一本类型特殊的书籍,它并不讲述那些已经重复无数遍的 GIS 原理,也不卖弄各种 GIS 开发技巧,它是一本讲 GIS 项目规划与实施的书,而这在国内 GIS 界是独一份;第三,它的目标读者是实施 GIS 的机构的管理层和具体干活的 GIS 项目经理们,当然,这并非说我们不建议其他读者来阅读,而是其中的有些思路和理念,不是看看书就能领会的,更多的还是有赖于具体的实践。

本书是一本关于 GIS 规划与实施的著作,它通过下面的结构阐述了这一主题。

首先,为什么我们需要规划?"凡事预则立,不预则废",对 GIS 进行规划,不仅是为了搞清楚我们将要投入真金白银的项目到底要干什么;更重要的是,你必须将这个目标清楚明了地传达给管理层,以获得他们在人员和资金上的首肯,当然最好是白纸黑字式的"签字画押"。

当你获得了来自上层的信任,接下来就要与具体的业务部门打交道了,怎么样才能搞清楚他们的需求?甚至能够让部门负责人答应给你借派点人手呢?这时你就有必要开一个技术研讨会,详细明了地了解他们需要什么样的"信息产品",即他们为了完成自己的工作,需要什么类型的信息?你需要将这些需求编制为 IPD(信息产品描述表),并搞清楚为了通过 GIS 来生产这些信息产品,你需要什么样的数据——这就是调研的成果:信息产品及系统的边界。

接下来,你需要选择数据并对数据进行设计,你需要的数据在什么地方?其比例尺、分辨率和容错度怎么样？选择哪一种数据模型才是最合适的呢？关系型、面向对象型还是关系—对象型？这些都需要你仔细考虑。

然后呢？你需要确定系统的需求，请记住，是"系统"而不是"程序"，这些需求包括硬件、软件和网络。如果你对此了然于心，那么你就不再是一个纯粹的代码编写工，而是一个在更大尺度上考虑问题的项目负责人。

我们给上层拍了无数的胸脯，许下了动听的诺言。现在是用翔实的数字来论证该项目只赚不赔的时刻了。分析一下成本和效益、系统迁移及系统风险，应该是大有裨益的。

最后的时刻到了，你需要制定详细的实施方案，包括开发、运行维护和采购方案，其涉及的对象不仅有物，而且有人，这才是真正的挑战。

这本书写的就是这些内容，怎么样？这其中的很多都应该是我们从没考虑过的吧。当然，我绝非完全推崇这套方法论，要将它奉为准则。Roger Tomlinson 博士自己也说过，请根据你的项目规模和环境，来对该方法论进行删减。没有人指望这套方法论能包打天下和包治百病，而且，我们也应该看出，它的方法论和我们国内的实际有着许多出入，例如它的"GIS 咨询师"和成本—效益分析，我们并没把它们当回事。这就让我们更不能邯郸学步、亦步亦趋。

本书没有一行代码，如果你打算学习任何编程的技巧，请放下本书；本书也没有"银弹"，如果你是一名陷入泥潭的项目经理，读本书怕也为时已晚。中文版的出版，是为了向国内同行介绍这种在国际上受到广泛认同的方法论，相信它会对你有所启发，但是，请切记，别迷信！

本书的版权引进并非一帆风顺，因此，留给译者的翻译时间并不多。十分感谢武汉大学余洁教授和李霖教授对译稿提出的建议，也多亏了杨妍、殷慧、张洁等同学的校对帮助，才使它得以完成。由于译者水平有限，不妥之处请广大读者指正，联系邮箱：chiangbt@gmail.com。

蒋波涛

2010 年 8 月于甬

原版序

多年以来，罗杰·汤姆林森（Roger Tomlinson）一直在倡导这样一种观点，即"成功的 GIS 其关键因素之一是使用了一种统一的规划方法论"。他创造的这套方法论多年来一直在发展演化，并且他也不断地通过自己的咨询课程来修正这一观点，并使之与技术的进步保持一致。在 ESRI 国际用户大会和其他会场，Tomlinson 将他的方法论作为颇受欢迎的"GIS 规划与管理"课程的一部分来教授。通过观察这些课程的参与情况，发现其主要吸引两类人群：第一类由在各自机构中负责监管 GIS 和其他信息技术的高级管理人员组成；第二类则多是负责 GIS 和其他信息技术实际开发工作的技术经理们。这两类明显不同的群体在一起年复一年地汲取 Tomlinson 智慧的情况总让我觉得意义重大，也让我感觉到这是一本 GIS 规划著作的极好的起点。

Roger Tomlinson 为这两种类型的管理人员撰写了本书，他试图在两者的交流鸿沟之间搭建起一座桥梁。公共或私营机构的高级管理人员（第一类人群）通常拥有一种"GIS 将对他们有所帮助"的看法，并且知道如何获得资源来启动这一计划。但他们对地理空间数据的技术性能和独特的约束因素缺乏足够的理解，因此无法来指挥他们的技术经理们（第二类听众）并提出正确的问题。与此相反，技术经理们（第二类人群）可能对 GIS 的技术和独特特征了如指掌，但对 GIS 在本公司及更广范围内的运作却知之甚少。他们需要的是能让自己预见老板将询问什么样的问题的信息。这本书有效并且成功地满足了这两类人的需要。

除了这两类主要读者，本书对希望了解如何开展中层管理工作的 GIS 专业的学生也有其价值。对于想要了解在一个大公司中作为一名 GIS 管理人员该做什么和能做什么的学生而言，这也是一本无价的教程。

虽然 Roger 因为在 20 世纪 60 年代早期时使用计算机为加拿大政府土地调查建模所做的工作使他成为众所周知的"GIS 之父"，但我认为他对本领域最伟大的贡献是在本书中描述的关于 GIS 规划的缜密的方法论，我希望读者能够像我和我 ESRI 的同事一样发现他作品的益处和帮助。

ESRI 总裁
Jack Dangermond

目 录

绪论 ·· 1
第1章　GIS：全景展示 ··· 5
第2章　方法论概述 ··· 11
第3章　考虑战略目的 ··· 15
第4章　为规划而规划 ··· 18
第5章　召开技术研讨会 ··· 24
第6章　描述信息产品 ··· 35
第7章　界定系统边界 ··· 58
第8章　进行数据设计 ··· 78
第9章　选择逻辑数据模型 ·· 95
第10章　确定系统需求 ··· 109
第11章　考虑效益—成本、系统迁移和风险分析 ······································ 152
第12章　规划实施方案 ··· 164

附录A　GIS员工、职位描述及培训 ··· 187
附录B　基准测试 ·· 192
附录C　网络设计规划因素 ··· 199
附录D　招标书概要 ·· 202
附录E　编写初步设计文档 ··· 204

词典 ··· 209
扩展阅读 ·· 227

Contents

Introduction		1
Chapter 1	GIS: The whole picture	5
Chapter 2	Overview of the method	11
Chapter 3	Consider the strategic purpose	15
Chapter 4	Plan for the planning	18
Chapter 5	Conduct a technology seminar	24
Chapter 6	Describe the information products	35
Chapter 7	Define the system scope	58
Chapter 8	Create a data design	78
Chapter 9	Choose a logical data model	95
Chapter 10	Determine system requirements	109
Chapter 11	Consider benefit-cost, migration, and risk analysis	152
Chapter 12	Plan the implementation	164
Appendix A	GIS staff, job descriptions, and training	187
Appendix B	Benchmark testing	192
Appendix C	Network design planning factors	199
Appendix D	Request for proposal (RFP) outline	202
Appendix E	Writing the preliminary design document	204
Lexicon		209
Further reading		227

绪　论

如果你正拿着本书,或许是因为你正要为你所在的机构负责启动或实施一个地理信息系统(geographic information system,GIS),你供职的机构是具有 GIS 使用传统的机构——地方政府、交通管理局和林业管理局;或者是这样一类单位——如一家公司、一个政治行动组织或一家农场——它们最近才开始发现地理因素在决策时的积极影响。

你正着手负责实施的 GIS 可能打算满足单一、明确的目标,或是运行一个长期执行的功能。它甚至可能是所谓的"企业级 GIS",即为了满足你所在机构多个部门之间各种各样的目的而设计。(在 GIS 的发展过程中你将了解到,一个规划良好的实施可以从一个计划开始发展或逐步扩展,并最终成为一个成熟的企业级系统。)

无论你所在机构的任务或对 GIS 实施的最初预期范围是什么,一个好消息是隐藏在一个成熟 GIS 计划幕后的原则在本质上都是相同的。这些原则基于一个简单的概念,即你必须考虑你的真实目标和你打算从你的 GIS 中得到什么样的结果,获得什么样的信息。所有其他的一切都取决于此。

本书详细地阐述了规划 GIS 的实用方法论,该方法论多年来不断地在公立或私营机构得到成功的应用。它是一个具有伸缩性的方法——该方法论能够适应任何规模的 GIS,从小型项目到企业级系统。

为什么要进行规划?

为什么你要做规划呢?就买几台电脑和 GIS 软件,加载些数据,"顺其自然"地发展又会有什么问题呢?你难道不能顺应事情的发展稍稍作些改变,或按你自己的想法去自由发挥吗?这些预先的思考难道不会延缓事情的进展,甚至产生更多的工作吗?恰恰相反,有证据显示良好的 GIS 规划会令 GIS 项目成功,而缺乏规划则会导致失败。无论你是正与已经存在的系统在打交道,还是重新开发 GIS,都必须在 GIS 开发过程中整合足够的规划过程;否则,很可能最终得到一个并不符合预期的系统。

明确你想要从你的 GIS 中获得什么对你最后的成功是至关重要的。很多时候,一个机构想启动一个 GIS 项目是因为他们从其他单位的同行口中听到了一些不错的想法,或仅仅是他们不想在技术上落于人后。于是他们在并不清楚自己需要从 GIS 中获得些什么的情况下，就掏出可观的钞票投资在技术、数据和人员上。这就像收拾行李去度假，却不知道目的地是哪儿一样。你把衣橱中的所有衣服都装进皮箱，结果发现在斐济根本用不着毛衣，但却忘了带防晒油。你浪费了时间和精力，更糟糕的是，你还是没有准备妥当。当你在对真实目的没有事先进行认真考虑的情况下就试图开发一个 GIS 时，将发现自己陷入了错误的（昂贵的）技术和无法满足的需求之中。

你需要在规划过程之初就确定本单位的 GIS 需求。GIS 有多种潜在的应用，所以在一开始就确立明确的要求和目的是很重要的。这样会避免由于在没有区分主次和在最终目标不明确的情况下就试图开发系统所导致的混乱。本书中的方法将告诉你如何对你所在机构关于 GIS 的要求进行描述和优化，以便你能规划出满足需求的系统。

管理者的关键任务——他们负责制定规划——是理解他们的业务并认清从业务中能够获得何种收益。就 GIS 而言，其根本利益是以我们所谓的信息产品这一形式出现的。信息产品是数据转换为对人特别有用的信息。例如，经济数据与指定位置进行相关分析，并通过计算机传递给你，通常是地图这样的可视化形式。如果它能让你工作得更好、更快和更高效，那它就是一种信息产品。

如果不能产生有用的产品，你的 GIS 很快就会变成一个烧钱的无底洞，并最终将危及 GIS 的存在甚至是你的饭碗。相反，如果一个 GIS 能够提高工作流程的效率并产生有用的信息产品的话，它就能证明自身的存在价值。每一个成功的信息系统最终都将获得这样的收益。

一旦明白了你所要寻找的信息产品，你就能确定需要用什么样的数据来产生这些产品。此时你可以考虑将会影响效率的因素，如容错问题和数据库设计概念。根据将数据转换为可用信息过程中所要求的种类和数量（数据要求），你可以界定系统范围，确定需要从软件中得到的功能（软件功能）和系统对硬件及网络的要求（硬件和网络需求）。基于以上列举的要素，可以获得准确的成本模型，然后得到一个清晰明确的成本效益分析。在此基础上，你才能考虑其他影响实现的因素——制度、法律、预算、人员、风险或时间因素——并寻找途径来降低其影响。最终的结果将是一个有效的、高效率的，且明显对你的机构是有益处的 GIS。

实现与维护过程将是昂贵的，但良好的规划将在长期运行中提高 GIS 的经济效益。本书将告诉你两点，即系统的性价比，以及如何制定一个最终将会让你成功的管理案例。

整个规划过程会占用很多时间，在某些情况下你可能发现某些步骤可以减少或省略。但为了真正了解这个项目，认真考虑每一个步骤是十分重要的。你将会很高兴花费了这些时间。

GIS 意味着变革

技术变革就像猛烈的潮水。为了从 GIS 中获得更多的长期利益，你必须做好规划以保证在这个快节奏的时代中保持领先。

技术（无论是软件还是硬件）的快速发展，都不断在 GIS 规划过程中发挥着其巨大的影响力。由于软件可用性的增强和软件功能的高度标准化，GIS 能开发得更快和更富有迭代性。由于 CPU 处理时间极短，硬件也越来越支持这种增长。我们在系统架构设计时还受软硬件限制的日子已经一去不复返了。

现在系统设计的驱动因素是机构中用户的位置和数据资源以及两者的沟通。分布式系统和系统间的通信变得越来越重要。许多复杂的应用程序现在已经能在服务器层面上实现。这是技术的进步。跟上它，你就不会感觉到孤立无援。

地理空间数据也变得更加丰富和更容易获取到，这部分归功于在地理测量中新技术（GPS、激光雷达等）的加入，以及实时传感器获取数据并使其通过 Web 服务的形式进行发布。目前，许多标准和通用的数据集可以以数字格式来使用，并且费用比几年前便宜了很多。

这种相对丰富的廉价和可靠的空间数据明显地扩展了潜在的 GIS 应用范围。快速原型和开发工具能让我们快速地开发和测试这些程序，如 ESRI ArcGIS Desktop 的 Model Builder，Microsoft Visual Basic 和 CASE 技术。换而言之，现在的开发有了更大的选择余地；你可以有针对性地规划选定的业务范围和逐步建设数据库，并根据需求对其进行扩展。

现在，大部分 GIS 用户处理空间数据都是使用三种范例中的一种：第一种 GIS 框架是传统的独立式桌面信息系统，用户可以通过一套 GIS 功能集来处理多种类型的数据。第二种是开发者环境，软件开发人员将多个与应用程序无关的、单个的功能组件集合在一起产生新的应用程序。第三种是服务器环境，即一套标准化的 GIS Web 服务（如制图、数据访问和地理编码等）来支持企业级应用程序。（现在我们在很多地方都可以看到企业级 GIS 的例子，如联邦机构、州和地方政府，公用设施公司，国家制图组织和交通机构等。）

虽然这三个环境目前能够互相兼容，但正快速地趋于更统一的模型和界面。合适的企业级系统越多，就需要越多的可互操作性标准的需求。整合正在成为未来的主题。

地理信息系统整合看起来能快速和可视化地提取信息，促进交流、协作和决策。实际上，通过使用 GIS，地理因素正在成为一种组织工具。在 20 世纪 60 年代到 80 年代，许多企业级财务系统以类似的方法改变了它们的管理方式，现在，地理信息系统正在改变许多组织和政府机构管理资产和为客户或市民服务的方式。

面向应用的架构向面向服务的架构转变的关键,是让每一位互联网上的冲浪者都能使用实时的地理信息。GIS 能力发挥的结果是能够进行快速的分析,图示显示统计联系,这些功能在过去被极大地限制了。目前的 GIS 技术,正完全在 Web 上浮现出来,提供廉价并能直接访问的信息产品。新的 GIS 服务器技术与直观易用的 Web 客户端的结合正为每一个人开启 GIS 领域的大门。

我们曾经研究了单个地理信息系统随时间演变的趋势,但现在我们发现 GIS 的价值在于它是机构发展中的一个促进者。GIS 意味着变革——一种新的 GIS 实现(在从未实施过 GIS 的机构中)是变革的促进者。但一旦时机恰当,GIS 的功能就能帮助一个机构来适应变革,预言未来的变化,并利用变革中存在的各种机遇。

可用性的不断扩大和技术的不断进步,使得我们无法忽视我们正生活和工作在一种不断变革的气氛中。规划不再是一锤子买卖,而更是一个持续性的过程。各种组织和公共机构越来越意识到 GIS 对于他们目标的重要性。但从 GIS 的潜能中获得收获,需要协调、合作和对 GIS 管理的企业级视角。为了实现所有这些目标,GIS 规划变得越来越重要。

第1章 GIS:全景展示

没有正确的人参与,GIS 就不可能成功。一个真实的 GIS 实际上是由关联部分组成的一个复杂系统,而处于系统中心的,是能够理解全局的智者。

GIS 拥有跨越工业界和学术领域的广泛应用,就此意义而言,它是一种特殊的横向技术。因此,我们无法为其赋予最简单的定义。然而,我们需要做的第一件事情却是为我们在涉及 GIS 时能对其含义达成共识。一个简单的定义是不够的。为了在任何具体行业或应用的背景范围外讨论 GIS,我们需要为这个描述使用一种更加灵活的工具:模型。

图 1.1 展示了一个完整 GIS 系统的总体模型,它转换数据,通过分析,最后生成了有用的信息。在图的中心,你可以看到 GIS 使用数据库存储着与属性信息(左侧)有逻辑关联的空间数据,而数据库的分析功能通过人们的操作进行交互式控制,来生成所需的信息产品(右侧)。

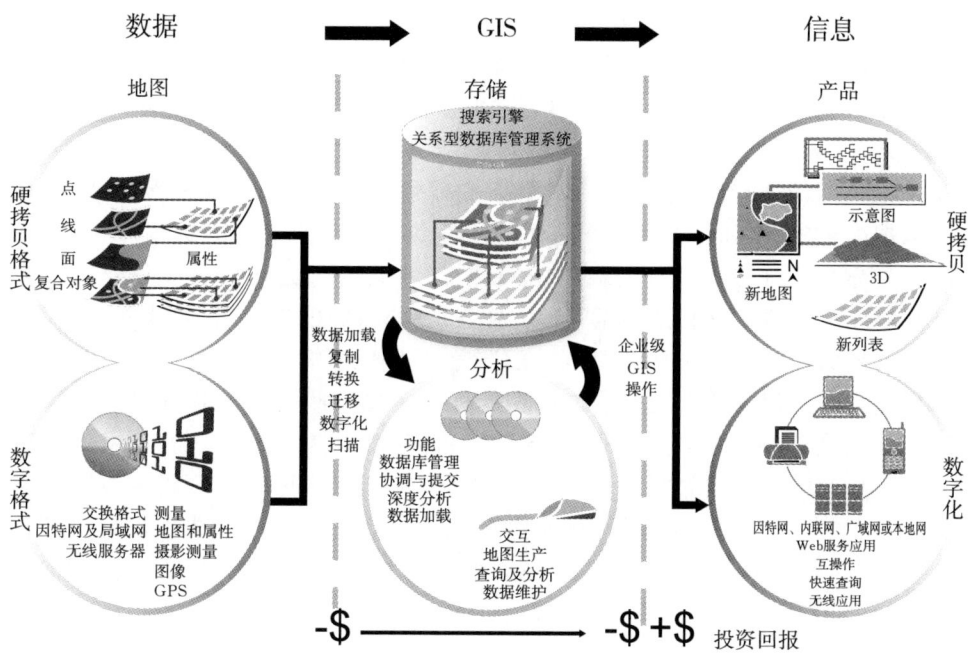

图 1.1 GIS 的各组成部分

为了更好地理解 GIS 模型,我们先了解它的各个组成部分。在 GIS 中,空间数据是一个具有特殊含义的术语,它是一个地理连接存在所表示的原生数据,换而言之,该数据的某些内容与地球上的某个明确地点,即真实的地理参考位置相关。你可以在一幅地图上了解这一特征,如道路、湖泊和建筑物等,在 GIS 数据库中它们通常存在于不同的专题图层之中。它们大部分可以使用点、线或面的组合来表示。与这些地理要素关联的数据通常以表格格式存储,它们是非空间信息,如道路名称、湖泊的季节温度以及建筑物所有者等。在 GIS 的描述中,这些与位置相关的特征称为属性。事实上,正是这些属性的广度和深度,使得动态运行的 GIS 所处理的空间数据,成为了强大的工具。

这些数据从何而来呢?不必惊讶,那些优质的旧纸质地图和其他硬拷贝记录依旧为 GIS 提供了必要的自然和人文数据。毕竟,自从有历史记录以来,印刷的纸质地图就是存储地理信息的标准介质。通过对我们所在机构的纸质地图上绘制的要素进行扫描和数字化操作,我们挖掘到了丰富的数据源。通过与我们所在机构其他数字化硬拷贝记录——如表格、清单和文档——建立逻辑连接,当我们将自己所掌握的地图进行数字化并与所有相关的纸质文档建立连接后,它们最终成为 GIS 中可用的数据。以数字格式存储的空间数据越来越多,因此,你可以通过数据共享协议或基于 Web 来购买或获取这些数据。

测量和测绘设备,如 GPS 接收器、遥感和摄影测量等仪器所产生的 GIS 可用的数据,可以使用互联网和通用的交换格式来进行快速共享。所有的这些数据集都使用逻辑连接,当它们与地理位置使用一个主组织键(primary organizing key)系统地集成之后,就可以作为一个单元来进行存储与管理,它们的存储地被称为数据库。

空间数据的连接单元,即所有的要素和属性,都被保存在 GIS 存储系统——GIS 数据库之中,诸如分析和制图这样的软件功能可以使用 GIS 数据库。计算机的功能通常用于提出有关空间数据的问题,以对其进行搜索、比较、分析和测量。GIS 可以完成一些非常复杂甚至其他方式无法实现的任务。GIS 的软件功能通过 GIS 操作者的交互式控制来管理,它的工作就是生成所需要的信息产品。

GIS 规划过程的核心是弄清你所在的机构需要哪些信息产品,这是规划的第一步。信息产品的形式多种多样,有新地图、新列表和表格、图表、3D 可视化产品、屏幕显示的交互式查询结果,还有硬拷贝地图和报告,或可传输的数字信息,它们的目的都是为了提升工作绩效。根据选择的不同,当最终产品报告出炉时,会带来更好的决策,此时你会知道自己完美地规划了一个 GIS。这就是收获,这个成绩代表了 GIS 的最终成果。

GIS 项目的范围

了解你的项目运作的范围或广度将帮助你为 GIS 的实现制定一个有效的规划。它是单一目标项目，部门级应用，还是多部门的应用，甚至是多机构应用——企业级系统？如果不考虑这些项目类型之间的细微差别，那么应用于这三种范围的 GIS 规划的指导原则是相似的，但小项目或部门级应用可能省去某些规划步骤。

大部分机构使用运行在单个部门的单一目标的项目来完成对 GIS 范围的测试。他们期待的是一个与特定项目相关的输出结果，如决策时需要的信息。如新垃圾填埋场的选址分析：它是具有截止日期的一次性工作，此项目无需长期保障，仅支付所需信息产品的费用。

第二种级别（部门级应用）的 GIS 实现同样也在限定的范围之内，但它没有限定时间框架。在部门级应用中，其目标往往是明确的，但其需求却是持续的：部门期望从 GIS 获得输出结果来支持已经确定的业务目标或功能（至少一次）。例如，当对一块土地利用分区提出变更建议时，城市规划部门必须通知该地块周围三百英尺范围内所有的权属人。其业务目标是通知所有的权属人，GIS 通过生成合适的邮件列表来支持这一要求。部门的 GIS 需要对目标工作流程负责，并且由该部门来管理该系统。因此，部门负责人的支持是至关重要的，GIS 应用的开发取决于此。GIS 人员、硬件、软件、程序（应用）和维护所需要的资金都需要企业的批准。

企业级系统是这三种系统之中范围最广的，它可以让员工对该公司所有部门的 GIS 数据进行访问和整合。此时 GIS 通过扮演最通用和积极的角色，来与该机构的目标保持完全一致。对 GIS 而言，其目标是提升已经确定的战略方向，并对整个机构的发展给予长期支持。高级管理人员的支持是非常必要的，这意味着来自多个部门的长期支持。企业级 GIS 满足大部分或所有部门的业务需求，总体而言，它正在成为机构内部的强大工具。例如，在运输公司中，通过在所有部门使用多种 GIS 应用和海量空间数据库，GIS 成为公司经营战略的关键因素。企业的参与对于确保数据在不同部门之间的共享是不可或缺的。企业级 GIS 将能够让数据与其业务功能和业务流程进行整合。

GIS 的功能在企业级上可以发挥至最大，在此层面上我们可以从 GIS 的擅长之处，即对人和知识的整合中获得许多帮助：通过使用在整个公司中都可用的一致信息，决策者可以看到更清晰的现实情况；数据将有规律地更新；同时越多的数据共享，其重复性的工作量越少。

随着 GIS 软件继续扩展到越来越多的企业实施过程中，另一些趋势导致行业观察家们预测 GIS 下一步将是社会级——GIS 将如同今天的计算机一样，成为我们生活的一部分。GIS 服务器已经提供了软件架构来实现多用户访问，并基于 Web 以一种随时可用的方式扩展了地图和数据的服务能力（使用 Web 客户端）。

作为总览全局的 GIS 来说，它的潜能只是刚开始被挖掘，就像 GIS 已经在许多机构的日常业务中带来了重大变化一样，基于 GIS 的应用也已经在人们的日常生活中引起了细微的改变。随着基于 GIS 的应用变得越来越广泛，谁知道它将带来什么样的社会变化呢？

随着 Web 服务和面向服务架构（service-oriented architecture，SOA）的发展，大众将获得许多之前只有 GIS 专家才能了解的知识。多亏了互联网和技术的发展，GIS 目前正在从企业延伸至社会。

人员、内容、时间、地点和原因

让我们来借用新闻记者的教程，使用编辑部著名的"W"方式来了解这个过程，即人员（who）、内容（what）、时间（when）、地点（where）和原因（why）。

谁需要来规划一个 GIS？当然是你，作为 GIS 管理人员，你必须在规划过程中扮演领导的角色，但你并不是一个人在战斗。你需要高级别的决策委员会在整个规划过程中提供建议和资料。如果无法获得预算管理者的首肯，可能会导致资金的削减或取消。为了确保他们的支持，你需要让他们积极地参与规划过程并让他们了解这项工作。你需要依靠他们来告诉自己，站在他们的角度需要获得什么样的信息产品。在规划过程中，他们也将直接使用该系统。如果他们被排除在外，你也许就不能满足他们的实际需求。

关于顾问，有一种说法是：如果你打算请一帮 GIS 顾问，在规划过程中让他们来领导你，那么你还不如一个人也不请。你和你的团队需要来制订规划，这是你的 GIS，你的工作，否则就会有人对你说三道四。如果确实需要顾问的帮助，即便有顾问的指导，仍然应是 GIS 团队来执行具体的工作。

在加拿大有一种说法："顾问应该像春天的雪花一样消失得无影无踪。"要点是，在项目末尾，你要实现这个系统。如果你不能完全地参与规划并编制实施策略，很可能会陷入极度的困难和痛苦中。

要规划什么？GIS 是一个由不同相互关联部分组成的复杂系统。因此无须奇怪，即在任何 GIS 规划中都必须考虑六种不同的主要组成部分：信息产品、数据、软件、硬件、规程和人。

信息产品：信息产品是你想要（或需要）从 GIS 中获得的东西。我们期望的输出内容可以是地图、报表、图表、列表或任何组合。关键任务是，在规划过程之初就对这些产品有充分的了解。

数据：由于你已经知道想要什么样的信息产品，你就可以制订计划来获取所需的数据。你可以从已有的数据中获得什么呢？从已有的数据源中可以创建什么数据呢？你需要什么样的地图精度和比例尺？同时也别忘了数据格式，它与下一个组成部分——软件有关。有时候仅仅是数据格式就会影响到软件的选择，如某个城市市政当局计划一份数据共享协议时，需要考虑某个区级 GIS 部门已经在使用某种特定软件。

软件：软件程序为执行分析和生成你想要的信息产品提供了必要的功能。有时你需要在某个主要的 GIS 软件包上进行软件定制。为了保证软件版本是当前最新的，你还需要考虑更新问题。与软件有关的还有售后支持和操作系统问题。

硬件：GIS 对硬件有着严格的要求。你需要对所在机构的计算资源进行仔细的检查并根据 GIS 的要求进行升级。通常情况下，几台性能强大的工作站就能支持繁重的计算和地理信息处理，而在更大的系统中，则是采用通过网络的 GIS 服务器进行处理。网络上的普通计算机（瘦客户端）为用户提供了访问数据库并进行查询和显示的功能。为了便于文件共享、数据采集和汇报，我们也需要一个能连接互联网的健全的局域网和宽频带（胖管道）。

规程：作为 GIS 规划的一个重要组成部分，规程指的是人们的工作方式和人们使用你的新 GIS 完成工作时需要做出的改变。为了便于从旧的方式转换到新的方式，你需要制订一个迁移计划，另外你还需要告知已经存在的系统（遗产）将如何与 GIS 和平相处（也许不能）。

人员：GIS 是一个要求正确的人员参与的思维过程。你需要雇佣新人，还是团队中已有合适人选？为了开发或使用你的系统，你将如何聘用、培训，并让这些工作人员具备专业技能。长远而言，人力资源将是你最大的单项支出。

什么时候进行规划？ 规划过程应该一开始就进行，并持续到 GIS 安装之后。成功的 GIS 项目会吸引积极的关注，也就是说，人们一开始就会从 GIS 中找到他们感兴趣的其他内容。这会让你重新审视某个或其他的规划阶段。正常运行的 GIS 现在经过实际经验的武装，规划过程的每一次新迭代都会更趋近于真实世界。

此外，你需要按特定次序进行规划，每一个步骤都要指出下一步该向何处去。这个道理是显而易见的。例如，除非你已经知道地图是你需要的信息产品之一，否则你将如何制订计划来为地图收集数据呢？

在什么地方进行规划？ 为了效果最佳，GIS 规划应该在业务环境中进行，而不是在办公室里空想。由于 GIS 具有在不同事物之间创建一般联系的潜能，它在本质上是能够让机构中的每个人都参与其中的横向技术，当然，如果企业的领导确实希望如此的话（许多人正希望这样）。缜密而又勤奋的 GIS 规划人员必须满足企业中人们的需要，了解他们需要什么信息以及他们如何获得这些信息。花点时间去了解人们的工作会让规划人员对业务流程有真正的理解。在缺少背景知识的情况下,规划人员如何能为人们创建有用的内容?

　　为什么要进行 GIS 规划?良好的规划将带来成功,而规划不善将导致失败。无论你是从头做起还是从现有 GIS 开始开发,这都是一个真理。这看起来非常简单,但一次又一次的 GIS 项目失败都是因为规划不善所致。和任何复杂的信息系统一样,GIS 的实现和维护费用是昂贵的。系统的每一个组成部分——数据、软件、硬件和人员——会给机构带来高昂的成本。但如果预先考虑和仔细选择,我们就能让费用降至最低。

　　你是希望在规划之初花上一美元呢,还是愿意为了弥补没有进行规划而花上一千美元?问题在于,如果没有规划,你甚至花更多的钱也于事无补。除此以外,规划过程可能是非常有意思的:你将遇到许多人,了解到你所在机构的许多信息,这样你最终可能比 CEO 还要了解机构是如何运转的。当你做了成本效益分析,并发现你的机构节约了多少费用时,规划最后会成为一种特别的回报——这全都是因为你统筹实现了经过精心策划的 GIS。

第 2 章　方法论概述

就像好的路标那样,该方法论概述能让你知道该向何处去。

本书中介绍的规划方法论将告诉你 GIS 规划的不同阶段,如何获得你需要的东西,哪一种系统将满足这些需求,以及一旦你的规划被批准,你在机构内部该如何实施 GIS。

这个由十阶段组成的 GIS 规划方法论来源于多年来在公立机构和私人公司实施的大型和小型 GIS 所获得的经验。你所在的机构规模和特点将决定哪些阶段会与你的实际情况最为相关。完整的企业级实施过程可能会要求你完整地负责所有的阶段,但对于小一些的项目而言,你可能会快速完成甚至是忽略某些阶段。在不考虑项目规模的情况下,所有的情况都是独特的。因此,在对该方法论进行调整,以满足你的实际情况之前,你需要了解规划过程的所有阶段。

GIS 规划方法论的 10 个阶段

阶段 1:考虑战略目的
阶段 2:为规划而规划
阶段 3:召开技术研讨会
阶段 4:描述信息产品
阶段 5:界定系统边界
阶段 6:进行数据设计
阶段 7:选择逻辑数据模型
阶段 8:确定系统需求
阶段 9:考虑效益——成本、系统迁移和风险分析
阶段 10:规划实施方案

本书接下来的十章内容将对每一个阶段进行详细的介绍。下面让我们对该方法论进行一次快速的浏览。

阶段 1:考虑战略目的(第 3 章)

首先,你需要通过考虑机构内部的战略目标,以此来了解将要开发的系统是何种形式,以及其目的、目标和任务。

这一规划阶段会确保 GIS 规划过程和最终的系统将满足机构的实际情况,并真正实现对企业战略目的的支持。这个阶段也能让你了解到 GIS 产生的信息是如何影响机构的业务策略的。

阶段 2:为规划而规划(第 4 章)

GIS 的规划并不能掉以轻心。此时你应该忘记 GIS 的实际实施过程,而是制订一份关于 GIS 需要哪些资源和人力投入的计划。在动手之前,你需要知道你所在的机构是否了解 GIS 规划与实施之间的差异,以及机构是否为规划项目提供了充足的资源。

做这件事情意味着我们必须了解需要做些什么,以及为了做这些事情需要获得些什么。本阶段的结果是一份项目标书,用以确定情况并明确地获得批准和资金来启动正式的规划过程。

对规划过程的承诺是 GIS 成功实施的基本条件,特别是在市政当局和其他官方性质的公共机构中。该项目标书能帮助你获得可靠的政治承诺。此时,你需要将 GIS 规划过程向你公司内部最高级别的主管人员进行介绍,并让他们充分了解你的项目进展情况。如果此时你的规划项目获得了批准并在资源提供上得到了承诺,那么你完成一个成功 GIS 项目的机会就高一些。

阶段 3:召开技术研讨会(第 5 章)

一旦你的项目计划被批准,你就可以组建一个机构内部的 GIS 规划团队来开始最重要的尝试:明确地了解你所在的机构需要从 GIS 中获得什么。

明确特定 GIS 的需求是规划过程的主要任务。你必须拜会 GIS 的用户和客户(他们将使用该系统或系统的输出产品),并开始从用户角度来明确地收集企业的特定需求。举行一次或多次内部技术研讨会是一种十分有效的征求意见的方法。

除了收集信息之外,技术研讨会还是你向关键人员解释 GIS 性质、潜在好处和规划过程所涵盖范围的绝佳机会。通过在早期阶段引进人员参与,你可以让该规划工作的后来参与者更早地了解规划的情况。

这个技术研讨会也是最初确定信息产品的地方。

阶段 4:描述信息产品(第 6 章)

弄清楚你想从你的 GIS 中获得什么,是一个 GIS 成功实施的关键所在。你希望获得的信息产品类型有:地图、列表、图表和报告等,任何你需要可以帮助进行决策和简化工作流程的东西。

该阶段必须认真地进行。你将与用户讨论他们的工作内容和为了完成工作任务他们需要什么信息。最后你需要判断诸如每一种信息产品该如何产生以及它们的使用频率,为了生成该信息产品需要什么数据,可以容忍多大的误差及新信息产品的好处。你需要帮助每个人对从 GIS 中获得的信息的特定需求填写一份*信息产品描述表*(information product description, IPD)。

该阶段最终会生成一份文档,它包含了所有合理预见的信息产品的描述,还有为了生成这些产品需要的数据和功能细节。

阶段 5:界定系统边界(第 7 章)

一旦对信息产品进行了描述,你就可以开始界定整个系统的边界,它包括确定所需要的数据,何时需要数据,以及我们需要处理多大的数据量,然后将其在*主输入数据列表*(master input data list, MIDL)中描绘出来。

你也可以评估一下信息产品生产可能需要的时间。此时,你也许会发现使用一种输入数据源就可能产生多种信息产品,你可以在你的开发方案中对此有所体现。每一个改进都将让你的需求变得更明确,并且提升你成功的机会。

阶段 6:进行数据设计(第 8 章)

由于空间数据是相对复杂的,因此在 GIS 中数据是一个主要因素。在规划过程的概念系统设计阶段,你需要回顾前期阶段被确认的需求,并使用它们来开始进行数据库设计。

阶段 7:选择逻辑数据模型(第 9 章)

逻辑数据模型描述了与你所在机构相关的真实世界的组成部分。无论数据库是简单还是复杂,都必须以一种逻辑方式结合在一起,这样你就能够很容易地检索你需要的数据,并高效地执行你需要完成的分析任务。

系统数据库设计有多种选择。在考虑大量影响设计的因素时,你需要检查该阶段每一种方式的优点和缺点:数据精度、更新需求、容错值和数据标准。

阶段 8:确定系统需求(第 10 章)

通过对系统的需求进行整体的检测,此时你就可以完整地设想该系统的设计:GIS 的功能、用户界面、通信频宽和核心功能。这是规划过程中你第一次涉及考察软件和硬件产品。

回顾信息产品描述表(第 6 章的 IPD)和主输入数据列表(第 7 章的 MIDL),对生成这些信息产品所需要的功能进行汇总和分类。这可以让你去通知能够提供你所需要的软件功能的供应商。为了满足你的需要,你还可以考虑用户界面、有效的通信(特别是在分布式系统中)和平台规模来确定合适的硬件、软件和网络配置。

阶段 9：考虑效益—成本、系统迁移和风险分析（第 11 章）

沿着概念系统设计，你需要找出你设计的系统真正实现的最佳方式。此时你开始准备将系统从规划阶段转向实际实施阶段。

作为准备的一部分，你需要为系统做成本效益分析。为了说服管理层资助 GIS 的实施，你可能被要求展示多种风险因素，如从旧系统迁移到新系统。

阶段 10：规划实施方案（第 12 章）

到现在为止，规划方法论的焦点已经集中在为了满足你的需求，你需要做些什么。此阶段的重心已经转变到了如何进行系统实施，即获取和实施规划。你现在需要考虑人力配置和培训、制度互动、法律事项、安全性、已有的软硬件设备以及如何管理出现的变化等问题。该方法论最后一个阶段的成果将包含你的实施策略和效益分析。该规划成为你最后的报告，它将被用于为你的系统获得资金并作为系统实际实施的一个指南。

在这份最后的报告中，必须包含为了成功实施一个 GIS 所需要的全部信息。它将成为你的 GIS 规划手册，用于帮助你完成整个实施过程。

这份最后报告的完成应该是 GIS 团队与管理人员之间交流过程的结果，因此不会有人对报告的任何一部分感到惊奇。该报告应该包括对机构发展战略目标、信息需求研究、概念系统设计细节、实施建议、时间计划和资金筹措的回顾。

GIS 规划方法论的目的，和我写作本书的意图，是指导你以你自己的想法来完成这些阶段。高级管理人员使用它可以了解他们对本公司 GIS 必须询问的问题；它也可以让作为规划者或新 GIS 管理者的角色来懂得如何回答这些问题。

让每一步都告诉下一步该怎么办

- 如果你知道你需要什么信息产品，你就可以知道你的 GIS 中需要使用什么数据。
- 如果你能确定你的系统需要什么数据，你也就能确定为了生产这些信息产品需要对数据进行什么样的处理。
- 如果你知道该如何处理你的数据，你就能确定你的系统需要什么功能，并能开始设计合适的技术方案。

第3章 考虑战略目的

战略目的就是指路灯。要实施的系统必须与机构的目标保持整体一致。

一切从机构开始。为了开发一个有效的GIS,GIS规划人员必须对机构或企业的工作内容,其相应的工作规划以及GIS能如何帮助我们实现这一目标有一个清晰的理解。你所在的机构之所以会采用GIS是建立在一个假设之上的,即它有助于简化工作、降低成本,或是能更好地为客户或选民服务。要让GIS具备上述诸多好处,必须从一开始就了解机构的运作方式。一个成功的GIS总是与机构的目标保持整体一致,从而能提供为实现该目的所真正需要的东西。

如何确定机构的需求?作为一名GIS规划人员,首先,你必须研究其战略业务计划书,大多数机构都有这类文件。它阐述了机构的预期目标及为实现这些目标将采取的行动。一份战略业务计划书由下面的部分或全部内容组成。

任务宣言:描述了机构的目的。

指导原则:企业为了实现其目的的行为大纲。例如,在一个客户驱动型机构中可能将用户友好、协作、及时响应和提供更好的服务作为其指导原则。

目标陈述:一般情况下是机构在给定时间范围内希望实现的内容。例如,你所在的机构计划在下一个五年中有三个部门的业务处理能够实现自动化。

项目方向:当前努力的方向或策略。换而言之,如果你希望将正在实施的不同项目累积起来,那么这些努力的总和应该达到整体的企业目标。

员工发展和支持:提供员工培训和人员发展管理的计划。

公众互动:在战略规划的发展和更新过程中,公众或选民是怎样参与其中的。这种参与既可以采取直接的方式,也可以通过间接的方式进行,如调查或专题小组讨论。

你所能找到的以任何形式展现的每一点上述信息,都将有助于你完整地了解机构的战略方向和目的,而它们将直接影响你的GIS规划。在挖掘机构的内涵时,你必须富有创造性并考虑周详。如果它没有一个战略计划,那你可以根据其需求和责任来对机构的目的进行了解。尽管如此,如果企业有一个明确的战略计划,如果高层管理人员的目标与这些战略计划相符,或者如果机构为了实现它的目标有一个保证,那么规划人员的工作就会变得很轻松。

在为GIS规划设定方向的过程中,同样重要的还包括你对为了实现战略计划目标而制定的业务模型的了解。事实上,为每个方案内容定义的模型都是成功的

（每一个方案的成功愿景中，我们要注意技术是否扮演了重要角色；在对 GIS 开发的持续支持中，技术应该被看作是为了实现成功的重要工具。）业务模型也提供了对业务发展可持续性的洞察力，即收益将如何持续支持业务成本。

战略计划和业务模型为你进行 GIS 效益分析（见第 11 章）奠定了一个框架，同时还可以让你对其他能帮助机构实现其目标和目的的信息进行评估。理解机构的工作内容和其未来愿景，能够帮助 GIS 管理人员设计有价值的信息产品来进一步实现这些目标。如果不考虑机构的战略意图，你就可能冒浪费时间的风险而制订与其需求无甚关联的规划。

如果机构没有战略业务计划，那么找出其真实业务的内容从而确定其真正需求也许会费不少工夫。但即使是一个详细叙述的业务计划也只能告诉你全部问题的部分内容。你仍然需要去揭开该机构的秘密和目标，它的工作流如何实际运行，是什么使之正常运转。为了规划一个有效的 GIS，你需要知道这所有的一切。

为了真正理解业务，你也必须分析每一个将会在 GIS 中涉及的职能部门的需求和责任。完成这些分析需要相关利益方的积极参与。你需要深入各个部门并找出以下问题的答案：

- 决策者目前是如何制定决策的？
- 为了执行他们的任务，他们需要知道什么信息？
- 哪些信息产品适用于这些任务？

想象下面的场景，你到负责林业的政府部门与某位工作人员进行讨论，你开始这样询问这位林务官："你在这里做什么工作？"

"我的工作是在维护本州大众利益的前提下管理木材的砍伐。"她这样回答。

这就是她对自己工作的看法。接下来你将问道："为了管理，你需要了解什么信息呢？"

她将会对这个问题侃侃而谈，罗列出她使用的多种数据集，最后她才涉及问题的核心：她真的需要知道哪些树木能够被砍伐，什么时候砍伐，以及如何将它们进行砍伐。这些简单的话语包含了你需要知道的信息的关键内容，但你还得问一些试探性的问题并作为一个好的倾听者来过滤剩下的内容。既然知道了她的真正需求，你可以开始判断她的办公桌上需要什么信息产品，这些信息产品，基于她已经使用的方法论，将告诉她哪些树木可以砍伐，何时才能砍伐以及如何砍伐。

我们将需要进行许多场这样的谈话来获得每个人所需要的信息，从而实施自己的工作，完成自己的任务和责任，或实现战略业务规划。询问下面这些问题有助于你更有针对性地进行谈话：

- 你的工作职责是什么？
- 你需要完成什么样的任务？
- 你生产的产品是什么样的？

- 为了履行职责,你需要知道什么信息?
- 为了监察和明确你的职责,你的案头上需要 GIS 生成什么样的信息?

就这样,该机构的战略方向就将自己揭示出来,并且,通过不同个体对于这些问题的回答,你也将成功地勾画出他们所需要的信息范围。管理层给出的回答可能会与普通员工的答案有着显著的不同,因此为了能清楚地认识对 GIS 的信息需求,你还需要将这些答案进行"混合"。

在不同的部门询问相同的问题将会帮助你勾勒出不同部门的工作流程和他们与其他部门工作流程之间的关系。最终,该机构流程的完整概观将会呈现出来。对这些内容有了充分的了解之后,GIS 规划人员就可以开始对以下内容进行调查:

- 现有哪些数据可以用来生产所需的信息产品?
- 这些数据在什么地方?
- 需要什么样的新数据?
- 需要什么样的数据处理功能才能将这些可用的数据转换为我们需要的信息产品?

当你知道需要什么功能和这些功能必须操作的数据时,你就拥有了足够的信息来确定技术需求(如硬件和软件)。

你在战略目标、信息和数据之间建立的连接将让你开始一次审查之旅。你将了解哪些数据是如何适宜机构的运作及产生新信息的好处。这是 GIS 效益分析的开始:对于该机构而言,生产新的信息产品将获得哪些收益,以及生产这些产品所耗费的成本。

一旦这些信息产品可以投入使用,它们就将帮助该机构履行其职责,达到机构的目标,并朝它既定的方向前进。情况甚至可能会更好,如新信息产品允许该机构为了响应新机遇或寻找新市场而修改其战略方向。当一个机构的领导者最终抓住其 GIS 的全部战略内涵,对于 GIS 规划人员而言,此时将是一个多么幸福的时刻啊!

第 4 章 为规划而规划

GIS 规划过程耗时费力，因此开工前需要获得批准和保证。

为 GIS 制订规划一般需要一个对时间和资金的郑重承诺。对一个大型机构的完整需求调研可能会花上六个月到一年的时间，在此期间你需要获得其人力和资金的支持。这就是为什么在规划之前你需要获得明确的批准，以及管理层对于提供各项支持的承诺。你应该尽早撰写并提交一份规划标书，并在文中提出上述两项要求。

规划标书是一个有用的工具，它能够帮你从管理层获得完成 GIS 规划项目所需的资源。该项目标书文件必须详细地解释它所包含的内容：规划的阶段、时间成本和资金成本，还包括机构内部人力资源的使用。

早些编写这份规划标书是为了获得机构对你的支持。你需要确保在开展下一步工作之前获得管理层的签字同意。如果此阶段获得管理层支持的话，你实施一个成功的 GIS 的机会就会高一些。资源的批准和保证是必不可少的，并且它们必须来自高层，即高级管理人员。也许你不得不在最开始就与中层管理人员进行讨论，并通过行政系统进行工作，但你的计划的最终出售对象必须得是高层。

你的标书可能会给高层一个令人信服的案例，即指出通过更好的规划将显著地提升 GIS 的成功率和效益。事实上，你提出的规划研究将会给 GIS 规划团队弄清你所在机构需要从 GIS 中获取何种信息产品的机会，即某种能够让日常工作更有效率的信息产品。

在标书中还值得一提的是，规划比以往更加重要，尽管计算机系统经济性的积极变化会让你产生一种可以略过计划直接开始项目的错觉。在早期的 GIS 中，运行系统所需的大量硬件安装的花费很可能会超过 100 万美元，这样机构在着眼于 GIS 时就能够很容易地意识到在规划上花费大量时间和资源的正确性。有如此巨额的投资风险，他们必须确保资金的正确使用。就规划经费的筹措而言，整个系统经费的 10% 是一个完全合理的金额。但在目前的计算环境中，相比之前上百万美元的硬件，现在几千美元的硬件就足够了，硬件预算的 10% 可能只是数千美元，对于深入规划而言，这点钱是不够的。在规划阶段需要的资金与整个预算的相对比率已经发生了变化。

目前，GIS 实施中最终的费用更多取决于数据而非硬件或软件。因此，在你的规划项目标书中除了对硬件和软件费用的估算外，还需要考虑预计所需人手，它应指出最主要的投资将是数据获取和开发,而不是在硬件和软件上。一旦你将测量仪器、人力、数据转换费用、维护和商业数据的许可等因素纳入其中,你的 GIS 的数据费用就可能超过硬件和软件投资。

随着你在数据上的投资增加,对其持续维护所需的时间和资源也会相应增加。虽然设备的成本在不断降低,但详尽且周全的 GIS 规划同以往一样必不可少。

规划项目标书

让我们来看两份成功的项目标书。第一份是由一位就职于某国家公园的内部 GIS 倡导者所编写的;第二份是由一位 GIS 顾问编写而成,提交给澳大利亚某州政府的。在加拿大的贾斯珀国家公园,内部规划团队向公园服务高级管理层提交了一份名为《职权范围》的文件,以此为 GIS 规划过程寻求资金帮助。这份标书的结构如图 4.1 所示。

图 4.2 是由 Tomlinson 联合有限公司为参与一项大型 GIS 规划项目而向澳大利亚维多利亚州政府提交的一份成功的标书的内容片段。请记住,这份文档是由旨在获得这份协助 GIS 规划过程工作的顾问编写的。

对雇请顾问的一个建议是:虽然他们可能帮助你,但你必须在这个过程中掌控全局,全程参与,编写报告并作出折中判定。顾问并不可能对你的 GIS 规划全权负责,你必须承担责任。当顾问离开时,将留下你来实现这个系统。

这些例子会使你对项目标书的组织结构有个一般的了解。你可以针对你所在机构的需求进行修改,并将其应用于你计划实现的机构需求展示性规划中。你的标书必须是详尽的,并考虑了 GIS 规划过程的各个方面。虽然编写 GIS 规划项目文件并没有固定的准则,但你最好对规划方法论的不同阶段分不同的章节进行介绍(如图 4.3 所示)。在每一个章节中,都包括潜在的人员需求和人员时间需求。图 4.3 使用了部分 GIS 规划方法论,展示了一份标书的基本组成结构。

贾斯珀国家公园职权范围

工作大纲

1.0 项目描述

    1.1 背景

    1.2 项目目标

    1.3 项目可交付成果

2.0 用户需求分析

    2.1 情况评估

    2.2 客户基础

    2.3 业务需求和信息产品

    2.4 数据需求

    2.5 技术需求

3.0 软件及硬件评估

4.0 数据库需求

5.0 实施计划

6.0 付款计划

合同条件

    加拿大公园责任

    时间安排和期限

    建议指南

附录1 文档概况

附录2 生态系统数据库目录

附录3 客户清单

    1. 贾斯珀国家公园客户

    2. 企业客户

    3. 加拿大三理事会(Tri-council)研究

    4. 各委办局客户

    5. 私营企业客户和公众客户

    6. 信息管理

GIS用户需求竞标者清单

图 4.1 内部规划标书大纲

第 4 章 为规划而规划

```
              GIS 开发战略框架
简介
项目团队
推荐方法概要
       成员研讨
       信息产品定义
       效益
       数据需求
       容差分析
       信息优先级
       功能需求
       效益—成本分析
       实施规划
       投标设计要求（技术内容）
       策略报告
项目交付成果
工作组织
采购过程（可选）
项目进度
政府成员的参与
管理与成本要点
成本估算
成本总结
       GIS 规划项目
       成本分解（按财政年度）
       成本分解（按基本年度）
       可选成本——选举办公室采购过程
附录 1：Tomlinson 联合有限公司的背景和经验
附录 2：主要工作人员简历
```

图 4.2　GIS 咨询规划标书大纲

一旦你提交了标书，就必须尽快对它进行评估并获得批准及提供资源。你申请经费并不仅仅是为了去聘请一名顾问，而是要求获得内部时间和人力资源的保证。由于 GIS 规划过程必须使用到这些资源，因此在你开始下一步行动之前必须获得批准和承诺。为了保证规划过程的顺利实施，请务必让管理层在你的 GIS 规划标书上签字保证，并请求高层以备忘录形式向你所在的机构描述其重要性，这一切都可以被用来告知机构中的每一个人。

项目描述
背景
目标
可交付成果
需求研究
准备
需求评估
系统范围
概念设计
数据库设计
技术设计
硬件
软件
实施规划

图 4.3　以标书章节表示的 GIS 规划方法的不同阶段

组织 GIS 团队

当你获得批准之后，就可以准备对你所在机构的需求进行更详细的评估，为此你需要团队合作。既然由你负责规划过程，你将需要确认参与人员并对所有参与者简要介绍他们的角色及责任。

你的规划项目需要由一个内部的 GIS 团队来主导。"指导"团队应该由团队负责人和另外两人组成，其中一个人是来自该机构或相关单位的固定员工，团队中的第二个人则应该在此之前至少参与过一次 GIS 规划研究，并对 GIS 规划中使用的方法和技术非常了解。第三人应该是该机构的固定员工，或相关地区、城市或市政机构的人员；他将被任命为现场或本地组织者。

在小型机构中，项目团队可能只有一个人而已，但一个具有团队负责人的小组会更有效率，团队负责人是三人指导团体的组成人员之一，同时从各个部门抽调一人向 GIS 请求信息。来自这些部门的人将有助于理清这些部门的需求。

在内部团队组建之后，你就可以与不同部门的主管们见面。你之前从 CEO 或机构负责人那里得到的强调 GIS 规划过程重要性的备忘录，此时就能用来向各位部门主管寻求支持。当你在与这些部门主管见面时，你可能发现他们希望了解下面这些问题：他的部门在该规划过程中将扮演何种角色？必要的承诺时间有多长？你需要征调哪个人？相应地，你可以回答这些问题，清晰地告诉他们你需要他们中的哪些人参与规划过程和在此过程中可能需要使用多长时间，这一点必须坦率地说明，以便参与人员在指定时间内被调至参与规划时，能够获得他们主管的全力支持。

如果你所承担的是你自己部门的单一目标项目，你只需要去拜访自己所在部门的主管，让他为你大开绿灯。尽管如此，获得其支持，并且讲清楚规划预期耗时以及在此期间你的有些工作将无法胜任也是非常重要的。

对于一个跨部门范畴的项目而言，你必须去分别拜访所有的部门主管以寻求他们的支持，寻找出他们所需要的东西将会让你的 GIS 努力在一定程度上得以顺利进行。

当然，如果你的小团队中有人具有 GIS 规划经验就更理想了，但不管怎么样，指导规划过程的 GIS 团队在方式方法上保持连续性，有利于激发彼此的信任与合作。这两者都将是你完成各项重要任务所必需的。现在,既已确保了部门的承诺,且 GIS 团队已经组建完毕,你就可以对你所在的机构进行进一步的需求评估了。

承诺时间的预先计划

　　下面这些关于资源需求的指南建立在作者为不同地区和不同市政部门的大量 GIS 实施进行规划的经验之上。

- 在一个具有代表性的地区、政府、部门或自治区中,GIS 规划过程从始至终将花费 4~8 个月的时间,机构越复杂或越庞大,耗时越多。
- 总共的工作量将达到 6~7 人/月,机构越复杂或越庞大,工作量越大。
- 内部 GIS 团队的负责人可能需要拿出他或她 70% 的工作时间(如果没有其他的任务,可能需要更多)。
- 参与到规划过程的部门员工需要在编制信息产品的描述上花费 2~6 天的时间(我们将在接下来的两章中对此详细讨论)。
- 所有不同级别的工作人员都会受到某种形式的影响,从而间接地参与到该研究中来。

第 5 章 召开技术研讨会

技术研讨会可看作是 GIS 规划小组与所在机构中 GIS 潜在用户之间的"市政厅"会议。

当你研究完你所在机构的战略规划之后,此时于工作目标就需要有一个正式说法。现在你需要了解的是,在机构内部该如何完成实际工作目标,以及 GIS 是如何协助工作流运行得更加顺畅才能实现用户目标。你需要举办一次以团队研究为模式的大型会议,与所有的潜在用户一起来发掘出人们需要从 GIS 获得什么才能使他们的工作做得更好。

你已经在你的内部团队召集了一群技术人员,并获得主要部门中内部参与项目的工作人员的支持。所以你现在可以将他们召集在一起召开技术研讨会。作为"市政厅"类型的会议,内部团队的工作人员能够彼此分享他们对 GIS 的想法并回顾它的规划过程,同时参与规划的每一个人都有机会表达他们想要从 GIS 中获得些什么东西。本次会议的成果将成为信息产品的初步清单,这些清单是按部门划分的。

这是一个培训活动,其目的在于提高用户对 GIS 的认识并解释有关人员所扮演的角色。根据机构规模的大小,你可以举办一次或多次技术研讨会,这样你的同事们就可以了解幕后的规划过程及 GIS 的基本概念。其中一种方法是让这个活动持续两天或更多的时间,这是为了照顾到所有希望从 GIS 获得信息的人员。在一个大型机构中,可能有 30 个或更多的参与者,而在较小的机构中,也许只有十几个或更少的人参与。

研讨会概况

在详细讨论之前,我们来看看在一个技术研讨会中该如何推进前期规划。你会从下面的描述中看到,为了支持并加快推进 GIS 规划过程,研讨会将罗列一份需要 GIS 产生的信息产品的编号清单,并将所有人员都纳入此次会议。当然,诸如此类事件要基于你所在机构的性质,但基本上,任何 GIS 技术研讨会议程应包括以下内容:

- 描述一个 GIS。
- 给 GIS 术语下一个定义。

- 解释GIS的功能。
- 规划过程,对信息产品的步骤和责任作出初步的鉴定。
- 业务流程的改进时机。

　　成功的规划需要相关人士之间的有效沟通。在解释GIS特征的同时,我们需要定义一些基本的专用名词和对系统能够执行的功能进行描述。这将有助于在机构中建立一个GIS共享资源并使大家拥有共同语言,这样就能清楚地描述用户的需求。

　　与会者想知道他们什么时候以及怎么样才能参与策划,还想知道机构对他们的期望,因此这次研讨会将为他们参与规划过程开启大门。这是他们第一次参加会议,同时他们会对将交付的成果进行界定,这样才能明确他们对地理信息产品的需求,这些都将为规划过程奠定基础。你需要告诉他们,你稍后将与各位参与者展开简短的讨论,但首先你打算花点时间来对地理信息系统进行界定,并对规划过程的各个阶段给出一个概述。在前面收集到的信息基础上,你需要解释这些规划步骤将如何合乎逻辑地逐个进行。要强调的第一点是——让与会者能够确定从GIS中将获得的什么样的输出产品是最重要的,因为这对规划过程进行了界定。这就是为什么他们的参与是如此重要的原因:这个系统必须由他们来宣布,这就是他们自己想要的(或至少他们认为是自己想要的)。

　　你可以通过使用白板,并指派专人完整记录笔记的方式来展开讨论,以捕捉与会者的只言片语。你可以直接询问他们:你在从事什么样的工作,以及在工作中最需要什么样的信息?他们可能会踌躇片刻,然后说他们也不知道需要些什么。此时,你就需要促使他们去思考并最终给你一些想法。

　　管理木材库存的林业工作者可能会说他希望能使用更先进的砍伐地图。城市下水道维修工程师可能会说他需要能够自动更新下水道连接的正确无误的详细清单,而且能够随时把完工订单返回给工程部。

　　即使你对他们进行解释,在GIS中我们将这类输出的东西——即满足您的特定工作流程需要的,称为信息产品,也总是有人会将自己的思路局限在地图之中,他们猜想GIS只是一个制图系统。因此在GIS早期,来自空间分析功能的GIS输出产品一般是以清单形式提供的,如所有客户在贸易方面的记录等。GIS中的关于洪水泛滥区域属性的空间分析结果在紧急情况下也可能是一系列相关人员的地址,另一个新信息产品的例子则是以列表形式出现的。虽然在后来这些清单可以被制作成为地图,但这些信息产品的真正价值来自GIS的空间分析功能,而不是它的制图功能。

　　由于在参与协作会议时你集思广益,你会在了解第一批想法之前,就发现它们已经引起了其他人的共鸣,小组中的大多数人将会讲述他们自己在工作流程中的故事。你需要记录你在会议中的所见所闻,并编制明确的信息产品清单(尽量让每个信息产品在命名上获得共识)。你可能会在研讨会后收集到 10 个、20 个甚至 50 个信息产品的想法。此时我们并不关心哪一种信息产品比其他产品更重要,有些产品甚至从未开发过,你只需要简单地了解尽可能广泛的可能性。你可以指望的是过程本身会导致一种优先意识,以及过程会产生很多合作与跨部门的思想交流。

> **技术研讨会的目的**
>
> 技术研讨会的目的如下:
> - 向与会者介绍 GIS(如果有必要的话)。
> - 向与会者介绍规划过程。
> - 向与会者解释工作为什么需这样做的原因。
> - 明确与会者被要求协助的性质,以及他们的努力该如何才能在整体上提高成功几率。
> - 介绍在项目规划和最终实施过程中使用的 GIS 术语和方法。
> - 为与会者提供机会以评估其工作的必要性和证明这些信息将协助他们把工作做得更好和更高效。
> - 按名称和部门撰写信息产品需求清单,包括所需产品的名字。
>
> 该技术研讨会是由 GIS 规划小组和参与规划研究的工作人员的第一次面对面的交流,因此这次研讨会的基本目标是在两个群体之间建立良好的工作关系。为此,该规划小组成员应证明他们拥有以下内容:
> - 在公司业务中拥有非常好的 GIS 能力。
> - 拥有关于 GIS 规划方面的其他经验。
> - 拥有无需依靠他们自己的观点而激发与会者在信息需求的看法和管理实践的能力。
> - 帮助机构明确和描述其需求的能力。

现在,你所需要了解的是被提议的信息产品名称,用几句话说明其预计用途和任何需要的输出地图的比例尺,以及需要该产品的用户的姓名。此人的姓名是很重要的,因此这是他的需求;稍后你可能需要更多关于他们的细节信息。这也可以作为一个暗示,即需要这些信息产品的人愿意支持自己,并且他们对讨论其他类型的产品不感兴趣。产品的实际使用者是那个真正知道自己为什么需要该产品的人,并且他应该很乐意将他的姓名与产品联系起来。我们要制定一个规则:没有姓名,就没有信息产品。

另外需要注意的是:让部门负责人设计所有信息产品并不是一个好主意。权威人士的视角应该是一个过滤器,但在早期阶段,我们只希望这些想法不要经过过滤。

做好准备

GIS 意味着变化,每当你引入机构变革时总会有内部争论和阻碍。与那些被你的努力所感染的同事们建立信任和同盟是获得成功的一个重要方面。为了让每个人都做好准备,尽可能了解情况并树立互信,在讨论会之前你应该散发一份完善的(并仔细校对)文件给所有与会者。文件资料中应该包含所有相关的并经过授权的研究备忘录、第一次会议议程和该研究过程的时间表。资料中还应该提供一些 GIS 的介绍信息,以便人们在出席会议之前学习了解。你可以影印教科书的内容或部分章节,如果你寻找到你喜欢的某本书的话,甚至可以去购买其复印本。(第 227 页的"扩展阅读"为这一目的列举了合适的书目清单。)

在会议上你将发现有些人在开会之前已经阅读了你的文档而另一些人则不然,同时大部分人根据兴趣的不同略过了许多内容。去找找看谁真正理解了 GIS 介绍材料,看看他们都是谁,是否有人像你一样认识到 GIS 的本质兴趣,你可以将其招致麾下成为你团队中的一员。

被邀请参加该研讨会的机构内部工作人员的数量应该限制在 25~30 人之间,因此每位经理需要在自己部门中做一个选拔。小型部门的小型 GIS 工作显然需要更小的团队。但其中被要求参加会议的人员应该是你所在机构的高级行政人员和各相关部门的负责人。他们参加会议,即使只是有名无实,但也发出了一个来自高级管理人员的承诺信号,将会激起所有被邀请参会人员的兴趣。特别是会鼓励那些具有经验的工作人员的参与,因为他们熟悉自己部门的工作流程。邀请一些拥有 GIS 经验的其他机构代表来参加会议也可能会有助于会议的举行,比如在邻近州、地区或省的代表。但这些人应该是被经过精心挑选的。这次会议的焦点是你自己的机构,尤其是你所在的机构中曾参与过 GIS 的人需要包括在内。

为了更好地集思广益,你应该将你的技术研讨会远离办公室。在当地的酒店、大学和会议中心召开通常会安全些,而且你也能很容易寻找到拥有合适会议设施的地点。"不带手机"的规定是一种好的做法。理想的会议地点应该提供拥有舒适的座椅和附属房间的大房间,这样你就可以将与会群体划分为更小的工作单位。主房间应该拥有几个活动挂图或白板、充裕的标记笔、投影仪和屏幕,如果需要的话还应该有计算机投影设备,以及一张或两张大桌子。较小的房间也需要有活动挂图或白板。

规划方案

一个典型的研讨会持续两天。会议的第一部分或第一天应包括以下议程项目(在顺序上可能略有不同):

- 欢迎你所在机构的高级行政人员对该项目进行致辞。
- 回顾一下 GIS 目前在机构中的地位,如果有的话,包括目前的 GIS 采购或 GIS 活动。
- 由团队负责人来介绍 GIS,这样可以让与会者了解基本的 GIS 概念和常用术语。这可能包括 GIS 的定义、组成部分和 GIS 的功能。仅此一点可能需要长达一整天。
- 由团队负责人解释需求评估进程,同时他要强调各位参加者的贡献对工作是至关重要的。会议的一个主要目的是让与会者描述他们所需要的信息产品。
- 简要概述信息产品描述表并对其举例。

预计围绕信息产品的描述将会引发的许多问题和话题。你可以准备详细解释通用 GIS 的功能(见第 209 页的附录"词典"部分),并突出强调数据(信息的原始内容)和信息产品(这些原始内容转变成对工作有用的信息)的不同。你可以展示临时信息产品将如何进行演变,以及在某一个领域使用时,是如何发现它在其他领域的应用的。你应该鼓励人们寻找这些跨部门的应用。

评估信息需求

在第二天(如果你只有一天就是在最初讨论之后),你需要开始对信息需求进行初步评估。这等同集思广益,因此需要鼓励开放思维,虽然你想要的结果是短小和简洁的,但是获得它的过程可能是漫长和迂回的。在规划过程的这一阶段,你追求的是所需要的信息产品的简单确认:描述性的标题、地图比例尺、需要者的姓名,其他使用者范围(还有些人也可能会用到它)的简要说明。这一步成功的关键是让与会者思考他们完整的信息需求,这个过程既富有自由度和创造性,又需要切合实际,因此最终他们会想出他们之前可能没有想到过的东西,甚至是改变他们的工作流程的东西。新的想法可能会果实累累,因此这需要与会者花上一段时间来评估他们的信息需求。

最后,你需要使用一张纸来列出每个合乎逻辑的信息产品的名称来结束会议,注明谁需要该产品放在他或她的办公桌上以完成他或她的工作。GIS 团队中的成员要表现得像一位记者那样,并将在讨论中迸发的每一个新思路都填写到一份"所需信息产品"表单中去。

要求一个部门负责人大致说明部门职责是信息需求评估的开始。你可以在活动挂图或白板上做一个简要的记录。然后询问部门其他成员的职责。询问他们自己能够确定负责的各项任务,他们需要作出的决策的类型,了解他们在工作场所中的信息需要和为了做好本职工作他们定期需要查看的情况。你需要捕捉白板上这些信息的实质。

现在回过去重新开始,这一次你要求这些相同的工作人员来确定一种他们视为有用的信息产品。我们现在只讨论产品,直到你对它所包含的信息有一定了解,以确定它是一个信息产品而不是一个数据集。(数据集仅仅是一个相关数据的集合,而信息产品是一个或多个数据集转换成信息时所产生的结果,特别是在工作时有用。)决定一个简短的描述性标题并将其写在黑板上。添加该产品的使用范围,即在机构中另外还有哪些人将会需要它。如果它是一个基于地图的信息产品,你还应该注意比例尺。明确需要这一产品的人的姓名,他或她需要把它放在自己的办公桌上来帮助完成工作。这个人在下一阶段的规划中必须做好准备来更清晰地对其进行界定。如果没有人愿意"认领"某个被提出的想法,那它就将不予考虑。这将防止清单因毫无意义和不成熟的想法而膨胀。继续以这种方式来确认来自同一部门的第二个信息产品,一直到该部门殚思极虑为止。

现在转移到另一个部门。重复上述过程,直到每个部门确定至少有一个信息产品为止。大量的思想交流、广泛地了解和合作潜力将是该研讨会频繁出现的结果。能够完成业务的更好的方法应该是可识别的,而使用 GIS 改进后的工作流可被识别的机会将更大一些。为了将来的检查,这些可以标记在白板上。益处会在小组聚集在一起倾听其他部门要求的时候出现。如果会议过程中时间成为一个制约因素,并且存在失去一些互相影响的危险,你可能会决定安排多个房间来让每个部门对其初步清单进行进一步的处理。在这一天的最后,你可以让大家聚集在一起搞清楚任何问题,并对所需的信息产品清单进行校对。这使得你可以再次进行确认。

图 5.1 是由不同部门组织的信息产品真实清单,它们是在市政府内部技术研讨会上挖掘出来的。在大多数情况下,你只能看到产品的名称,而没有更详细的信息来解释它们是什么产品。

	城市的
工程和公共工程	**住宅和财产**
公共工程方案图和列表	法律调查指数查询
生活污水分析	选择区域生产计划
待修道路地图及列表	法律草案调查
行人系统需求	住宅单元分析
年度下水道需要的地图和列表	社会住房需求分析
地下室水浸情况	住房保障分析
人行道斜坡需求	潜在住宅地图
小型硬件服务需求	住宅贷款及投诉地图和列表
精密工程设计(CAD)*	现存房屋、人口地图和列表
雨水下水道分析	城市资产地图和列表
维修分析地图和列表	开发活动地图和列表
优化路线地图和列表	社会住宅地图和列表
人行道铲雪分析	选定区域福利设施地图
人行道路径分析	轮候名单分析
铲雪调度	建筑及景观设计图纸(CAD)
行车地图和公示列表	建筑及景观技术图纸(CAD)
车队追踪	室内设计图纸(CAD)
废弃物容器分析	街景设计图纸(CAD)
投诉分析	**经济发展**
公园场地维护分析	开发项目地图和列表
停车信号位置分析	**消防部门**
交通及停车变化	消防水源图
泊车需求分析	应急建筑平面图
交通量	规划部门平面布置图
*计算机辅助设计（computer-aided design, CAD)	消防应急人口分析
	紧急路线选择
城市工作人员办公室	
病房分布分析	
全市选举数据地图和列表	
行政区及选民数据地图和列表	

图 5.1 描述

信息产品	
规划和发展	规划和发展（续）
现有条件下的场地规划	场地发展影响分析图和列表
允许泊车的方案地图和列表	人流地图和列表
开发协议分析	路口运行分析图和列表
分区分析	就业及FSI容量地图和列表
现金付款泊车地图和列表	写字楼及零售空置率地图和列表
街道和封闭行车线分析	发展项目的简要地图和列表
发展信息地图和列表	商业活动地图和列表
流通地址标签和列表	建设工程项目状态列表
特需房屋地点的保留	公共土地设施列表
注册特需住房的方位图	视察区地区图
物业位置图及应用交叉引用	累计开发活动
区监测地图和列表	督察表演活动地图和列表
全市检测地图和列表	娱乐和文化
官方计划指定地图	娱乐现场分析和设计
区监测地图和列表	娱乐和文化场地位置分析
空置土地评估	娱乐和文化机会分析
户籍普查监测地图和名单	法律部门
空间市场分析	线路和街道索引图和列表
邻里监测地图和列表	警察局
交通流动密度图	特殊活动策划
三维仿真城区	应急反应路线图和列表
城区视图	最近发生分析地图和列表
病房检测地图和列表	警察对财产地图和列表的反应
用户定义的区域地图和列表的监测	罪案发生——最佳怀疑系统
叠图系统	
就业分析图和列表	
事故率分析图和列表	
现场实测地图和列表的速度	

名称列表

效益排序

当我们的手头上拥有信息产品的初步清单后,你现在要做的是所谓的效益审视。它在某种程度上是一个用于了解整体情况的官方术语。你应该追问在技术研讨会上所确定的信息产品将如何来造福你所在的整个机构。回想一下战略业务计划。信息产品怎么样才能与之相适应?最重要的是,这些产品将从哪一种预算中受益?

与 GIS 团队和管理代表们一起来对信息产品清单进行审查,审查中最重要的任务是信息产品将带来的效益价值。然后根据效益价值对信息产品从大到小进行排列。

这只是初步工作,将清单中最有用的信息产品进行排序将有助于规划过程的下一个阶段。你将会从列表中选择最重要或最关键的项目,同时为了让其在技术上可实现,你可以对其进行详细的说明。(在第 6 章你会发现更详细的信息产品描述。)这就是从初始清单来孵化出下一步工作清单的过程:信息产品的第一轮开发过程。

紧随工作流程

在双方的技术研讨会中和在对信息产品进行排序中,你需要深入研究机构的实际工作状况,来开展工作,了解其各项任务流的相互关系。与他人一起对他们所在机构的工作流程和促进其工作的信息产品进行思考将是一项非常富有成效的努力。GIS 规划需要了解这些内容,因为 GIS 工具通常需要与一个更大的工作流程一起运作。

在业务环境中,工作流程是复杂业务流程的一个模型,它在机构内部用于实现更有效的运作。典型的复杂业务流程,包括像土地使用开发许可发放、贷款审批、许可、土地保护规划、电力中断响应、服务提供和分布式设施的管理。

为了促进这一业务工作流程的运转,你不止需要一种信息产品。你创建了这些与某个 GIS 应用相关并相互依存的信息产品。而应用则是由同一套软件和相关业务工作模型所创造的两个或更多的信息产品,如图 5.2 所示。

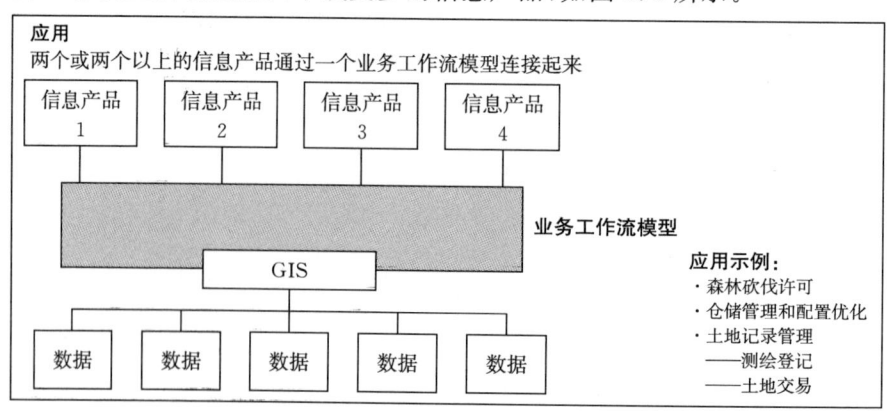

图 5.2　GIS 应用将数据转换为有用的信息

例如，想象一下你就职于城市的规划部门。一般情况下，人们会去你的办公室申请建筑许可证。该申请触发了已经存在的业务工作流模型，该模型能定位查找不动产，以判断在该地块是否有什么建筑限制，同时它也会通知被批准位置 200 英尺范围内的所有产权人。但是如果你拥有 GIS，并且其输出内容对你特别有用，那么这就是信息产品。使用 GIS 的功能，你可以开发一个应用程序来寻找该地块所在地的某一部分（我们将其称为 1 号信息产品）；展示一幅宗地地图，地图中显示了所有的建筑物限制条件，如公用地役权和建筑物后退距离（2 号信息产品）；最后，选择被批准位置 200 英尺之内的所有属性并将其输出为一份所有权人的邮件列表（3 号信息产品）。此时，程序产生了三种信息产品，它们都是由与批准一份建筑物许可证相关并已经存在的工作流程生成的。

应用组成了 GIS 的核心和规划过程的高潮。如果你有机会的话，询问一个 GIS 经理他目前所使用的应用。如果他们是精明的规划者，他们会眉飞色舞地告诉你这些复杂的应用，他们生产的信息产品，以及他们如何简化现有工作流程。在技术研讨会上，当人们开始思考如何在他们的工作流程中改善进度时，你的眼睛中可能也会闪耀着相同的光芒。典型的研讨会发展过程始于你从中了解的他们所需的信息产品；人们会意识到他们需要在工作的同时仔细观察他们的业务流程。如果他们在决定信息产品上有麻烦，你可以建议他们明确实际的工作流程并看一看信息产品是如何产生的。

GIS 是能够让人们去思考改变他们工作流程的一种技术。因此这就需要你去询问这样的问题："你想要在你的机构的任何一个部门去重新设计一个工作流吗？"如果对这个问题的答案是肯定的，你就需要考虑谁去这么做。如果有必要外包此项工作，你必须考虑它将花费多长时间，因为在 GIS 开始集成之前它必须完成。

什么是业务流程设计，是否有机会重做以使机构的业务获得更高的效率或获得新的机会？你一定要问清楚这些问题并进行讨论，因为这可能会从一个机构的 GIS 中获得很高的效益。高收益来自于减少过程的时间和步骤，同时也来自于用一个中心式数据库来取代各处存在的备份数据库。

你必须在你的规划中考虑业务流程。如图 5.3 中的第二步，请注意，数据和数据处理会推进业务流程的过程。当你进入规划过程的下一阶段时，需要描述了信息产品和包含的数据（从第 6 章到第 9 章），你将会明白并记住为什么它如此重要。

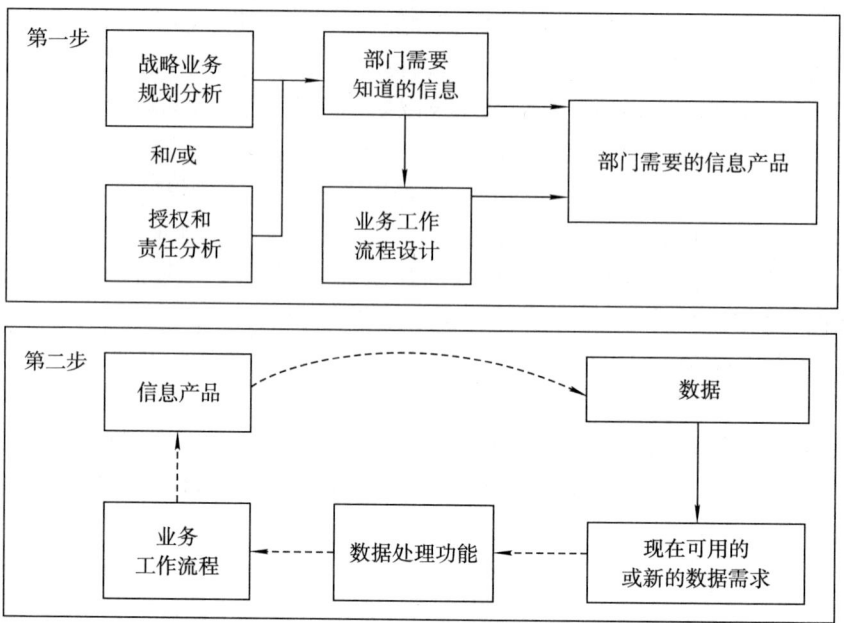

图 5.3 研究逻辑图

第 6 章　描述信息产品

知道你需要什么。

技术研讨会为你提供了信息产品的初始清单及需要这些产品的人员姓名，此为其一。这份未经过滤的名单为你所在机构的预期界定了范围。接下来，就是根据你的排序在这些信息产品中筛选出你认为最重要和最有意义的东西，并仔细对它们进行了解。此时在你的帮助下，那些需要这些产品的人员就会开始对这些信息产品进行详尽的描述，即给出一份说明书，它会允许这些实际产品变成可用之物。

GIS 会为你提供信息产品，因此你必须先想象并记录下有关它的任何描述。这些信息产品描述表（information product descriptions, IPD）是规划过程的奠基石。

在创造这些 IPD 时，你要描述你的 GIS 在第一次将生成的输出内容。一旦你知道了这些，就能了解第 7 章中主输入数据列表（master input data list, MIDL）的先决输入条件。而在第 10 章中，你就可以使用从 IPD 和 MIDL 里获得的数据去配置出最好的系统设计，以支撑你的 GIS，你将把这些东西推荐给高层管理人员。IPD 是你需要使用的工具，你需要使用它们为 GIS 的硬件、软件和数据获得拨款许可。IPD 非常重要，正是在这个规划过程中，你将通过以下方式来创造它们：

- 阐明由系统生产的信息产品。
- 确定用于生产信息产品所需的数据。
- 标示出用于生产信息产品的系统功能。
- 评估你的机构在每一个信息产品上所获的效益。

如果这样做很难，那你就应该变得精明和实际一些。你最终要完成一个信息产品并为它制定明确的规范，这是必要的精神负担。"要么现在掏钱，要么迟些付账"，这是一句提醒手工业者的谚语。但在某种意义上，由于这是一种创造性的劳动，因此它是这个过程中最有意思的部分。在这个重要的步骤之后，你的 GIS 规划中的剩余部分就将有条不紊地进行。

IPD：GIS 规划的奠基石

我们需要明确地指出 IPD 的特点，它被定义为制作信息产品时所需的内容及它预期所能提供的信息。特别是你可以通过地图、列表，尤其是扫描文档的方式从你的信息产品中获得的信息，能够帮助你理清来自系统的所需输出内容。对这些输出内容的确定反过来也说明有些东西必须被输入到系统中去。从实用角度而言，每一个信息产品的描述都应该包括以下相关的所有部分：

- 信息产品的标题或名称。
- 需要该产品的部门名称和所需人员的姓名。
- 概要：一行简短的描述可以为业余人士提供相关信息产品的概述，通常一段文字足矣。
- 地图要求：可能是地图的草图，也可能是其他来源的拥有图例的实际地图，可以使用 3D 形式输出。
- 列表要求：任何一种信息的详细情况都可以使用报表、列表或表格形式表达出来，包括标题和特殊数据项。
- 扫描文档：包括了详细的文本信息，例如 Adobe PDF 文档、Microsoft Word 文档和 txt 文档，同样也包括图片和视频，被扫描文档的检索文件。
- 图片要求：被显示的图片细节信息也是信息产品的一部分，包括被扫描文档格式。
- 示意图要求：所需的示意图输出实例，它与地图要求的形式一致。如果不适用的话，标记为"NA"。
- 创建产品所需的步骤：生产单个信息产品所需的数据元素和软件功能的细节信息。包含与使用移动手持设备的功能所有相关步骤。
- 使用频率：一个将要创建的产品的使用频率及每年使用该数据的人数。
- 逻辑联系：数据库中数据与数据之间建立的任何可能的联系。
- 容错值：信息产品中对错误接受程度的估计值。
- 等待和响应耐受度：网络时间问题和用户需求，时间要求。
- 当前成本：使用当前技术生产产品的成本。
- 效益分析：使用该 GIS 创建的信息产品给你所在机构带来的利润。
- 签核：需要产品的人在最后一页签名（在每页都签上姓名的缩写之后），证明该 IPD 已被认可。效益协议书上的签名和缩写是各部门负责人的，他们将从信息产品中获得好处。（尽管它不是描述性内容，但是这些签名对 IPD 非常重要，因此也被包括在内。）

IPD 的各个组成部分

每个信息产品的描述都由一种或多种格式组成的,就像第 47 页的那个案例研究一样,但是在 IPD 中,并不是每个描述性的部分都必须使用独立的格式。如任何被扫描的东西,像文本文档、图片和视频文件等,都可称为该产品的扫描文档格式。此外,如果某个信息产品所需的地图中的某一幅可以当作示意图,你的示意图需求就将被指定为地图的需求格式。当我们考虑 GIS 时,要记住图像(图片)与计划或者图表(线条)与相应形式的设计之间存在着根本性的区别。

并不是每个 IPD 都包括所有这些部分,但由于考虑到它们需要成为听起来完整的规划方法的一部分,因此我们在这儿将它们都罗列出来。接下来,IPD 将会帮助你确定哪些是生产每一个信息产品都需要的,以及验证它生产出来以后是否所有需要的部分都存在。因此,你必须确定你的描述是详细和彻底的。

标题

信息产品的标题应该简练,由两三个词组成,它们是从技术研讨会中所选的候选清单之中挑选出来的。标题必须能够明确该信息的用途,并且非专业人士也能看得懂。换言之,它应该是"排水系统备份图"而不是"工程现状分析图"。

需要它的部门和人员名称

将该信息产品与需要此产品的部门和人员名关联可以增强他们的责任心,挖掘他们真正想要的信息产品。在 IPD 的每一页上面,将他或她的姓名与产品标题并置,用以强化每个信息产品的所有权。

概要

概要是信息产品的简单易懂的解释。这种简要的描述性概括内容通常被放置在 IPD 的首页。

地图要求

这部分描述了在输出中所需的每一幅地图(如果确实需要地图的话),包括可视化部分和属性列表部分(图例)。要求中包含某些类型的手绘草图或事先预备的所需地图示例是非常重要的。草图可能非常简单,但它必须显示最终产品想要展示的至少一种属性。如果用户需要两个不同比例尺的地图,则表示要绘制两个不同的版本。

地图草图或示例都应包括以下信息:

- 地图名称。
- 用于表示地图上的数据如何按专题进行显示的图例。
- 任何所需的特殊符号。
- 所要求的颜色。
- 比例尺。
- 指北针。

（你可以使用与地图一样的方式对你需要的任何 3D 表现形式或示意图进行组织。）

列表要求

信息产品不一定总是地图。它可能是一些简单的图表、表格或报表，它们既可以是独立的，也可以像地图一样是信息产品的一部分。所有的这些，与电子表格、数据库和其他的文本文件，广义上被称为表格数据。我们需要要用名称、相应的列标题、特殊项和数据的源文件来区分每一个列表、表格或报表。

如果存在自定义的报表格式，你也可以区分它们。通常而言，报表能自动地转换为适当的格式。（请记住，灵活运用报表制作功能能让你对未来的变化游刃有余。）

展示

在 GIS 中 3D 场景生成功能还不是真正的虚拟现实，但在创建 3D 表现效果和 3D 符号方面已经有显著的进展。数据库可以扩展为包括带有纹理的 3D 实体对象表示的建筑物和其他场景对象的几何模型。表示点、线、多边形（包括球体、立方体、带状体、点线等）和真实不规则的纹理模型的符号的能力也已经具备。大量为了模拟 3D 空间的 3D 对象库也将投入实际应用，它们能够从通用的 3D 对象格式，如 OpenFlight、3-D Studio（面向 CAD 的真 3D 模型）和 VRML 转换而来。与这些模型相关的符号也可以通过 3D 点符号或要素类中的某个要素形状的地理标准化进行空间设定。地理信息的连续多分辨率球状视图正在成为可能，它可以直接将一个地理数据库的信息以动态 3D 视图的方式来进行显示。简而言之，3D 展示正变得越来越容易、快速和灵活，为未来发展所做的基础研究也正在进行之中。

扫描文档

一些具有叙述性质的文本文档往往是信息产品的重要部分。如 Adobe PDF 文档、Microsoft Word 文档和一些值得信赖的 txt 文档。在这一类描述中，包括诸如需要从 GIS 中重新获取的每一份文档的页码，也包括用于选择这些文档的数据库键码。搞清楚文档显示的需要和合适的地方。确定用户是否需要查看文档、是否需要将全部(或部分)文档复制到硬拷贝上去,或是以数字方式复制全部(或部分)文档。此外,你也要注意哪些文档或图像是否会有变化。

图像要求

信息产品可能包含一张图像文件或 3D 表现文件。事实上,所有的产品都可能是图像。

在以前,大部分部门拥有图像格式的气象信息,数字图像、卫星图像、扫描的剖面图和图表。你可以为每一种类型的图像来填写 IPD 的相关信息,包括扫描文档和视频片段在内,这些都是用户希望从 GIS 中获得的。在这些描述中包含的关键标识符将用于查询或寻找所需的图像。这些所需的文档和图像可以在一张表格中罗列出来。IPD 中的文档和图像的信息应该包括能够进行检索的页码数(特殊页码和最大页码),用于搜索数据的关键标识符(如地址)和你期望从文档中查看的内容。

示意图要求

为了便于我们理解,信息产品可以使用示意图的形式来表达数据。这些图表表示法可以使用多种方式来模拟现实世界:通过使用地理坐标,地理示意图能够强调一个网络或其他系统的拓扑关系,或是通过纯粹的示意图来表示链路的流动路径。例如,水利系统的地理示意图连接的消防栓,它可以在发生大火灾时快速告知消防人员该向何处去取水以提高响应速度。如图 6.1 表示了两幅电力网络的示意图。

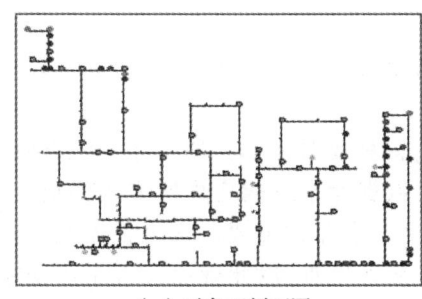 

(a) 对象正剖面图　　　　　　　(b) 叠加街道网后

图 6.1　示意图

制作产品需要的步骤

上述 IPD 的各个部分(地图、列表、文档、图片和示意图需求)阐明了信息产品的所有细节。在你了解了信息产品的更多信息之后,就可以开始评估制作它所需要的步骤。这些步骤说明了制作产品需要的数据及功能。

你开始检查数据集时,会发现不同部门使用同一种数据集时会存在相互冲突的名称。仔细研究一下文件和命名习惯,并为每个数据集建立一个标准名称。你甚至可以创建一个同义文件夹来将数据集进行归类(关于数据类别的更多知识会在后面谈到)。有一种较好的方法是取一个单一、简洁、具有描述性且独一无二的名称。在后面创建一个主输入数据列表(MIDL)时你将使用到这些名称(见第7章),MIDL 将会使用到你在规划过程的 IPD 阶段中所收集到的信息。

现在你需要记录下制作信息产品时的每一个步骤的描述,GIS 需要某些手工步骤才能为你提供想要的东西,你需要对这些步骤进行归纳整理(很多步骤在后面将会自动化)。这个过程描述将覆盖从初始请求到产品完成的整个阶段。当然,有了 GIS 之后,就存在多种干活的方法,但目前而言,你所需要的就是确定一种符合逻辑的、直截了当的方式。这将足以明确用户的真实想法并确定所有需要的数据。稍后,系统将会进行微调来创建一个应用,该应用将会优雅地使用系统中的功能。

一般而言,确定制作一个信息产品所需步骤顺序的最有效方式是思考如何用硬拷贝数据源来手工制作一个产品。记录这种方式的每个步骤并不困难,但它需要你具备逻辑能力和线性思维。其关键是把注意力放在你想象的成品上,而不能被数据中其他潜在的可能性或你并不需要的功能转移了注意力。在此阶段,谨慎地关注常常能解决一些数据可用性和适用性的问题,并指出一些潜在的错误源。

我们来列举一个例子,它使用图表来将创建一个信息产品所需步骤记录了下来,如第52页的图 6.10 所示。图上有些附加提示会帮助你更容易地填写每一步的描述,并且它们在后面内容中会更有帮助:

(1)一次只使用一个数据集并使用其标准名称。记录下任何地图的源比例尺,这些比例尺可以当作源数据分辨率的提示信息。

(2)使用本书后面词汇表中提供的常用功能描述。它们很容易理解,并可以被转译为软件的任何一种专用系统组件。

(3)由于每次使用一个功能时,都需要解释它对数据集所做的工作,并明确此过程中所访问的特定数据元素。数据集包含的数据元素可能比你所需要的更多,而且你必须确定使用正确的那一个(或多个),这一点非常重要。你也将需要在图的步骤内容的右侧栏中对产品的输出需求进行交叉检查,以此确保通过系统功能处理该数据集后,可以生成该产品所需的全部数据元素。

(4)我们要始终坚持这样的假设,即任何功能的使用结果对下一步的使用将同样有效。对于更复杂的过程而言,你可以使用流程图的形式来形象地表达这些步骤以协助交流。制作产品的步骤应该清晰,并能帮助你确定所需的数据、每个步骤所需的功能、任何半成品的细节和成品信息。

(5)如果没有现成的数据,现在就是一个去考虑该如何获得它的好时机——从政府、数据供应商还是通过内部资料。

(6) 如果机构的工作人员并没意识到可用 GIS 有效功能或专业术语来描述它们，那么他们需要接受关于 GIS 基础功能方面的培训。

不要小瞧移动设备的能力，它在你触手可及之处提供了很多功能。许多拥有不同的功能和操作系统的手持设备与便携式 PC 现在都可以和 GIS 进行交互。你要考虑到手持设备的通信限制和能力。此时你也需要去对这方面进行了解，如一个应用程序是否需要同时适用于台式计算机和手持式计算机。这些设备为 GIS 开发者提供了重要的新功能，它包括通过松散耦合架构来对野外中心数据库进行离线编辑操作。

快速原型工具

当数据集输入到 GIS 中后，目前的技术发展已经使 GIS 应用程序的原型开发比以前更快速和更简单。以向导和图形为基础的 GIS 应用程序构造器可以使用多种数据类型和地理信息处理功能。快速原型工具(RPT)能够让你将已经输入到系统中的数据与一系列地理信息处理功能步骤相连接以生产出信息产品。这些产品可能很简单，也可能很复杂。事实上，它们可能是极其复杂的，它们可以是复合模型。由于该模型在开发阶段就能运行，因此我们可以查看输出信息。

快速原型工具将在交互式设计中继续扮演重要的角色，作为一种模型，它可以在能够添加、修改和实现它的人群之间被共享。被公认的模型可以发布出去，这与那些现在发布应用程序的方式不同，它发布的是模型的图示和经得起修正的步骤。

未来的开发方向可能会在 RTP 和业务工作流程应用程序(如 Visio 企业版、ABC Flowcharter 或 Workflow Analyzer)之间进行交互，其中 RPT 既能构建业务工作流程所需的信息产品，也可以与模型所需数据库进行物理设计的 CASE 工具进行交互。

使用频率

你还需要估计信息产品的总需求量，它每年将生产多少次？这种频率可能从一年一次(如挂在墙上的地图)至一年上万次(如某些突发事件路径产品)。记录下你每年可能预计将生产的地图数量，将你认为将生成的地图制作出一份清单，并记录下你每年回收的地图。然后对该 IPD 统计其五年中的数量。在 IPD 中有一张简单的表格用于对估算的使用频率进行总结。

在确定完所有的功能以及在此过程中使用它们的时机之后，你可以计算信息产品的制作过程中每个功能被使用到的次数。有的产品可能需要多个功能,而且这些功能会被多次使用。当你在决定了每年生产某个产品的数量之后,就可以将其与该产品生产时的某个特定功能的使用次数相乘。其结果就是每年在生产该产品时,该功能所使用的次数(如图 6.2 所示)。

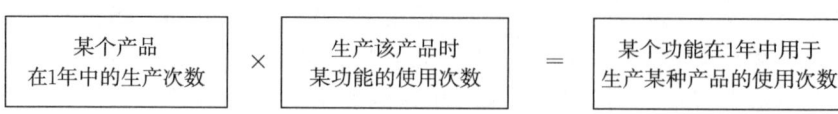

图 6.2　功能使用频率公式

现在你已经初步了解了在你的系统中这些功能的使用频率。在 IPD 第一回合完成之后,你就可以制作出一张 GIS 总体所需功能的清单出来。这样的一份清单对你选择潜在的 GIS 软件包时进行的评估是非常重要的,同时它为你的系统硬件要求界定了范围,你将在第 10 章看到这些内容。这些清单和总结摘要是十分重要的工具,它们能确保你的系统的规划能够有效地和高效地满足你的需求。(本章最后的案例研究中会进一步讨论功能使用频率的确定过程。)

逻辑联系

对信息产品描述接下来的步骤是决定数据元素之间和数据集之间所需要的关系。这些关系被称为逻辑联系,在后面建立数据库时它们必须到位。在 IPD 中,你需要明确不同数据集中的数据将如何才能互相连接,以生成最终的产品。

逻辑联系存在以下三种类型。

(1)列表和图形实体的关系:这是要素(点、线和多边形)和它们的特征(即属性,如项目名称)之间的关系。

(2)地图之间或地图图层之间的关系:你需要的不同类型的地图(或数据层)之间的关系(如它们之间是否可以覆盖,它们是否拥有同样的比例尺和地图投影)。

(3)不同属性之间的关系:即特征之间和数据元素之间的关系(即某个数据项是否知道其他的数据项)。

不要试图去寻找你能建立的每一个联系,但你要去寻找那些你需要却不存在的联系。当你察觉到一些必要的逻辑关系当前在源数据中并不存在时,你就需要确定该问题是否应该在生产信息产品之前就解决掉。例如,如果你知道房屋与下水管道之间具有某种联系,它需要存在于数据库之中。但假如在建完数据库之后才发现需要在房屋与下水管道之间建立联系,你可能将不得不重新查看每一个房屋和下水管道以输入数据。对于一个只有 500 户居民的小镇而言,这可能并不严重,但是如果你要重新审视 120 000 户住宅,那问题就变得很严重了。由于你的数据库在不断扩大,逻辑关系的信息就越发显得重要了。

容错值

容错值就是你能接受信息产品中的误差总量。你必须要回答一个问题:"它怎么会是错误的呢?"有人需要信息产品是因为他们希望该产品能为他们提供些好处,如节省员工时间或是提高工作效率。如果信息产品所包含的误差需要耗费时间去修改,或是需要使用其他的方法来决定哪一个是正确答案,这样就不可能节省员工时间或提高工作效率。

IPD 应该报告可能的错误、错误的结果、对效益的影响及可接受的错误总量。即你必须在保证其可用性的情况下,搞清楚信息产品的容错阈值是多少。

对用户而言,考虑误差和根据成本与可靠性来考虑其精确度是很重要的。用户自己的需求观点是他们在实现过程中对数据质量进行讨价还价的出发点。一旦成本和效益相当,用户就可能得不到他们预期的精确度,但至少他们能为此做好准备,并意识到他们所指望的信息产品具有多高的可信度。

质量控制水平的建立确保了数据在满足用户需求时可能会显著地增加成本。为了实现最后 10% 的精确度所花的资金,可能会占建立数据库总成本的 90%。你应当与用户一起确定最大容错值,同时维持信息产品的预期效益。你需要在精确性需求与数据录入和保证质量的成本之间寻找到一个平衡点。

误差存在以下四种情况。

- 参考误差:即某些事情的参考信息中存在的误差,如错误的地址、标签、数字或名称。
- 拓扑误差:空间数据中存在的关联错误,如未闭合的多边形或网络中的断点。
- 相对误差:两个物体的相对位置的误差。
- 绝对误差:物体在现实环境中真实位置上的误差。

如图 6.3 所示,容错值是使用数值来进行表示的,但它会随着错误类型的不同而有所差异。一般而言,参考误差和拓扑误差都是使用它占全部误差的比例来表示的,而相对和绝对误差是使用线性距离表示的。

误差类型	特定误差	阈值
参考误差	错误的街道地址	2%
拓扑误差	错误的街道网络	0%
相对误差	在街道错误的一边显示的下水管道管线	±2 m
绝对误差	洪泛区域与地产边界不对齐	±10 m

图 6.3 容错值表示

图 6.4 列举了来自于不同信息产品的各种误差类型的例子。

参考误差	
可能发生的情况	错误的街道地址
该错误的结果	送错地方
对效益的影响	发货时浪费时间,会减少该产品所带来的利益。比如比萨会变凉
对纠错能力的关注	必须平衡数据输入和在可接受范围内的错误。2%的地址错误

拓扑误差	
可能发生的情况	错误的街道网
该错误的结果	多走了冤枉路
对效益的影响	由于紧急服务车辆来迟,生命财产会严重受损
对纠错能力的关注	如果人命关天,则不允许任何误差

相对误差	
可能发生的情况	下水管道线指示了错误的方向
该错误的结果	下水管道挖错了地方
对效益的影响	增加现场费用
对纠错能力的关注	如果只是稍稍偏离中心点,则仍可用;但如果在路的另一边,则无效。$\pm 6'(2\,m)$

绝对误差	
可能发生的情况	洪泛区边界与地产边界不对齐
该错误的结果	位置不确定,如你是否在滩涂范围内
对效益的影响	不需要支付洪水保险费的地产持有者付费了;或者是在洪泛区内持有者没有受到应有的保护
对纠错能力的关注	需要平衡资料成本,检查费用和所能接受的误差总量。$\pm 30'(10\,m)$

图 6.4 信息产品中四种类型误差举例

在考虑数据时,要记住,从来就没有天生的"好"数据这回事。在工作期间,总会存在很多有用和没用的数据。数据本身并没有价值或精确性可言。从理论上讲,数据并不包含精确性,精确性仅仅会影响人们的实际工作;换言之,数据要求精确性去制作一个有用的信息产品。如果它的精确性与数据的使用毫无关系,那么数据仍然是无用的。

等待和响应耐受度

等待和响应耐受度也被提及,但它们是 IPD 中包含的两个完全不同的概念。等待耐受度是判断计算机和网络系统稳健性的标准,即在计算机正常运行的情况下最后一次按下按键后,直到页面完全打开或信息产品输出之间的最大时间差。对于某些紧急调度用户而言,其等待耐受度应该低至 0~1 秒;但对其他程序来说,这个时间差可能长达一个小时甚至更久一些。

等待耐受度会对你设计计算机网络的过程产生影响,而响应耐受度则与人的行为有更大的关系。响应耐受度是指在请求或 GIS 办公室中的关键数据（或无论流程在什么地方启动）到位后与信息产品交付给用户之间的最大允许时间。估测一下对信息产品的请求响应将需要多长时间，会帮助你了解需要多少 GIS 办公时间和工作人员等才能满足用户需求。你应该知道，响应耐受度的标准很高，例如当星期天森林发生了火灾，地图就不能直到周一才提供出来。

目前成本

建立 IPD 接下来的步骤是记录你生成一个非 GIS 的信息产品的当前成本。你的估计应包括劳动力和材料成本，并说明你所在的机构一年中需要使用该产品多少次，才能抵消生产它的费用。

你计算出来的成本数字可用于成本—成本比较，它可以帮助你调整 GIS 的实施过程。例如，如果一个信息产品花了几百美元但一年只用一到两次，那么它就不能在合理的时间内收回自动化成本。另一方面，如果某个信息产品花费了许多时间去生产并且需要得非常频繁，那么目前的成本可能将证明自动化是必要的。这个步骤可以帮助你确定每一个被请求的信息产品所需的工作程度。它也能帮你向管理层解释使用 GIS 时这项正在进行的工作的规模大小，并且有时还能解释为什么某个信息产品不能使用现有的方法进行制作。

效益分析

在准备 IPD 的最后一个步骤中，需要信息产品的人员的办公桌上应该有一份效益分析报告。GIS 管理人员也应该了解通过 GIS 生产出来的信息将会带来哪些效益。你需要权衡一下系统和数据采集（输入）成本与你的机构希望从产出结果中获得的效益。考虑一下以下三种类型的效益。

- 金融储蓄：如果 GIS 生产了所需的信息产品，就能从现有的预算中省下现金（即减少现在的员工时间，提高收入）。
- 机构获得的直接效益：该效益是 GIS 实施的结果，它以前不可能获得。它包括提高了运营效率和优化工作流程，或减轻了劳动强度。
- 外部效益：那些没有直接使用 GIS 的人员所获得的效益。如来自较低火灾保险率的公众利益，这是非直接的，消防部门如果能马上获得可靠的地图，就能拥有更好的火灾响应时间。

当你把这些效益添加至每一个信息产品中，你就可以将总效益和实施 GIS 的成本（包括获得信息产品所需的数据）进行比较。

签核

在每一份 IPD 开发完成后，为了对信息产品的描述定稿，就需要负责撰写该描述的工作人员进行严格的审核并在每一页上签上姓名的缩写,同时在 IPD 的最后一页签名。每一页文件的签核确保了该文件按照所需的信息产品进行准确的描述。如果文件中没有签字署名,则不会生产该信息产品。因此最明智的做法是从一开始就明确细则,以便相关负责人能努力确保最终的描述能够满足要求。有时候工作人员并没有意识到构建 GIS 所需的工作量,所以尽早向他们明确以公司名义支配这笔开支是极其重要的,同时将其投在真正需要的信息上也是必不可少的。

该文件还需要另外一个人的签字确认,作为监督效益增值预算的部门负责人必须在效益协议书上签字确认。如果他或她没有在效益协议书上签名,就必须找出原因并进行必要的修改。如果无法合理地适应新的变化,那么产品信息就必然会存在根本性的问题。

再强调一次,没有部门负责人的签字,就没有信息产品。这一点在我最初给你推荐时提到过——确保在项目之初就争取到上级管理部门的全力支持,并定期向上级汇报工作进度。始终坚持严格的审批是 GIS 取得成功的关键。无论时效性还是持久性,确保效益大大超过成本是赢得业内人士认同的行之有效的方法。而能够说明效益将很快出现并一直会大于支出,则是通过审批的好方法。

有关盈利的进一步说明是,计算盈利一直是一项艰巨的任务,但同时也是 GIS 规划过程中至关重要的一个环节。大多数的经济学家一度提出这样一种理论,即人们所准备购买的价值才是数据所附带的唯一合理价值。但实际上该理论并不合理,因为没有顾客是为了享受购买的乐趣而购买数据。顾客之所以购买数据,是因为他们想根据数据提供的信息进行能够获利的工作。我们需要新的模型计算通过信息而增加的盈利。基于此目的,我开发设计了一套新的模型。

第 11 章中有关于信息盈利——成本—效益分析的测算方法。该方法在加拿大、澳大利亚和美国的联邦政府及其各州都已成功地通过了测试。采用该方法的机构都认可测算的结果,该测算方法是成功的标杆。

接下来的案例研究是创建信息产品时的描述性说明。大部分 IPD 信息的收集和记录最好是由需要信息产品的人员来负责,GIS 规划人员及其规划团队从旁协助。创建 IPD 可能是整个 GIS 规划环节中最为重要的一项任务,也是利润最为丰厚的。在考虑所需信息产品的属性和细节过程中,任何努力都不会是多余的。在运行 GIS 的某些阶段,GIS 管理人员可能需要使用 IPD 中所有的信息来对他或她的个人日常工作计划进行定制。这样的考虑迟早会向用户和高级管理层说明工作并解释系统在如何运行。面对 GIS 商店每日产量的需求,进行这样的思考能减轻 GIS 管理层的压力(或者至少是屡遭挫败或过度工作的压力)。我们最好是能在规划过程的生产开始之前就有这样的考虑。

案例研究：IPD 追踪

　　本章接下来的部分将一步步追踪一份实际信息产品描述的创建过程。这是北美一座大城市真实存在的案例研究。加里（Gary）在该市工程技术部门工作，他负责污水管道系统的维修与维护。他设想有种信息产品能帮助他的员工处理日益频繁的管道问题。日前，在该市举行的技术研讨会上，加里提议绘制管道事故形势图，并把该图作为他需要 GIS 制作的信息产品的一部分。

　　该案例的具体背景如下：该城市的下水管道系统非常糟糕，其原始线路可追溯到 19 世纪中期，生活污水管曾经一度与雨水管连接混合，之后才被分开。因此直到现在，该市的工程技术部门仍然需要处理频繁的管道投诉。已经老化和改建的下水管道很容易引起堵塞，造成污水泛滥，导致房屋内积满污水，形成很糟糕的情况。该市平均每年有 50 起管道事故，这不是一件微不足道的小事。当管道阻塞时，住户会致电给市政府要求采取补救行动，此时技术部门则必须立即行动起来。

　　加里需要关于污水管道阻塞的信息产品，该产品能显示出他所需要的关于某一特定地段的信息。但是，在 GIS 研发创建该产品和真正投入使用之前，加里必须根据数据库中该产品需要组成内容，对其进行全面的描述。在规划人员的帮助下，加里必须编写一份 IPD 文件。

　　这种信息产品描述的头一个组成内容会出现在每一份 IPD 文件的格式之中，如图 6.5 所示：信息产品的名称、需求部门和需求客户。作为 IPD 的认证人员，加里负责确保 IPD 对他所需要的信息产品的描述是精确无误的。一旦 IPD 创建完毕，他将必须在每一页上都签名，以保证所描述信息的准确性。工程技术部门负责人也必须在 IPD 的效益协议书上签名，进一步确保所描述的信息产品正是客户所需要的。

　　接下来我们将从第一页开始详细检查加里的 IPD 的其他组成部分。第一页将对该信息产品做一个简要的介绍。

概要

　　简单而言，加里必须要输入被投诉的管道地址并让 GIS 返回包括地图、报告以及图片在内的信息产品。地图能够显示出周边的物业情况、可能存在潜在问题的管道以及与之相连接的管道（逆流与顺流）、检修孔位置和其他与之相关的潜在标志。根据最新的检查报告，加里还需要一份报告，来记录同一区域内的投诉历史和该地段的实际状况。（该报告文件将以列表数据为依据，把信息列表转换为 IPD 的数据输入格式，这个在接下来的几页中将有所阐述。）任何具有潜在问题的下水管道地段的可用图片也将能帮助加里开展工作。因此，他希望 GIS 也能够对这些数据进行检索操作。

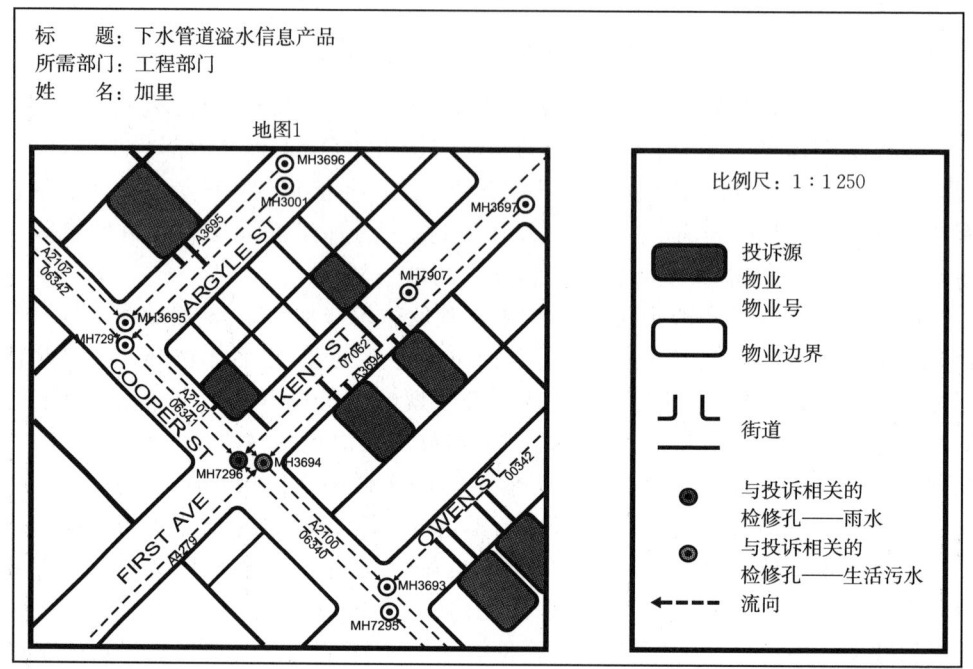

图 6.5　下水管道溢水情况图:加里的信息产品的组成部分

地图要求

为了满足 IPD 这一组成部分的描述性元素，加里绘制了所需地图的草图。在他看来，污水管道事故报告地图显示如下内容:

- 物业编号(地址)。
- 管道阻塞房屋地址。
- 受影响房屋物业 ID。
- 与住户连接的管段。
- 街道名称。
- 检修孔编号。

清单要求

加里列出了三份清单。他记录了创建清单所需要的所有信息。首先，他需要的是提供管道投诉相关细节的清单(如图 6.6 所示):

- 受影响的物业地址。
- 物业 ID。

第 6 章 描述信息产品

- 业主姓名。
- 房屋类型：如单户家庭住宅（single-family residential，SFR）。
- 住宅分区。
- 先前的投诉日期。
- 投诉类型。
- 有关先前的投诉和生活污水管或雨水管关系的详细情况（某些先前的下水管道阻塞事件可追溯到这个源头）。

该清单的 IPD 输入格式同样适用于其他两份清单，它们都涵盖了标题项、典型条目和信息源。第一份清单的数据称为投诉来源，它归因于三种来源之一：投诉档案本身（一个 5 英寸×7 英寸的卡片文件）；税务评估办公室中存储着物业开发信息的城市级数据库，也叫做 PDIS 或 SIMS（sewer information management system，下水管道信息管理系统），即加里所在部门的电脑中存储的下水管道特征文件。

名　　称：下水管道溢水信息产品
需求单位：工程部门
姓　　名：加里

清单1										
名称：投诉来源										
标题	地址	物业ID	业主	房屋类型	住宅分区	先前的投诉/(年/月)	类型	链接点	
								生活污水管	雨水管
典型条目	Cooper 街 26 号	32968	M. Dewe	SFR	5ac	1985/10 1986/11	地下室溢流	07062	07062
	Kent 街 17 号	37210	A. Brown	SFR	5ac	—	—	A3694	07062
来源	投诉档案	PDIS	PDIS	PDIS	PDIS	投诉档案	投诉档案	SIMS	SIMS

图 6.6　IPD 格式清单 1

名　　称：下水管道溢水信息产品
需求单位：工程部门
姓　　名：加里

清单2													
名称：可疑管道报告													
标题	雨水管或生活污水管	管段编号	检修孔		容量/(加仑/秒)	尺寸/英寸	等级	材质	安装时间/年	等级(材质状况)	最后检查日期/(年/月)	最后清除日期/(年/月)	污水溢流编号	先前事故/(年/月)	电视报道	预计流量/(升/小时)
			至	源												
典型条目	生活污水管	Cooper 街 A2101	3694	3695	350	10	2	金属	1936	3	1986/9	1986/9	5	1975/10 1982/11 1987/3 1987/7 1988/5	第123号文件	250
	生活污水管	Kent 街 A3694	3694	3697	220	8	5	混凝土	1944	4	1975/10	1975/10	1	无		
来源	SIMS	SIMS	SIMS	SIMS	SIMS	SIMS	SIMS	SIMS	SIMS	SIMS	SIMS	SIMS	SIMS	SIMS	SIMS	检查人员

图 6.7　IPD 格式清单 2

加里还需要一份关于具有潜在管道阻塞可能的下水管道地段的清单,具体包括以下信息(见图 6.7):

- 地段编号。
- 检修孔详情。
- 污水管容量。
- 污水管尺寸。
- 污水管类型。
- 建筑材料。
- 安装日期。
- 物质等级。
- 最后检查日期。
- 最后清理日期。
- 污水溢流地段编号。
- 先前的事故。
- 电视报道的档案编号。
- 估计流量。

加里所需清单格式的第三个要素就是有关先前发生的管道事故的管理报告信息,它包括事件发生的时间及地点。他制作的清单如图 6.8 所示。

名　　称:下水管道溢水信息产品									
需求单位:工程部门									
姓　　名:加里									
清单 3									
名称:管理报告									
标题	管段编号	溢流日期/(年/月)							溢流总次数
		1	2	3	4	5	6	7	
典型条目	A2101	1975/10	1982/11	1987/3	1987/7	1988/5			5
	03624								
来源	SIMS——管理报告								1

图 6.8　IPD 格式清单 3

文档

在对地图和清单进行了一番描述后,加里详述了他可能需要的所有文本文件。例如,他需要检查员最后录制的语音报告的文字记录。

图像要求

技术部门采用了自动视频系统,该系统能够传输显现某一地段管道情况的图像。这些图像都有日期,并附上参照的地段编号。(格式如图 6.9 所示,接下来是"空间"分类,加里将根据污水管道地段编号对这些文件进行检索。)加里将告诉你他需要观察这些图像,并将在不改变文档外观的基础上,将部分数据复制到硬拷贝介质上。

名　　称:下水管道溢水信息产品			
需求单位:工程部门			
姓　　名:加里			
	扫描文档显示		
#	数据集名:管道特征(SIMS)文件		
每一份被检索文档的页数		典型 2	最大 5
搜索关键词(全部)			
空间:管道段号			
属性:—			
数据元素(需要观看)可疑管道段内管道内部 TV 监控(检修孔至检修孔)			
行为:(适当检查)	√	可视观察	只读
		复制全部	硬拷贝
		复制全部	数字式
修改:(适当检查)	√	复制部分	硬拷贝
		复制部分	数字式
		添加数据	具体元素
		删除数据	具体元素
		编辑数据	修正错误
允许不修改	√		

图 6.9　图像的 IPD 规范

现在,加里的需求已经一清二楚了——地图、清单、文本文件和图像,下面就需要思考如何生产这种有着完全不同数据源的信息产品:

- 生产该信息产品需要什么样的数据?
- 数据来自何方?
- 生产该产品需要什么功能?
- 产品的各个组成部分之间如何相互联系?
- 在不同数据集中需要哪些共同的数据元素将其互相关联起来?

对于上述几个方面,加里希望得到相关帮助和作为 GIS 规划人员的专业意见。目前加里能提供的只有该城市技术部门拥有的物业信息和下水管道地图;他必须联系水务公司以获取管道的详细资料。你可以建议他把管道资料数据与房产信息档案相连接,这样就能使下水管道各地段编号与街道地址相匹配。鉴于机构内部缺乏管道的数字资料,因此你的建议将大有裨益。

产品制造步骤(所需的数据与功能)

总之,你可以指出你对这个预想的信息产品需要了解的方方面面,根据这些信息我们罗列出了制造步骤。图 6.10 对关于如何一步步制造加里预想的信息产品给出了详细描述。基于工作流程的描述（左栏），可以识别数据集（中栏）及系统功能（右栏），这些能够简化制造这个信息产品的工作流程。这条有组织的记录，"信息产品制造步骤"表格，是 IPD 中一个非常重要的部分。

标　题：下水管道溢水信息产品		
产品需求：工程部门		
姓　名：加里		

	加里的描述	所需数据	所需功能
步骤一	当工作人员接到投诉电话时，可使用投诉系统档案获得以往在同一地址、同类型投诉的详细资料	投诉系统档案 注：此档案属绝密档案	键盘数据输入：地址与投诉性质 属性查询：以往投诉定性（日期与类型）
步骤二	工作人员将与投诉地址相匹配的业主名字、房屋类型和分区信息进行定位查询。而此次定位是通过城市主机上的房产开发信息系统来实现。你可能需要提取物业、住宅及业主资料	物业开发信息系统（PDIS） （城市主机服务器数据库） 物业资料档案 住宅资料档案 业主资料档案	PDIS 所属属性查询：可匹配投诉地址与业主名字、户型及分区
步骤三	接下来工作人员要做的是获取有问题的部分的下水管道资料。首先，根据投诉电话的地址找到被投诉的那部分管道。然后再定义每部分可疑管道的典型特征	管道特征资料档案（SIMS） 土地利用图（1∶1 250） 下水管道规划和配置表 管道日志档案 管道电视报道档案 排水卡档案 注1：管道信息需与管道编号相匹配，每一编号配有街道地址 注2：此类型档案现今暂不支持数字格式	管道数据库所属属性查询：可匹配街道地址与管道编号。确定每段可疑管道的检查井（入与出）、容量、大小、级别、材料、安装日期、健康状况、最后检查日期、最后清除日期、偶发事件的日期
步骤四	然后，工作人员需要一份投诉电话所属物业范围的地图	法律调查地图（1∶1 250）	根据街道地址的属性查询：（若需要，则与物业标识号匹配）标定投诉电话地址所属物业的边界
步骤五	接下来工作人员需要标定可疑管道1 km范围内的所有管道。还需要一份标有城市信息的1 km范围内上下游管道的地图	管道网络地图 按拓扑网络的形式，以1∶1 250的比例绘制 以检查井为节点，管道部分绘制在入孔之间	属性查询：识别可疑管道 网络分析：识别可疑管道1 km范围内的邻近管道 图形绘制：绘制管道和城市图形，用来识别市内评定区
步骤六	最后，工作人员需要给评定区标注街道边界。街道边界与其余信息在图上的比例尺大小不同，所以需要调整比例大小。根据所有的信息资料，最后的地图和列表便能绘制完成	拓扑地图（1∶2 000）	空间查询：（按区域）按管道所属区域定义 比例变化 图形绘制：选取街道边界、下水管道网络及物业范围 显示、编辑、标记、符号标记、绘制、创建列表

图 6.10　加里信息产品制作步骤

表格的最右一栏包含了非常重要的信息,它不仅详述了制造这个信息产品所需的系统功能,还有每一个从数据集里提取或是产品里包括的信息单元。并且这个表格还将会用在对产品中所需信息单元的确认中。

此后,你还将会充分用使用右侧包含着所需系统功能列表的那一栏。事实上,作为 IPD 的一部分,你必须用这一栏中的信息做个简单的表格,就像加里做的那张表格一样(如图 6.11 所示),将这些必要的功能和这些功能在制作产品的过程中将被使用到的次数罗列出来。这样的话,你和加里便能够计算出下个 IPD 部分的描述性条目数量。

标 题:下水管道溢水信息产品
产品需求:工程部门
姓 名:加里

功能	编号
属性查询	5
创建列表	3
图形绘制	2
数据输入	1
空间查询	1
网络分析	1
比例尺变化	1
显示	1
编辑	1
标签	1
符号标记	1
绘制	1

图 6.11 功能使用表(单个信息产品)

使用频率

既然已经知道了制作一个产品时每个功能的使用次数,那么你可以通过将这些使用次数相乘,得出一年内制作出的产品的数量。这个年度数据将让你对功能使用有个大致的印象,同时也是系统软件是否支持这种功能使用的基本标志(见第 10 章第 109~111 页)。

加里估计,每年他的部门需要 50 个这种信息产品用来应对下水管道投诉电话。可以根据一年内制作 50 个这种信息产品每个功能所需使用的次数,将功能分级,将最频繁使用的列为第一项,如下所示:

(1)属性查询:250。

(2)创建列表:150。

(3)图形绘制:100。

(4)数据输入:50。

(5)空间查询:50。

(6)网络分析:50。

(7)比例变化:50。

(8)显示:50。

(9)编辑:50。

(10)标签:50。

(11)符号标记:50。

(12)绘制:50。

使用最频繁的功能是属性查询,所以你可得知加里所在的机构实施的这款软件必须能够非常有效地执行属性查询功能,至少对于这款信息产品而言是有好处的。

逻辑联系

加里需要在 GIS 数据库中的街道地址与物业边界之间建立一个连接,这个连接用来在地图中选择线路。同样他还需要在下水管道编号和下水管道网段,即数字数据库中一条实际存在的线之间建立一个连接。它们连接的是列表中的项目和数据库的图形实体。

有些图对图的连接也是必需的。加里需要将下水管道网络图与地形图中物业边界进行叠加——这意味着它们必须具有相应的比例尺和投影。但要注意的是,为了进行叠加操作,任何数据集的比例尺变化幅度不能太大。一般说来,每个方向上的比例变化最好不要超过 2.5 倍,但是如果没有更准确的投影或比例资料信息,就必须采用更大的比例变化。谨记信息系统准则:以容错值为基准。

标　　题:下水管道溢水信息产品
需求部门:工程部门
姓　　名:加里
图形实体列表
街道地址与物业边界(多边形)
下水管道编号与下水管道网段(线)
图对图
对下水管道网络图与地形图中的物业边界进行图形绘制的能力
属性对属性
街道地址与物业属性(PDIS)
街道地址与下水管道编号
下水管道编号与管道特征档案(SIMS)属性

图 6.12　逻辑联系

最后,要建立三个属性对属性的连接:街道地址必须与 PDIS 中的物业属性连接;街道地址必须与下水管道编号连接(这决定着下水管道的每个部分与住户的匹配);下水管道每个部分编号需与管道特征档案相连接。IPD 将所有的连接都罗列出来是非常有用的,如图 6.12 所示。

遗憾的是,下水管道中并不是每一部分都有图的存在,所以将下水管道编号与管道特征档案连接是不可能的。没有这些下水管道部分的编号,将街道地址与下水管道每个部分连接也是不可能的。对不懂行的人而言,肯定会认为这个缺点很容易弥补,只需要手动增补数据就可以了。但事实上,完成这样的手动增补的花费将是无法估量的,随便一个中等城镇或城市都可能耗资上百万美元。花费巨大是因为创建一个下水管道网络图包括对旧管道计划进行扫描;将所有井盖的实际位置通过航片来进行数字化;还要将这些图像添加到那些数字点的后面。

不过,加里所在的市政府很早之前便意识到建立一个这样的新数据库将会很有好处,所以他们决定将建立数据库的花费划归到基础设施建设这一块,同时将其并入工程部门的预算之中,而不是作为 GIS 预算中的花费。在你自己的机构中,你可能需要想一些聪明的办法让这些数据库之类建立的花费划归到你们 GIS 的预算中来。

容错值

我们应该让加里仔细想想这个产品在什么样的容错值内还能忍耐并仍然有用。认真地将每个地址检查三遍以确保零错误是很有必要的,但就是这样一个复核地址的简单的操作都将会大大增加制作该信息产品的成本。但就算是高成本我们也在所不惜,因为系统的错误率和准确性都会影响这个系统的整体可靠性。为了评估容错值,加里可能要问:"我们能犯多少错?"

加里指出四个有可能性的错误,一共三种类型(见图 6.13)。他将参考型与拓扑型容错值规定为 0,这是一种理想状态。但是如果成本超出太多,他将重新调整容错值。作为 GIS 的规划人员,加里即使停止修改容错值,他也将与你详细讨论在检查容错值时获得的经验。借助对可接受错误的检查,加里开始掌握错误率对这个信息产品可靠性和成本的影响。

标　　题:下水管道溢水信息产品				
产品需求:工程部门				
姓　　名:加里				
误差类型	出现概率	错误结果	盈利影响	错误容错值
参考型	街道地址错误	物业识别错误	造成错误的情况分析	0%错误
	下水管道编号错误	可疑部分管道识别错误	浪费时间在不可改变的错误上	
拓扑型	物业与管道无连接	物业不包括在分析中	造成不完整的情况分析	0%(需要完全的拓扑式网络)物业与管道的连接尤为重要
	拓扑式管道网络断连	邻近管道不包括分析中的	潜在问题不会被发现	
相对型	街道管道线分布	坑道地址错误	现场花费增大	±1 m
绝对型	NA	NA	NA	NA

图 6.13　容错值表

等待和响应耐受度

虽然下水管道的备用设备有的时候属于紧急用品,但毕竟不会威胁到生命,因此该管道网络系统并未提及等待耐受度。但加里指出,在未来从用户打进第一个投诉电话开始到该产品提供出完整的资料备份的这一段时间将是这个产品的响应耐受度的标志。

目前成本

加里估计,若启用无 GIS 支持的方案,将耗时 100 小时制造一个信息产品,或是每次 2 237 美元的劳动力成本。除了劳动力成本之外,他还列举了另外 100 美元的材料成本。综上所述，现在制作一个这样的信息产品便需要花费 2 337 美元（如图 6.14 所示）。要是没有 GIS 的支持，每年制作 50 个这样的产品花费就将高达 116 850 美元。在可操作预算内，每年下水管道维修成本高达 12 000 000 美元。

标　　题：下水管道溢水信息产品		
产品需求：工程部门		
姓　　名：加里		
产品制作	时间（小时）	成本/美元
劳动力 专业 技术	100	2 237.00
材料		100.00
总计		2 337.00

图 6.14　无 GIS 支持的目前成本

效益分析

GIS 可以在 4～8 个小时之内制作出同样的产品，与 100 小时的人工劳动相比，它节省了将近 90% 的时间。虽然还需要有工作人员进行操作，但工作人员也将减少了 80% 的工作时间。这样看来绝对省下了不少的钞票。

除此以外，对比三周的制作时间，GIS 快得多，它只需一天即可。机构因此会直接受益，他们可以更加迅速地处理管道溢水情况。对突发状况反应越快，就越可能减少用户的不满情绪，将责任风险降低到最小。反应时间的缩短也让维持操作部门有时间协助维修，因此，该部门也将从中受益。加里预计，有可能的话，这样一年至少可以产生 100 000 美元的效益。

另一个直接利益便是减少承担责任的风险，长时间延迟下水管道溢水的处理会造成用户的起诉事件。目前已经存在 10 桩因下水管道溢水未处理引起的案件。其中一例便是要求 600 000 美元赔偿的用户集体诉讼。每年仅仅是工程部门工作人员准备处理法律案件的成本都将减少 50 000 美元。

快速解决下水管道漏水、溢水事件，还有益于环境的改善。当下水管道溢水时，污水将流入雨水管道，通过雨水管道流进湖泊与溪流。一些被污染了的雨水管道将被连接到当地的废物处理系统，无形中会使其库容增加。每年这样的额外的污染处理成本都将节省 10 000 美元。

正如你在加里的 IPD（如图 6.15 所示）中所看到的，这些受益项每年能帮助节省 160 000 美元。如此算来，十年之后，即使将通货膨胀一并考虑进去，节省金额也将达到 1 600 000 美元。除了这些数据，再加上将新信息产品带来的好处同旧数据获取方式和系统执行的成本花费相比，就更加坚定了建立这样一个数据库的决心。

加里所在部门的领导也从这个比较中意识到了 GIS 带来的好处，同时暗示着他同意加里的整个 IPD 计划，并让他签署了效益协议书。加里草签了协议书，当他在协议书的最后一页签上自己名字时，也就意味着他的 IPD 正式移交给了 GIS 小组。

第 6 章　描述信息产品

标　　　题：下水管道溢水信息产品
产品需求：技术部门
姓　　　名：加里

节省资金

现在的数据编制耗时太长，每一期溢水时间需要超过 100 个人工小时（每年 50 起）。使用 GIS 数据编制时间能够减少 90%，并且在现有工作量不变情况下，员工的工作时间也将缩短 80%。

　　　　　　　　　　　　　　　　　　　　　　　效益——100 000 美元/年

部门收益

产品输出时间大大缩短。地下室溢水信息在事件发生后即刻获取。而在雨季时，要在实践中对这些事件的解决办法进行验证。

缩短对事件的反应时间，让我们有可能根据维修合同协助维修，这样可以节省大笔成本。

降低承担责任的风险。目前还有 10 个积压案件等待开庭，而这种法庭案件在不断增加。工作人员花费大量时间在开庭资料的收集上，这部分成本将会减少。

　　　　　　　　　　　　　　　　　　　　　　　效益——50 000 美元/年

未来和外部收益

通过解决底层溢水问题，提升环境质量。当排放溢出的污水时，清洁下水管道将连接到雨水管。由此造成的淡水溪流及湖泊污染而引起的治理成本将会减少。

　　　　　　　　　　　　　　　　　　　　　　　盈利——10 000 美元/年

加里签名　*Gary Zzyyxyx*
部门负责人签名　*Gary Zzyyxyx*

图 6.15　已签订的盈利协议书：IPD 结束

　　本案例研究中的样例表格已经由 Tomlinson 联合有限公司多年来在国家、地区和市政组织中实施了许多 IPD 产品集。它们可以在一门被作者称为"GIS 规划"的 ESRI 虚拟校园课程中被找到。访问 http://campus.esri.com 可以浏览课程目录。检查这些表格有助于客户了解所需的信息，并确保客户的要求得到充分满足。

第7章 界定系统边界

界定系统即确定实际数据、硬件、软件和时间。

系统边界的界定是对你所拥有的信息进行进一步的组织,并回答如下问题:
- 所需数据量的大小?
- 输入及储存数据所需的硬件和软件?
- 根据用户的期望,系统何时投入运行?

在前面的章节中,已经学习了如何设计信息产品描述表(IPD)。描述表是一种重要的规划工具,对希望从系统中获得信息的用户而言,它可以对必要信息进行汇总整理。在本章中,将采用另一种汇总文件(master input data list,主输入数据列表)来说明将数据输入系统并生成信息产品的过程。我们将列举出数据输入所需的基本软件功能,以及GIS所需要的其他系统能力。最后,根据信息产品的优先顺序,使用甘特图(Gantt chart)来反映项目的活动时间计划。

主输入数据列表(MIDL)

在创建IPD时,你明确了所需的数据。现在你可以利用这些信息来创建一份新的文档,即主输入数据列表(MIDL)。MIDL是一份包含所有数据集的详细清单,这些数据需要输入GIS用来生产所有的信息产品。MIDL要定义每一个数据集(数据集的名称、ID号和数据来源部门名称),还要包括数据量(数据大小)、格式、有效性和费用。

MIDL是指:
- 需输入系统数据的主列表。
- 明确数据输入的各项工作。

MIDL将引导你在适当的时间建立数据库,你应尽可能详尽地对所需的工作量进行评估,如图形数字化和属性数据输入的工作量,每年的有效数据量(如图6.2所示)。

在MIDL中包括每一个必需的数据集并针对至少一种信息产品,除此之外,MIDL中不描述其他数据。如果有人提供所谓"好"的数据要纳入GIS,你可以问他:"哪一种信息产品需要该数据?"即使是所谓的好数据也不能纳入到MIDL之中,除非至少有一种信息产品非要它不可。这条业务准则要求人们必需根据GIS

的最终产品来进行思考。如果该准则不存在，你的 GIS 数据目录将很快变为一系列无人能看懂的东西，因为没有人会使用它们。

　　GIS 规划团队中有一名成员应负责建立 MIDL；团队的领导人是承担这项任务最适当的人选。从事这项工作的人应当十分熟悉数据的特征，包括你所在的机构本身的数据和外部来源的数据。如果你从事 GIS 规划，根据经验，你要学会在创建 IPD 的同时创建 MIDL。当你清楚了生产信息产品所需要的数据集，你就可以直接在 MIDL 中记录数据集名称和特征（见第 61 页的"数据鞋盒"）。

MIDL 构成

　　一个 MIDL 包含了以下四个部分：
　　(1) 数据标识的细节。
　　(2) 数据量的注意事项。
　　(3) 数据的特征。
　　(4) 源数据的有效性和成本。

数据标识的细节

　　数据标识的细节是识别数据集的唯一信息。不同的人员或部门对同一数据可能有不同的名称，因此建立统一的标识名称或编号作为标准十分重要。

数据量的注意事项

　　你所需的数据量的大小将会影响系统的设计。空间数据往往需要很大的存储空间；拥有足够大的、可升级的存储空间将来会为你省去许多麻烦。如果运气好的话，有些数据是具有空间参照的，数据格式、比例尺和投影方式能满足你的需要。但许多数据都需要进行格式转换，有些可能还不是数字化数据；这些非数字化的数据集将需要转换为 GIS 可读的格式。你需要存储的容量和预处理容量将会影响到数据存储和处理的工作策略。你应当对所需的全部数据集的数量进行评估，除此之外，还包括对其大小、数量和属性文件的大小进行评估。你需要两个还是两百个数据集？与这些数据集相关的属性文件是大还是小？

数据的特征

　　当你将数据输入到 GIS 时，了解其格式和来源将会有助于你的数据库设计，并最终确定软件和硬件的选择。你需要知道数据是否已是 GIS 格式的数字文件？系统能否直接使用这种格式？或者在使用前你是否需要进行数据格式的转换？决定你输入方式（扫描、数字化或文本输入）的数据特征是什么？如图 7.1 中的详细分类，甚至详尽到计算敲击键盘的次数；对这些问题的回答越详细越好。

组成部分	所需细节	注释
1. 数据标识	数据集名称	
	数据集编号	
	来源部门名称	
	互联网地址（URL）	
	元数据是否可用	是或否
2. 数据容量事项	源数据介质	
	数字化数据格式	
	数字格式中的有效百分比	
	原始记录类型	绳索、纸张等
	原始记录量	原始记录编号
	全部数据量	
3. 数据特征		
扫描事项	纸张规格	以英寸或厘米为单位，典型值和最大值
	最小扫描分辨率	以 dpi 为单位，不压缩
	清晰度	在高、中、低，难和易的分类中总数据容量的百分比
图表部分	尺寸	以英寸或厘米为单位，典型值和最大值
	是否为概要图	是或否
	是否为照片图像	是或否
	地图投影和基准面	
	COGO 数据容量	典型和最大容量值或坐标 典型和最大编号及观察尺寸
数字化工作	每张纸上的多边形	典型值和最大值
	每张纸上的线	以英寸或厘米为单位，典型值和最大值
	每张纸上的点	典型值和最大值
文本部分	每张纸上的线	典型值和最大值
	每条记录的数据元素	每个记录的字段数，典型值和最大值
	每张纸输入的总字母数字的数量	敲击键盘次数，典型值和最大值
4. 数据的有效性和成本	现在有效覆盖率	或有效日期
	现金	数据采集日期和最新升级数据日期
	使用限制	
	获取数据集的成本	
	版税	获取和使用

图 7.1 MIDL 组成

源数据的有效性和成本

当你制定实施策略时，数据的有效性和费用等显得十分重要。有的时候，重新创建数据比编辑和更新现有的商业或政府数据更便宜也更容易一些。你需要回答下面的问题：

- 数据以数字格式存在还是需要对数据进行转换？
- 所需的获取成本是多少？需要支付版税吗？
- 是否可以与其他机构一起合作分摊数据的费用？
- 将数据从一种格式转化为另一种格式的费用是多少？
- 谁负责升级和维护数据？
- 对于数据的使用有什么限制吗？

组织 MIDL 文件

MIDL 的组成部分（如图 7.1 所示）汇集了每一个数据集的信息。你可以根据自己的项目，来制订你的形式。

MIDL 详细记录了基础信息——数据名称、来源、大小、总经费和主要的变量，比如数据转换和有效性的明细表；信息的特定条目将根据项目的变化而改变。根据一般规则，每个项目最好都收集尽量多的元数据。

记录影响你所需要的数据获取和使用的所有细节。数据的数据（元数据）并不会占用太多的存储空间。花点时间对其进行正确的设置，当股东询问你分析的基础时，你就能应付自如。（当今的 GIS 已经具备了元数据处理能力。）

> **数据鞋盒**
>
> 由于有些 MIDL 所需要的信息具有详细的说明并需要输入时间，因此最好在准备 IPD 时就开始为此文档收集信息。在 IPD 生成的过程中，你可以使用图 7.2 所示的数据条目为 IPD 建立过程中所定义的数据集的输入信息。你在回答下列图表中问题时不要迟疑。这样做的目的是为了给每个数据集一个名称和编号，并对数据进行详细的描述，这样便于你识别每一个数据集。你可以在稍后填写表格的其他内容。这张表格涵盖了你在描述数据时能想到的几乎所有内容，包括数据集名称、来源、比例尺、投影、格式、描述和容量。
>
> 将样本数据填入表中是一种不错的方式。这其中可能包括带有一份图例的具有代表性的地图，或是具有两三条记录的表格数据（列表）的全部数据列。这些样本用于明确用户在创建和使用数据时必须执行的功能。我们将这些附有目录格式的数据样本汇集到一个称为数据鞋盒的场所。如果盒中的数据没有样本表述，从 GIS 的角度来看，该数据就不存在。许多 GIS 新手不清楚他们的机构里存在什么数据。数据鞋盒就是一种测试！将每个数据集都使用单独的数据目录格式，将数据样本填入其中，并将它们都存放于鞋盒之中。

任何一本关于 IT 规划的书籍都会说"垃圾进，垃圾出"，以此来说明将最可靠和最精确的数据存进你的 GIS 的重要性。但这并不意味着其他低分辨率或更综合的空间数据就不能存在于 GIS 中;只要保证与之相关的元数据能反映数据的局限性即可。

数据清单			
调查者:		日期:	
姓名:		部门:	
电话号码:		分部和办公室:	
数据集名称:		数据集编号:	
源部门:		元数据:(画钩)	是□ 否□
数据格式:(画钩)	地图□ 手工数据文件□ 航片□ 自动数据文件□ 影像文件□		
其他:	源数据介质:		
数字化数据格式:			
目前为数字格式的有效百分比			
总数据量(页数、CD 数量、地图数量等):			
源数据比例尺:		地图投影和基准面:	
照片图像:(画钩)		是□ 否□	
数字化工作(每页纸):		多边形数量	
		线数量	
		点数量	
数据采集日期:		最新更新日期:	
目前有效覆盖率:			
整体覆盖有效日期:			
使用限制:			
数据集采集成本			
采集和使用版税:			

图 7.2 数据目录表格

输入数据的功能

从你开始收集 MIDL 的相关信息起,就可对将每一个数据集输入 GIS 时需要的基本系统功能来进行评价。在 MIDL 里的每一个数据集都列出了将数据输入数据库时所需要的功能。这些数据处理功能根据被输入的数据类型和特征的不同而各有不同。例如,使用计算机输入一份地图的硬拷贝的全套操作与输入数字图片完全不同,你从图 7.3 所示两组数据集的差异就可以明白这一点(每个数据集只需列出其单个的功能一次即可)。

	所需数据	所需数据处理功能
数据集 A	数字图片数据（CD-ROM 提供的遥感图像）	文件传输 重新格式化 建立和管理数据库
数据集 B	地图数据硬拷贝（只有在纸张地图上物业宗地边界内才有效）	数字化 重新格式化 建立拓扑结构 添加属性 建立和管理数据库

图 7.3　不同数据集的不同输入功能

现在我们先将输入数据所需的功能列表放到一边。稍后你可以将此表与生成信息产品所需的功能列表进行组合。生成信息产品所需功能列表在第 6 章（详见图 6.10 和图 6.11）的 IPD 里已经明确过。最后，从合成在一起的两张列表——功能类型和功能被使用的次数（根据 MIDL 和 IPD）——中可以获得你的系统所需的软件功能的完整列表。如果软件供应商想得到你的业务，就必须了解此表。

案例研究：生成地图的系统基本输入功能

我们继续采用第 6 章中的案例，加里正在考虑如何生成下水道备用方式的信息产品以帮助他在城市工程技术部门的工作。他需要能够帮助他生成事故报告的信息产品，因此他需要下水管道的分段地图，这种地图应显示每段下水管的地点和分段编号。在了解了信息产品所需的两个数据集之后，加里将它们填写到 MIDL 之中。

现在他必须评估合并两个数据集所需的基本系统功能。首先，加里归纳了输入数据所需要的步骤。

数据集 1：纸质地图上的下水管道规划（1∶11 000）

(1) 扫描——生成数字栅格文件；

(2) 栅格到矢量——将栅格单元转换为线段；

(3) 编辑和显示——修正转换时产生的错误；

(4) 创建拓扑——生成下水管道网络；

(5) 添加属性——添加下水管段的编号；

(6) 接边——生成一份无缝的数字文件；

(7) 创建和管理数据库——采用利于访问的瓦片存储结构；

(8) 更新——维护下水管段数据。

数据集 2：数字格式的航空照片
（1）文件传输——将航空照片拷贝到 GIS 数据库服务器；
（2）使用手持式 GPS 设备——创建一份检修孔位置的矢量文件(点)；
（3）添加属性——添加检修孔特征；
（4）符号化——为地图显示添加合适的检修孔符号；
（5）配准——对下水管道进行拉伸操作，使其与已知检修孔的位置相匹配；
（6）创建拓扑——将下水管段纳入到下水管道网络之中；
（7）更新——包括新添加的下水管道或检修孔位置。

有了以上的详细过程，加里就可以列出每个数据集制作基本系统功能的简明清单。现在的工作已很充分，所以他只需要记下图 7.4 中所示的信息。

数据集 1：下水管道计划	数据集 2：航空图像
扫描	文件传输
栅格到矢量转换	输入 GPS 点
编辑和显示（在输入时）	添加属性
创建拓扑	符号化
添加属性	配准
接边	创建拓扑
创建和管理数据库	更新
更新	

图 7.4　两个数据集：各自需要的基本功能

接下来在明确 GIS 需要的基本系统功能时，GIS 规划人员将把这些功能（和那些已经被加里和他的同事们确定下来的生产其他信息产品所需要的功能）添加到必要功能的清单之中，这点在 IPD 的"产品制作步骤"章节中已经阐述过了。

确定优先次序

在技术研讨会上，你需要清楚哪些信息产品对你所在机构的工作流程更为重要。你必须要确定哪些应给予优先考虑，因为 GIS 所需的所有信息产品不可能同时生产出来。你需要根据每一个产品对你所在机构目标的轻重缓急来排列出一份清单。这些优先次序的确定将采用计分排名或集体协商的方式，或两者兼而有之来进行。由于这种排序将引导哪一种信息产品先生产，因此这个过程必须结合上级管理层的意见和看法。

在确定先后次序时，你必须按照严格的数字顺序来对信息产品进行排列——

不能将两个产品归在同一层次之中。确定过程中只能选择一种方式,要么是计分排名,要么是以集体协商的方式,或是兼而有之。

1. 计分方式

GIS 团队的领导者设计一个简单的模型,它能根据信息产品所能提供的效益来进行评分:只要该信息产品生产方便,并与机构的战略规划有关就行。这个规划团队的成员确定合适的评分标准。GIS 团队领导者可单独评分,或在此过程中征求团队中其他成员的意见。一旦所有成员都感到满意,信息产品的清单和它们的优先值(由高到低排列),就会被提交到高层决策者那里进行审核。高层管理人员将会对优先顺序作出最终的决定。

2. 集体协商方式

相比之下,在确定优先次序的时候,集体协商方式没有很好的结构性。集体协商是将所有的管理人员和决策者们召集到一起讨论,直到所有人都达成共识,明确所有信息产品的优先顺序。

集体协商时顾问们不参与,他们绝不应介入该阶段的 GIS 规划过程。外聘的顾问不应参与信息产品优先次序的决策过程,他们对机构的任务及目标也没有太大的兴趣。优先次序问题是高层管理人员应该关心的事情。随着未来情况的变化,顺序可能需要调整,但这种初始优先次序的安排,能让你的 GIS 实施起来具备基本的方向和有效性。

确定系统边界

当你拥有了描述信息产品及建立它们所需数据的 IPD 和 MIDL 之后,就可以开始对你的系统边界进行评估。确定系统的范围涉及以下几个方面:
- 数据优先顺序。
- 数据处理负荷量,工作站的要求和位置。
- 数据储存及安全要求。
- 数据备用。

数据优先顺序

根据利用优先顺序对信息产品进行排序的同样方法,你可以根据 MIDL 来对数据集进行排序。根据生产信息产品所需要的数据顺序来重新记录 MIDL。在新列表中,先使用的数据集将被优先考虑,直至最后 MIDL 中每个数据集的优先顺序被确定。列表中,最优先考虑的(最急需的)数据将放在前面。

数据处理负荷量

一旦明确了哪些内容是需要优先进行考虑，就可以使用 IPD 和 MIDL 来计算出一个量化的、需要软硬件系统支持的数据处理负荷量。数据处理负荷量是关于系统每年将生产多少产品和系统生产一个信息产品所需工作量的估计值。你可以参照数据处理负荷量来确定你要实施的系统所需要的计算能力和储存能力。

生产信息产品所需的计算工作量取决于过程的复杂性和数据量。在预测数据处理负荷量时，粗略估计一下过程的复杂性和数据量将有助于确定所需的"桌面鞋盒"数量，即与 GIS 进行交互的工作站或个人用户终端的数量。（服务器平台规模是另外的主题。）

工作站处理过程的复杂性可高可低，你可根据生产信息产品所需步骤的多少来对其进行评估，这取决于高级功能被使用的次数（如拓扑叠加、网络分析和 3D 分析）。（在本书后面的词典中，被认为是复杂功能的将使用星号标识出来。）

数据量是生产一个信息产品时系统使用的数据总量，它可多可少。根据生产产品所需的不同数据集的数量进行估算，取决于数据的数量（项目数量和面积范围），这些数据来自于生产信息产品的每一个数据集。你要做的是给出一个高或低的评估值。有些信息产品，评估值容易确定，而其他的一些就要你分析判断了。再次说明，在规划过程的这一阶段，估算值就可以了。

浏览一下你的信息产品列表，根据处理的复杂性和数据量为每个产品确定一个高或低的值。然后，试着将这些特征和各信息产品所需的工作站的类型进行匹配。考虑下面两种工作站类型。

（1）高端配置：双核 Intel Xeon 处理器 5160；3.0GHz，4MB L2，1333；2GB 内存；RAID 2×500 GB 硬盘驱动器；20 英寸纯平显示屏；在 2007 年价格大约为 5500 美元。

（2）标准配置：双核 Intel Xeon 处理器 5130；2.0GHz，4MB L2，1333；16MB 内存；80GB 硬盘驱动器；17 英寸平板显示屏；在 2007 年的价格大约为 3600 美元。

图 7.5 表示了对于各种不同的处理复杂性和数据量组合所对应的工作站类型。

处理复杂性	被处理数据的容量	所需工作站的类型
高	高	高端
高	低	高端或标准
低	高	标准
低	低	标准
高端：双核 Intel Xeon 处理器 5160		
标准：双核 Intel Xeon 处理器 5130		

图 7.5　为信息产品确定工作站

基于数据处理的复杂性和数量的评估及你的经验（或是顾问的意见），你可以估算生产每种信息产品所需要花费的工作站时间。生产产品所需的总工作站时间乘以产品每年所需的次数，你可使用该计算方法来做一个初步的估计，看看每个部门需要每种类型的工作站的数量是多少。

在少数情况下，一个信息产品会占用一台计算机的所有可用时间。但更常见的情况是，几种信息产品用一台工作站产生，或者用不同部门、不同地点的不同工作站生产。

终端服务器（也可称为 C/S 系统）通常在数据处理负荷量大、多用户需要访问同一数据的情况下被采用。它们特别适合于那些海量数据集。

数据存储及用户位置

存储数据机器的位置与用户操作机器的位置都会影响到网络通信的要求，这个问题必须事先进行考虑。为了实现评估目的，我们设想一个信息产品将由用户部门生产（尽管在 Web 服务时代，情况通常并非如此）。

如果你是单用户在一个部门中通过一台计算机来进行高或低复杂性处理过程，并且没有运行 Web 网站，这部分分析就非常简单。但另一方面，如果你需要考虑多数据库的位置和在不同地区使用不同类型工作站的用户，问题就会比较复杂。我们将在第 10 章的"分布式 GIS 和 Web 服务"中对其进行研究。对每个部门而言，无论是位于总部还是在异地，你都需要计算下列内容：

- 使用 GIS 的工作站总数量，首先是高复杂性处理，然后是低复杂性处理（若两个都有，则使用数量多的那个）。
- 在高峰期间使用工作站的用户数量。

如果每个部门都以 GIS 数据为基础来制作 Web 网页，你就需要考虑访问量或每小时的点击量；这两种方法都有用。拥有点击量最好，但它很难计算。在分析时你需要使用一种或两种。

你可以将你的计算结果制成一张表格，如图 7.6 所示，它可帮助你评估你的网络通信需求。下面是对 3 个在总部的部门和 2 个外地办公室进行评估的例子，该例子表明，有 40 个人被认为是高频用户，且 14 个人需要同时高频访问。如果计算所有位置的用户量，有 82 个将要求低频访问，其中有 29 个会在高峰时间对其进行访问。

此阶段在计算机系统中记录下 GIS 领导者和管理人员的系统访问情况也是大有益处的。GIS 领导者通常具有特殊的用户特权和特定的关键任务、快速响应的应用程序，同时还应该配备高性能的机器。

硬件需求

在规划过程的这一阶段，你需要考虑基本的硬件要求，以便日后的需要（在第 10 章中）。计算机的基本配置可以看作是一种三层架构的选择：

- 服务器：多用户的 UNIX 或 Microsoft Windows 服务器或工作站。
- 高端计算机：双核 Intel Xeon 处理器 5160，核心 GIS 软件运行在高 RAM

配置的工作站上。

- 标准计算机：双核 Intel Xeon 处理器 5130；用于通过 Web 连接 GIS 资源和运行瘦桌面客户端应用程序。

位置		处理复杂性				内联网/因特网
		高		低		每小时的访问量或点击量
		用户总数	高峰并发用户	用户总数	高峰并发用户	
总部	规划部门	8	2	16	5	250
	工程部门	12	5	5	3	
	运行部门	2	2	30	10	
	总计	22	9	51	18	250
异地办事处	Exning	10	3	21	6	500
	Gazeley	8	2	10	5	400
	总计	18	5	31	11	900
总和		40	14	82	29	1150

图 7.6　高峰期间网络使用评估

在过去几年里，系统性能的预期性有了显著的改变。特别是更好的硬件平台性能和更低的成本在继续提高生产力。

数据储存和安全

你需要的磁盘空间的类型和成本取决于你的系统要处理的数据量和你需要保护的数据量。将 MIDL 中的数据记录下来，用 MIDL 中记录的总数据量来对信息产品实际所需的存储空间进行估算。然后在该值的基础上增加 50% 以上用于建立索引。

数据量可以通过存储空间所需的 GB 或 TB 为单位来进行计算，其分类如图 7.7 所示。

数据量	所需的储存空间
高	超过 100TB
中	1～100TB
低	小于 1TB

图 7.7　信息产品所需的磁盘空间

你所在的机构可能需要某些级别的数据安全保护措施，来防止无意或有意的数据丢失和损坏。大多数机构还限制用户访问敏感数据以防止它们被滥用。基于网络的海量存储系统可以提供安全保障防止丢失，如镜像网站备份、用户名及密码分级保护。独立的个人电脑提供了有限的安全功能。你可以将电脑安全级别从高到低进行分类：

(1) 高安全性：完全镜像，1 级（最高级）RAID 保护（100% 冗余数据的镜像，在磁盘发生故障时无需重建数据）。

(2) 中等安全性：RAID 保护等级为 5（比 RAID 级别 1 的保护水平要低得多）。磁盘发生故障从而导致数据丢失，丢失后数据库难以重建。

(3) 低安全：磁带或压缩磁盘备份（只能恢复到上次备份的状况）。

适合的存储量和安全性及由此产生的费用详见图 7.8。

数据存储选项	磁盘空间	安全性	大概费用（2007 年价格）
企业级网络大容量存储器	1～10TB	高安全性	大约 1.50～10.00 美元/GB
工作组服务器	80GB～1TB	中安全性	大约 1.50～4.00 美元/GB
个人电脑	小于 80GB	低安全性	大约 1.25～3.50 美元/GB(SAT 硬盘) 15 000 转/每分钟的串行连接 SCSI (SAS)硬盘，大约 2.50～4.50 美元/GB

图 7.8 保护费用

数据准备

数据可用性和数据准备之间有很大的差别。数据可利用性是指你可从数据源中得到的数据，这称为获得数据或收集数据（包括任何有关数据使用协议的磋商）。

数据准备是指你系统中的数据经过处理，已经准备好用于生产信息产品。准备就绪意味着所有的数据都完成了输入、编辑、格式化和转换过程。

影响时间的因素

按逻辑顺序从头开始来有效管理生产信息产品的复杂过程，对时间和资源进行认真的规划非常重要。为了规划一个成功的 GIS，你要充分地了解影响数据准备就绪的因素及数据何时需要投入使用，以及这些因素将如何指导信息产品的生产计划。

以下为影响项目时间的因素：
- 数据输入时间。
- 开发信息产品应用程序所需的时间。
- 产品需求时间。
- 系统采购时间。
- 培训和员工问题。

数据输入

你选择什么样的方式将数据输入到系统之中，对你的时间表将有着很大的影响。无论规模大小，在大部分新 GIS 项目中，你都可能要建立自己的数据库，这是个劳动密集的过程。每一种输入方法耗时并不一样，并且每种方法都只适用于某种特定的数据。数据录入最常用的四种方法是：数字化法、扫描法、键盘输入法和文件传输法。

在工程技术部门的这个案例中，其任务是将数据库中的下水管段的编号、特征和街道地址连接起来。开发这个新数据库所花费的高成本是由手工数据输入所导致的：成千上万的旧下水道规划图和剖面图的扫描，将 GPS 采集数据生成的检修孔实际位置进行的数字化，基于数字点的影像配准，所有这些最后都将用于下水管道网络图的生成。该种数据的生产成本大部分是人工费用。

在一个典型的市政地理信息系统中,数据录入所花的时间占 GIS 项目实施时间的 80%。因此,如果要产生大量的数据,就需保证对时间进行合理的安排。GIS 就像一枚火箭,如果燃料不注入燃料箱内,它就不可能发射。

在开始生产自己的数据之前,你应当看看是否可能从其他地方快速获得到相同的数据。一般的数据源如下:

- 类似的机构或合作机构。
- 当地政府和中央政府。
- 人口调查与测绘组织。
- 商业数据提供者。

一般而言,你从其他地方得到的数字数据,需要通常进行重格式化和编辑才能将它们纳入现有的数据集之中。大多数 GIS 软件可直接使用各种格式的数据。图 7.9 中列出了一些常用的矢量和栅格数据格式的名称和缩写。

矢量格式	
ARC/INFO coverages	Etak MapBase 文件
ESRI 个人地理数据库(ESRI Personal Geodatabase, MDB)	初始图像交换标准(Initial Graphics Exchange Standard, IGES)
ESRI 文件地理数据库(ESRI File Geodatabase, GDB)	交互图形设计软件(Interactive Graphic Design Software, IGDS)
ESRI shapefiles(SHP)	土地利用与土地覆盖数据(GIRAS)
Atlas GIS Geo.agf 文件	地图信息集合显示(Map Information Assembly Display, MIADS)
AutoCAD 图形文件(AutoCAD Drawing files, DWG)	MicroStation 设计文件(MicroStation Design Files, DGN)
AutoCAD 图形交换文件(AutoCAD drawing interchange file, DXF)	s-57
自动化数字系统(Automated Digitizing System, ADS)	空间数据传输标准(Spatial Data Transfer Standard, SDTS)
数字要素分析数据(Digitial Feature Analysis Data, DFAD)	标准线性格式(Standard Linear Format, SLF)
双向独立地图编码(Dual Independent Map Encoding, DIME)	TIGER/Line 抽取文件
数字线划图(Digital Line Graph, DLG)	矢量产品格式(Vector Product Format, VPF)
栅格格式	
Arc 数字化栅格图形(Arc Digitized Raster Graphics, ADRG)	ESRI Grid
ARC/INFO GRID	IMAGINE®.IMG
BIL,BIP 和 BSQ	JFIF
BMP	JPG
数字地形高程数据(Digital Terrain Elevation Data, DTED)	游程压缩(run-length compressed, RLC)
ERDAS	SID 文件
GIF	SunRaster 文件
地理资源分析辅助系统(Geographical Resource Analysis Support System, GRASS)	标签图像文件格式(Tag Image File Format, TIFF)

图 7.9 常用的数据格式

如果你的软件无法直接支持某种特定的数据格式，你可以使用数据转换工具将其转换成你的系统可以使用的格式。很多软件包都包含各式各样的数据转换工具。如果某个软件包没有包含你需要的转换工具，就需要从数据供应公司购买。

结合你自己的经验和顾问的建议，估算一下将可利用的数据转化成准备就绪的数据将需要多长时间。根据数据的可用性，确定数据准备就绪的首个日期。准备就绪数据的日期可能会根据后面的活动规划的需要进行修改。尽管如此，在你开始工作规划时，心中对可能的准备就绪数据的日期有数是很有益的。

开发应用程序

涉及大量步骤的自定义应用的程序开发有时要求生产某种信息产品。如果生产信息产品有严格的时间限制，你就必须要使用定制的应用程序来加快这个进程。IPD 是应用开发的第一步，"生产产品的步骤"是将文档中的产品应用于指定的应用程序中去。

在你考虑将应用程序部署到工作一线应用之前，你需要在生产环境中对开发的应用程序结果进行测试。应用程序的开发工作可以由你或你的员工来完成，或是外包给承包商。如果寻求承包商，你就需要为合同挤出点额外的时间。

根据你自己的经验或结合顾问的建议，计算一下每个信息产品所需要的应用程序时间。由于应用程序的大小和复杂程度不同，所需的时间也会有所不同（详见图7.10所示）。如果编写一个应用程序计划要花大概12个月的时间，那就应该把它分成2个或2个以上的独立部分，分别独立完成，这样才是明智的做法！请记住，如果一个项目需要超过12个月的时间，由于技术生命周期的变化，它失败的可能性会非常高。

在规划的这一阶段，你对应用程序开发所需时间的估算要加上或减去50%的时间才比较准确。比如，你预期一个项目要花2个月，可能实际上要花1个月到3个月的时间。

应用程序的规模	应用程序的特征	开发所需的时间
小型	无需应用程序 生产信息产品所需步骤数量适度	0 1个人员月
中型	需要直接的信息产品，但所需步骤很多	最高12个人员月或3个月的运行时间
大型	应用程序的许多步骤对时间都很敏感（如许可证批准过程）	最高144个人员月或12个月的运行时间

图7.10　开发信息产品应用程序所需的时间

产品需求

其他影响产品生产的因素包括：产品生产的速度，产品在机构中的使用率和由于多种数据的使用而可能导致的信息产品优先值的变化。

从一开始就要设定好你的期望值,在开始和运行时可能会出现时间上的延误。考虑系统生产信息产品的速度和它们在你所在机构中使用的状况。你可能想要每年生产 200 份新地图,但是现有的员工有时间去检测并使用这 200 份新地图吗?你需要先了解一下高优先级信息产品并与相关人员讨论它们的使用,以确保使用率与生产率成正比。结果有可能会令人有些意外,尤其是那些为信息产品描述所做的工作。如果需求发生变化,那就需要相应地调整生产率。

有时在生产高优先级信息产品的数据输入过程中,有足够的数据可以输入并生产出低优先级的信息产品,这是令人高兴的副产品,应该提醒 GIS 规划小组去分析确定其他潜在的多重产品。有时能从优先次序调整中获益,使多重数据使用潜力最大化。

系统采购

你必须为系统的选择和采购工作分配些时间。政府部门的采购过程可能属于最漫长的活动之列。它们会涉及下列步骤中一些或所有的内容:

- 招标预告通知书(request for information,RFI)和招标书(request for proposal,RFP)(见附录 D)。
- 投标审查。
- 基准测试。
- 最好的以及最终的谈判要求。
- 预算周转时间。

这些步骤中的每一个环节对于延期和接受可能都有着自己的要求。要求的总时间应取决于所涉及的机构。你应该基于自己的经验并在询问你所在机构中的预算和采购部门经理之后,对所需的时间进行估算。

最后,你需要给系统实施一些时间以及合理的磨合期,暂时忽略 GIS 的运行效率目标。在此期间,工作人员需要通过一段陡峭的学习曲线,因此故障是不可避免的,问题最终要得到解决。期望马上就达到全负荷生产状态是不可能的,因此它会影响当前的生产率。学会管理预先的期望值,如果你开始时能够接受一个相对较低的需求,那么系统磨合也会变得迅速一些。

培训和工作人员

你的实施计划之中应该包含培训的时间。对于那些需要进行培训的人员而言,培训需要随着 GIS 用户类型的不同而有所变化。

在使用 GIS 的大型机构中,你会发现如下几类用户。

- 专业 GIS 用户:支持 GIS 项目学习、GIS 的空间数据维护和商业地图产品的操作。

第 7 章　界定系统边界

・桌面端 GIS 专家：支持一般的空间查询和分析学习、简单的地图产品、通用查询以及分析操作。

・商业用户：要求自定义的 GIS 信息产品来支持他们特定的商业需要。他们是不需要地理知识和使用信息产品来支持标准业务功能的最终用户。

・简单地图产品的因特网和局域网地图服务器用户：他们使用简单的发布向导和局域网或因特网浏览器客户端。

这四组的用户都需要接受培训。另外，你可能还需要招聘新的工作人员参与到 GIS 团队中去。培训是 GIS 的一个重要组成部分，也是一个重要的预算项目。这是让 GIS 技术人员维持和成长的重要部分。培训的预备工作必须包含在你时间计划之内。

活动计划

活动计划对于信息产品交付而言是一个特定的计划。

如果你是按照本章所列举的过程在进行工作的话，那么现在你应该对如下的内容有了一个清晰地了解：

・信息产品的优先权（可能在某种程度上会被多重数据使用的潜力所修改）。
・数据优先权。
・数据输入的时间安排。
・应用程序的时间安排。
・系统采购的时间安排。
・培训及员工的时间安排。

现在你就可以准备开始对于你的 GIS 进行全方位的活动计划了。首先，重新回顾一下信息产品优先权问题，通过回答问题来对它们进行完善：

・有些信息产品是依靠其他信息产品生产出来的吗？如果是，那后者应享有更高的优先级。

・当你生产每一个信息产品时，你估计的数据准备就绪时间何时才能知道（其中包括数据可用性和输入数据的所需时间）？这对于你希望提前生产的高优先级信息产品而言尤为重要。

基于这些考虑来对你的信息产品的优先级进行修改，建立一个二级优先审查表。

活动计划的第二步就是使用甘特图——它在本质上就是一个依靠线性图表绘制的时间轴，这样人们就可以看清哪些活动对时间是敏感的。就像图 7.11 中甘特图表示的一样，它可以帮你进行有效地规划以掌控你的计划。虽然存在许多其他的项目评估、技术审查和专业的项目管理软件包，但这是最简单和最易于使用的工具之一。你需要管理你的项目，这样就能够将注意力集中在那些会产生效果的任务之上。

	数据集 信息产品 系统员工限制性	2007 年时间表							
		9月 29 07	10月 6 07	10月 13 07	10月 20 07	10月 27 07	11月 3 07	11月 10 07	11月 17 07	11月 24 07
数 据 集	公园生物物理学		生物物理学							
	看见灰熊								灰熊	
	看见驯鹿								驯鹿	
	驯鹿活动范围									
	遥测驯鹿									
	网络测试系统地形									
	看见黑熊									
	数字高程模型 1:50 000									
	坡度 1:50 000									
	方位 1:50 000									
	公园火灾记录									
	熊监测数据集									
	人们使用数据库,公园及BC									
	人们使用数据库,亚伯达州									
	麋鹿活动范围									
	麋鹿遭遇侵略									
	遥测麋鹿									
	外来植物数据库									
	异常牛及小牛									
	水道过程的变化									
	未来发展									
	CEAA 注册									
	自然资源									
	分区									
	死亡率数据									
	速度数据									
	客流量数据									
	主要植被									
信 息 产 品	41号灰熊栖息地模型					灰熊栖息地				
	40号驯鹿栖息地模型									
	61号黑熊栖息地模型									
	42号多种生物栖息地模型									
	47号熊和人类的冲突									
	46号麋鹿和人类的冲突分析									
	10号主要植被地图									
	12号燃料地图									
	50号山地生态系统多样性									
	55号环境评估									
	44号当前驯鹿栖息地和火灾反应									
	20号山松甲虫分析									
	38号交通道路分析									
	52号未来的地中海									
限 制 性	系统采购									
	员工培训									
	系统开启									
	每年4周的节假及病假日									

图 7.11 某国家

第 7 章　界定系统边界

2008 年时间表											
12月	12月	12月	12月	12月	1月	1月	1月	1月	2月	2月	2月
1	8	15	22	29	5	12	19	26	2	9	16
08	08	08	08	08	08	08	08	08	08	08	08

驯鹿活动范围
遥测驯鹿
网络测试系统地形
黑熊

亚伯达州人们使用的数据

驯鹿栖息地
黑熊栖息地
多种生物栖息地

图例
■ 数据集A
■ 数据集B
■ 信息产品的可用性
　 系统员工的限制性
｜ 准备就绪的可用数据集

公园的 GIS 规划

甘特图展示了那些活动及其持续时间的相关信息，它让你结合GIS规划与实施对活动进行安排和跟踪。每个数据集或信息产品、系统采购或员工活动在图上都会成为一行，而时间间隔在图上则是一列。色带显示了每个项目完成所需要的时间，如数据加载应用、磨合期记录或员工假期。当一次特殊的活动将要完成和当另一项基于该活动的完成情况才能开始时，使用甘特图就能很清晰地看到这一情况。例如，某项特殊数据的输入可能是一项活动，最后它很有可能会生产出一种特殊的信息产品。

你可以使用甘特图来记录项目活动及其持续时间，在你的活动之间建立关系，你可以看到某项活动持续时间的变化将会怎样影响其他的活动以及对你计划的进程进行跟踪。你还可以在硬件、软件和网络需求确定之后，使用甘特图对其进行重新规划。

甘特图可以使用日常的图表软件（如 Microsoft Office Excel）或是其他供应商的专业项目管理软件制作出来。在相对简单的情况下，自己绘制一个就足够了。

在甘特图左侧（如图7.11所示），首先列举出你想要输入到系统中的每一个数据集的名称，紧跟其后的就是你想要同一时间段内生产的信息产品的名称。而在图的底端，列举的是一些限制情况——系统及员工停机停工时间，在此期间无法生产信息产品。底部的四行记录的是系统采购时间、员工培训、系统启动和员工的假期及病假。

一般而言，图表顶部的一栏最好是以周为单位将月和年进行分组。你应该指出财政年度或预算周期，可以利用垂直虚线来体现这一点。请注意，我们的例子（见图7.11）只是某个时间段的截图，而真正的GIS甘特图通常包括5年的时间。

当你开始制作图表时，你很有可能将活动按以下顺序置于甘特图之上：
(1)系统采购和员工培训活动。
(2)数据输入活动——当准备好数据便开始建立。
(3)任何高优先权的信息产品的应用发展活动。

这样的排序反映了你规划的逻辑性。当系统在安装完毕并配备人员之后，它就已经建立起来了，你可以根据信息产品需求的等级来安排数据输入的时间。为数据输入而获取数据集的时间，比内部数据集的生产时间要多。通常一份内部的数据集（在图中用中等灰色方块标注）可以更快地准备完毕，因为它源于机构内部，而且它很少有可能要求转换或者是大量重格式化。如图7.11顶部所示，在这种情况下，国家公园正在收集有关灰熊和北美驯鹿出没的数据，两个数据集花费了一周的准备时间。这家公园也会购买或是从别的地方获得数据集，像图底部亚伯达州使用深灰方块来表示人类使用的数据库。除此以外，它还得需要将从外部机构获得的数据并与GIS进行匹配，因此在这个图中的竖条可能会比横条延长几个星期。

与此同时，在数据集图最左边的目录中，信息产品在等待这些数据准备就绪。图中垂直的灰色线条暗示着数据集之间如果一旦连接起来，这些数据集就可以准备用来生产信息产品了。沿着灰色线条分布的"刻度"标注着信息产品（最左侧列）会使用到一个特殊的数据集。图底部的几行显示当员工或系统不可使用时，用于培训、法定节假日等的时间。

在某些时候，所谓"临时信息产品"就是指生产另一种信息产品时出现的产品，它可能是有用的，或是可以作为另一种信息产品的数据集。你也可以将其描绘出来：图中垂直的灰色线条刻度旁的黑块就蕴含着多种利用潜力。有时候，当你获得了前十个信息产品或是数据集进入系统之后，你可能会认识到自己可以生产一些较低优先等级的信息产品，与那些较高优先等级的产品相比，它们的速度更快。这就叫做"多重数据使用"，并且它能够给你机会来调整你的优先级，这样你就能尽快地使用你所创造的产品。

慢慢地，你在建立起自己的甘特图的同时，将会考虑到人员编制和产品需求的限制，直到你决定如何以及何时生产每一个信息产品。现在，你首次拥有了一个你能够合理参与的每个信息产品的交付日期。（在第 11 章中，通过成本—效益的分析，你应该可以腾出一年时间从每个信息产品首次交付的数据中来计算出从拥有该产品开始所产生的效益。）

既然你已经对系统的规模进行了界定，对信息产品的交付日期也有了详细的规划，在第 8 章中将开始进行数据设计，即为 GIS 的实施建立数据库做准备。

第8章 进行数据设计

因特网的诞生和商业数据的激增在很大程度上改变了数据景观。因此,开发一套数据设计的系统化流程对安全地引导数据景观发展具有重要意义。

当你已经知道需要使用哪些数据来开发信息产品,采取什么方式将所有数据输入数据库后,你的脑海里也许已经开始对信息产品的基础条件形成了一些想法。但是,在总体考虑概念系统设计之前,你还需要在数据存储系统的设计上考虑更多的细节因素。数据的特征在很大程度上决定了系统架构,因此我们需要先考虑数据的概念系统设计。

数据设计(本章中)的问题以及数据模型的选取(见第9章),均可概括为以下两大问题。首先,数据模型能否有效地表达真实世界?例如,你是否能够通过该模型来描述计算和分析中所需要的数据特征、细节、行为、条件以及其他相关信息。其次,特定数据模型的使用是否会约束你想做的事情?是否会限制其他类型数据的使用?它是否非常复杂且执行效率低?它是否可扩展?在本章先重点讨论数据特性之后,在第9章中我们将会进行数据模型的探讨。

数据特征

全面理解数据特征,是为数据的概念系统设计开发一套系统化流程的一个部分。这些数据特征包括每个数据集的比例尺、分辨率、地图投影、容错度及数据对目标信息产品的影响。有时对以不同的比例尺或分辨率,按IPD要求输出地图的同一数据集需创建多个版本。这些不同的版本均将被作为单独的数据层存储于数据库中。

比例尺

比例尺是地图上距离与其相应的实际距离之间的关系。如果一张地图的比例尺是1:24 000,那么该地图上每1英寸的距离就相当于地面上24 000英寸(2 000英尺)的距离。地图比例尺也可以用来表示不同单位之间的等量关系,如1英寸等于2 000英尺。数据的比例尺反映地图的分辨率及相对精度:比例尺越大,数据集的信息就越详细。值得注意的是,地图比例尺中分母数值的大小与分辨率高低相反,即地图比例尺的分母数值越小,地图的分辨率越高(比例尺也越大),如

1∶6 000的地图分辨率明显高于1∶100 000的地图分辨率。

大比例尺地图(如1∶6 000)中的要素能够显示更多细节,与其他地图相比,它能够更加详尽地反映现实世界;小比例尺地图(如1∶100 000)中显示的要素所包含的信息一般很综合、概略。两者服务于不同目的。

如图8.1所示,河流在小比例尺地图上表现为一条微微弯曲的线,而大比例尺地图上则表现为描述了河堤及河流宽度的多边形。

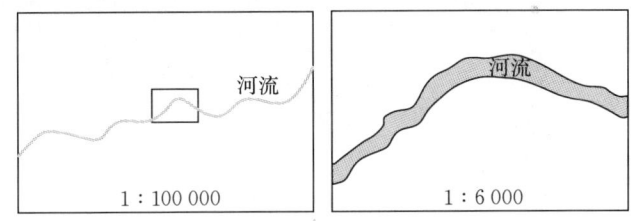

图8.1 小比例尺数据集(左)和大比例尺数据集(右)

GIS数据库中比例尺的选择(即需要获取多高的数据分辨率)在整个系统设计中十分重要。如果基本数据的比例尺过大,数据量可能会超过计算机能够处理的负荷。对于需要系统能够快速响应的用户而言,这一点尤其值得关注。

而比例尺选择过小可能导致数据库的信息不足,这样会导致无法进行最佳的数据分析或提供精确、可信的信息产品。选择比例尺时必须兼顾数据源的"初始"格式(获得数据时的格式)和计算能力的预算。

一旦你为GIS数据库选定了合适的比例尺,就需要着手将一些数据转换成同一比例尺。无论是预先转换还是实时转换都可以,这是生产与其他数据保持一致的信息产品的必要步骤之一。

经验告诉我们,即便要改变比例尺大小,对其的放大或缩小倍数不能超过2.5倍。如图8.2所示,初始的数据集比例尺是1∶50 000,若以2.5倍缩小比例(即50 000乘以2.5),则改变后的比例尺是1∶125 000。这样一来,如果你开发信息产品的源数据比例尺小于1∶125 000,就可能遇到数据过多和易读性问题。假设原来的比例尺是1∶50 000,扩大2.5倍(即50 000除以2.5)后,则最大比例尺就变成1∶20 000。

在某些情况下,你可能需要将同一组源数据以多种形式的比例尺储存在数据库中,例如在有些地图应用中既可能需要大比例尺数据,也可能需要小比例尺数据。有时你也可能需要储存从外部资源获取的底图并保留其原始比例尺。虽然GIS源数据的比例尺通常不会被储存为数据集的属性,但比例尺却是精度的风向标,因此在IPD中我们会记录比例尺。此外,用户还必须理解空间分析(如利用地理叠加功能获取新的信息就是空间分析的一种)的精度只取决于图层的最高分辨率。如果数据库中包含多种比例尺,元数据中应该对此有准确的记录。还有一点要注意,如果不同比例尺来自不同的数据源,它们可能会不一致。

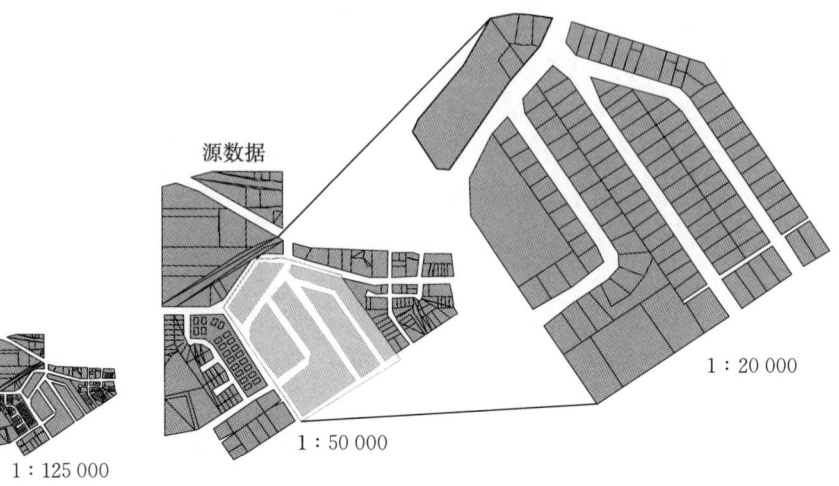

图 8.2 最小比例尺(左)和最大比例尺(右)

比例尺不仅影响数据库的精确度,也会影响其成本。例如,数据库中覆盖同一区域所需的地图张数和比例尺呈指数增长关系。也就是说,1:6 000 的大比例尺地图制作费是 1:24 000 地图的 16 倍。如果在应用中所需地图张数增加,成本自然也增加。比例尺对成本的影响是显而易见的,因此你必须清楚 IPD 中对比例尺的实际需求。就像如果你想登上月球,就别生产射向火星的火箭。应用目的决定所需的比例尺。

分辨率

本书中所指的分辨率,是在给定比例尺的地图上可绘制出或可采样的最小要素的大小。地图分辨率和地图比例尺有直接的关系。首先,当地图比例尺缩小时,其分辨率就降低,地图上的特征要素边界被平滑及简化,或者特征要素不表达。其次,在特定比例尺下,地图上所能表达的多边形大小以及线段长度都是有下限的。因此,低于最小分辨率而无法显示的特征就被合并到周边的数据中,变成一个点或者直接被省略。如图 8.3 所示,在比例尺大小为 1:24 000 的大比例尺地

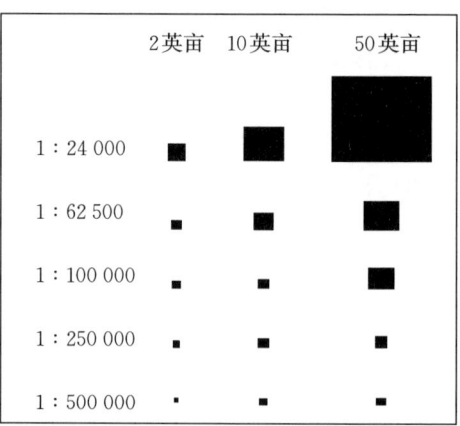

图 8.3 与比例尺相关的分辨率

图上,一块 2 英亩的土地可以用一个多边形来表示,而同样面积的土地在

1∶500 000 的小比例尺地图上仅显示为一个点。此外,分辨率还决定了地图上格网抽样点之间的距离(如卫星图像)。

像比例尺一样,对于信息产品生产而言,明确数据最小分辨率是必须的。你不一定要采用高分辨率。例如,虽然城市宗地数据的显示必须采用高分辨率,但显示跨州旅行线路的 Web 应用程序却可采用小比例尺的低分辨率。必须注意,分辨率也可能导致数据误差。用户可以通过信息产品描述中所包含的容错度信息来帮助自己决定所需要的分辨率。

地图投影

地图投影的选择也是 GIS 数据库设计过程中关键的一个步骤。作为数据概念系统设计的一部分,你需要对地图投影有一定的了解,这样才能为自己选定最合适的方案。

纸质地图可能是世界上最常见的地理数据源。由于地球是一个球体,而地图是平面,所以我们需要使用特定的数学公式才能将信息从曲面展现到平面上,这就是地图投影。地图投影是将地球的三维表面转换到纸张平面——二维空间。在将地球平面化的过程中,会在距离、面积、形状或方向上产生地图误差。因此所有的平面地图都存在着一定的空间变形。

投影类型决定地图变形的程度与类型。我们在采用特定的地图投影之后,有时为了保留真实地球的某一特征属性而不得不牺牲其他属性,或者以降低精度来折中保留几种特征属性。因此,当你考虑投影类型,你应选择对数据库变形影响最小的。现今的 GIS 程序为用户提供了多种投影选择,但在决定数据库或对任何数据进行重投影之前,用户仍需仔细阅读相关资料和"帮助"文件。

基准是另一个与投影相关的重要的地图方面的问题。基准为地球表面位置的测量提供基础参考信息,它定义纬线与经线的原点和方向,假设地球的形状。最新的基准面是 1984 世界大地坐标系(WGS1984),它为全球范围内进行卫星定位提供了基础框架(如全球卫星定位系统——GPS)。

也有一些地方基准是为了对特定区域的位置测量提供参考。1927 北美数据基准面(NAD27),1983 北美数据基准面(NAD83),以及 1950 欧洲数据基准面(ED50)都是这样一些被广泛使用的地方基准面。它们的地方性从其名称中即可看出,像 NAD27 和 NAD83 主要是为北美地区而设计,而 ED50 则主要是针对欧洲地区所设计的。对于区域基准而言,其适用范围具有一定的局限性,一般不适合超出其设计范围的区域。同一地区的地图所采用的基准应该保持一致(不能有的使用 NAD27,有的使用 NAD83),因为不一致会导致同一要素在地图上显示的位置出现差异——这显然是不能接受的。

为了有效地利用地图上的空间数据,用户需要从地图上获取相应的投影及基准信息。通常情况下,由于源地图所使用的投影类型不同,为使其保持一致,我们常常需要对其进行格式转换或坐标转换。因此,用户所使用的 GIS 软件应该具有能支持数据投影和基准变换的基本功能。

因地图投影而引起的数据变形的程度与地图比例尺相关,即当地图覆盖的地理面积越大(比例尺越小),地图投影引起的数据变形程度就越大。如果你发现地图上不同点的实际比例尺不一样,可以断定这是由地图投影引起的,这也可作为变形的参照。

遗憾的是,许多人在公布数据时没有地图投影说明。关于地图投影的更多相关内容,包括如何确定投影类型以及如何解决数据不一致的方法,请参见本书最后的"扩展阅读"。

容错度

了解在 GIS 开发或使用中可能遇到的误差类型是十分重要的,但在 GIS 设计过程中时常容易被忽视。误差与分辨率和比例尺密切相关,也与成本直接相关:降低误差,通常会增加成本的投入。对每一个 GIS 的设计者及使用者而言,都必须充分理解每一种误差的含义,以及多大误差可被接受或不可被接受(误差阈值)。误差阈值将有其对应的成本代价。有时,只要信息产品的可用性能维持,有些误差是可以接受的。

当用户需要某种信息产品时,他们当然是希望能从这个信息产品的使用中获得某种效益。这种效益可能是期望节省员工的工作时间、增加机构效益,或者是为企业带来新的价值。但如果信息产品误差过大以至于无法使用,则更无法为用户带来效益。而且,更糟糕的是,如果用户基于错误的数据做决策,该产品可能会导致额外的代价。

在第 6 章中,曾经提到过误差的四个类型:参考误差、拓扑误差、相对误差以及绝对误差。我们来简单回顾一下:参考误差主要是指在标签标识或参考中出现的误差,例如,在排水管道管理应用中,每户的房屋与街道地址是否匹配?每段排水管道上所标的码是否正确?拓扑误差则是指当某个必要连接被打断时而出现的误差,如多边形边界没有完全闭合,或排水管道网络没有连接。相对误差是指两个目标彼此之间相对位置不准确时所产生的误差,如在排水管道管理应用中,假设道路的宽度是 30 英尺,若管道维修人员想要选定挖掘点,则需要在房屋和街道之间准确地找到管道的位置。而绝对误差则是关于现实世界中目标实际位置的偏差。当我们将不同来源的地图同时引用到一个图形叠加或拓扑叠加中,或将 GPS 信息合并到地图信息中时,就会出现绝对误差问题。

误差能够影响数据库中存储信息的许多不同特征。地图分辨率会影响地图上的物体在水平及垂直方向上的位置准确性。此外,位置精度也取决于地图绘制时所用的比例尺。通常,地图可准确到约一条线宽或 0.5 mm。如一张比例尺为 1∶3 000 的详细地图可达到 1.5 m 的定位精度,而比例尺为 1∶100 000 的地图只能精确到 50 m。

图 8.4 给出了根据给定信息来选择合适地图比例尺的特定关系。考虑最小量测面积以及容错度,那么测量区域的预期误差比例是根据所绘制的最小区域及地图比例尺来确定的。

给定信息	结果信息
最小区域,区域中的误差百分比	地图比例尺
最小区域,地图比例尺	区域中的误差百分比

图 8.4 误差表

接下来我们将一起学习一个简短的案例研究,并通过其误差表来帮你进一步理解地图比例尺、绘制地图时的最小区域大小及容错度之间的相互联系。当你进行数据概念系统设计时,必须时刻谨记这三者之间的关系。

例如,如果你打算将数据库中所有的信息都集中绘制在一张比例尺为 1∶24 000 的地图上(客观条件决定了你只能选择这种比例尺,且你要开发的 30 个信息产品中有 20 个都需要达到这样的精度),结果是你生产的好几个信息产品都不会有太大的价值。这样一来,就无法实现用户预期的效果,甚至降低整个 GIS 的可信度。因此让机构人员了解误差,并具备有效处理不良误差后果的能力是非常重要的。

案例研究:确定定位准确度

误差表的概念对很多人而言都是模糊的,所以在此先使用简单的例子来回顾一下。玛塞拉在某市经济发展部门工作,她主要负责当地的仓储配销及招商工作。这些商业活动通常需要有畅通的铁路和高速公路以方便运输,且地块面积至少达到 25 英亩。因此,玛塞拉需要一张地图来帮助她找到符合这些条件的场地,且地图误差比例保持在 ±5% 以内(如果她向新企业提供了不准确的信息,她的工作业绩就很难提升)。因此,她需要那张地图作为她的信息产品。

如果你在这项城市 GIS 数据的概念系统设计过程中扮演着规划师的角色,那么你就需要仔细检阅玛塞拉对信息产品的描述,知道能满足玛塞拉所需要产品的最小地图比例尺。她可通过用下面的两类误差表(见图 8.5 和图 8.6)决定这个最小比例尺,你可以查看她的 IPD。

- 根据特定区域和容错度来选择地图比例尺,显示了地图的指定比例尺,该比例尺由所需量测的最小区域以及最大误差比例所决定。

- 根据特定区域和地图比例尺确定量测区域的误差比例,显示了区域测量中的误差比例,它是最小绘图面积和地图比例尺的结果。

如果最小区域的值及该地图所应提供的信息(见图 8.4)已经给定,则这些表格可用于显示比例尺或误差比例的结果信息。假定制图的定位精确为 0.5 mm,误差分布呈平均状况。

首先,玛塞拉必须把最小区域的计量单位从英亩转换成公顷。1 公顷相当于 2.471 英亩,所以 25 英亩差不多相当于 10 公顷。然后,她将根据给定区域的地图比例尺和容错度表来决定合适的地图比例尺(见图 8.5)。

特定区域和容错度确定的地图比例尺					
最小面积 /公顷	面积测量时的误差百分比%				
	1	3	5	8	10
0.01	1:100	1:300	1:500	1:800	1:1 000
0.1	1:300	1:900	1:1 500	1:2 400	1:3 000
1	1:1 000	1:3 000	1:5 000	1:8 000	1:10 000
10	1:3 000	1:9 000	1:15 000	1:24 000	1:30 000
100	1:10 000	1:30 000	1:50 000	1:80 000	1:100 000
1000	1:30 000	1:90 000	1:150 000	1:240 000	1:300 000
1 公顷(ha)=10 000 平方米=2.471 英亩					

图 8.5 确定合适的比例尺

她在表格第一列中找到了她所需要的最小面积,10 公顷,然后在表格第一行中找到了她所要求的容错度(5%)。在表格中,10 公顷与 5%误差率的相交处为 15 000。也就是说,玛塞拉所需要的信息地图对比例尺的最低要求是 1:15 000。

最后,根据图 8.6 中的表格复核一下计算结果,你会发现 1:15 000 或更大的比例尺将满足玛塞拉的应用要求,可以达到要求的定位精度。

特定区域和地图比例尺中面积测量的误差百分比					
最小面积 /公顷	地图比例尺				
	1:1 000	1:5 000	1:10 000	1:50 000	1:100 000
0.01	10.0	50.0	无效值	无效值	无效值
0.1	3.3	1:900	1:1 500	无效值	无效值
1	1.0	5.0	10.0	50.0	无效值
10	无意义值	1.6	3.3	16.6	33.3
100	无意义值	无意义值	1.0	5.0	10.0
1 000	无意义值	无意义值	无意义值	1.6	3.3
1 公顷(ha)=10 000 平方米=2.471 英亩					

图 8.6 预期误差

数据标准及数据转换

在本节中，你将了解根据新的软件性能回顾现有数据的重要性，新的软件将有助于确定数据来源，制定数据标准并根据你的数据决定数据转换的要求。

数字数据来源

从 GIS 早期直到大约 15 年前，大多数 GIS 数据库中的信息都是从纸质地图转换而来的，这项将纸质地图数字化的过程相当耗时费力。如今，人类已经从现实世界中获得了越来越多的测量数据，而且其中绝大部分以数字形式进入信息化市场。有些数据是需要向商业机构付费才能获得，也有些数据是由公共机构免费提供或只需要支付很少的费用。

寻找符合自己要求的数据并不容易，它需要仔细筛选并很费时间，即使已经知道数据来源并掌握了搜索方法，也会相当费力。好在因特网（Internet）和万维网（World Wide Web，WWW）已成为搜索和获取数字数据的有效工具。在因特网上，你可以寻找到大量的数字化地图、图表及影像数据。事实上，一些最好的数据都是免费的，特别是来自国际、国内、地区和地方政府的数据。

在一些国家，许多数据都是免费的或只需付很少的费用，只要你知道到哪里去搜索。像 www.census.gov 或 www.geodata.gov 这样的信息门户网站就是很好的信息来源，能够提供可靠的数据。从私人数据供应商那里可获取到应用范围相当广泛，预先打包处理的数据。也许你所在的机构就是一个数字化数据的来源。我们享受着全球信息化带来的便利，事实上，有时获取已有的数据比自己生产数据更节省。但是不管获取数据多么容易，都必须清楚数据的来源，了解数据的准确性和可靠性是必要的。

当你决定是否获取数字数据之前，必须先评估该数据集的历史背景和质量。如果你不知道数据的内容、来源、年代、分辨率和比例尺，那么该数据根本无法为你服务。你应该向提供方或供应商索取以数据字典形式显示的元数据或数据质量报告。元数据应提供相关的数据背景信息。数字化数据确实可以加速 GIS 的开发，但是在购买和下载之前，你必须对其有所了解。

技术标准

通常情况下，所谓的技术标准是指某种商定的互操作性准则。技术标准能够推动应用程序及数据在办公室、各种机构以及公众范围内的共享。就这一点而言，是否符合技术标准对 GIS 的成功开发是至关重要的。有几种标准需要考虑：操作系统标准、用户界面标准、网络标准、数据库查询标准、图形与制图标准以及数据标准。这里，我们主要关注的是与数据相关的标准，例如数字数据交换格式。

软件开发过程看似杂乱无章,但是标准的出现改善了这个问题,因此我们应该在GIS项目的最初阶段制定一系列标准,特别是对大型项目的企业而言。标准的制定可以使应用软件便携化且更易通过网络进行访问。

当然,好处越多,成本越高。许多精明的管理者意识到,实施标准非常耗时,需要前期资金投入:制定并实施标准、培训员工如何遵守标准、还要不断更新现有的应用程序。作为一名有责任感的管理者,你必须认真考虑实际效益和项目成本,并向上级管理层报告以保证资金的提供。

除了时间和资金之外,另外的代价是在可接受的数据的质量和容错度方面的折中让步。例如,如果你确定的定位精度的标准是±40英尺,那么对95%的应用而言已经足够,但其余5%的应用要妥协让步。在制定数据标准时,我们应该考虑到与信息产品有关的各种条件,以及相关部门或机构中的现有标准和预期标准。

有这样一种可能性,你所在机构的现有数据标准或已实施的标准并没有通过正式的制定流程,它也许只是以前习惯的延续,或者仅是为了实现交付信息产品的目的而实行的。这样的标准很有可能不具备书面文件形式,只在必要的时候才实行。而且许多现有标准都已经过时,以至于机构无法从最新的技术中获益。

确定已有标准和预期数据标准的有效性是概念设计过程的一部分。再次说明一下,你所需的许多信息都在IPD中。代表所有参与者利益的GIS团队需要对以下数据相关标准达成共识:

- 数据质量标准(即合适的地图比例尺、分辨率以及对原始资料的地图投影);
- 误差标准(参考误差、拓扑误差、相对误差及绝对误差);
- 命名标准(图层、属性);
- 文档标准(规定每个数据集中元数据的最小量);
- 数字化交换标准。

在美国,国家级数据标准的制定是国家空间数据基础设施的一部分,因此开发系统过程中必须考虑到这些标准。GIS团队成功地将这些标准集公式化之后,你会发现正式地采用和实施这些标准其实非常有利于工作。

测量能力

现在,GIS数据库已经可以接受各种测量仪器测量三维的数据,能够执行多种传统的测量计算,根据已知误差程度要求平差测量结果并生成坐标点。对不同的数据采用最小二乘法平差以获取最佳坐标点。坐标几何(COGO)测量法是测量方法的一种,也用于生成坐标点。你也可以将从GPS站中获取的坐标添加到测量数据库中。和其他矢量数据和栅格数据一样,在地理数据库中,这些测量结果和运算在同一坐标空间内进行。

测量数据工程流程从实地测量到组织过程都有很大改进。如今这个工作流程已被优化，从野外工作站测量，通过测量计算数据处理，到 COGO 和计算机辅助设计（CAD）系统进行绘图和设计，再到输入 GIS 与其他数据整合。所有这些都可以在同一个地理数据库的同一坐标空间中进行。

在这个强大的新性能的支持下，你可以将测量结果和地图上 GIS 要素位置结合起来，建立从测量结果生成的坐标与要素上的点之间的联系，再将要素移动到正确的位置，并储存到数据库中，捕捉容限值、构形算法以及平差的批处理三种方法可被选择。所有这些不仅可提高现有 GIS 数据库的精度，而且还可增加由测量方法获得的全新的 GIS 要素。误差椭圆的显示可提供新要素定位的测量误差。相对误差和绝对误差（参见 IPD）的容限值可与要素位置的精度进行比较。

拓扑学

拓扑学作为研究连通性的代数学的一个分支，早已被用于 GIS 领域。如今的应用更广泛。GIS 早期，拓扑学被用来进行矢量结构的误差判别。确切地说，拓扑关系能用于判别未闭合的多边形，检查悬挂点，网络中是否存在断点，地名和地图要素是否匹配，或者要素名是否重复或遗漏。建立正确的数据集拓扑关系对于数据库的精度保障十分重要，因为在价廉物美的计算机监视器（阴极射线管，CRT）被发明之前，我们无法监控数字化仪的运行，经常会出现误差。

在停滞了几年之后，人们又开始重视拓扑学，计算机技术快速发展，而拓扑学仍发挥着同样的作用：构建空间的整体性、判别误差并进行编辑。拓扑的优势不仅仅在于可以判别并改正误差，而且它有助于我们进行空间分析。过去 GIS 技术人员基于地图需要几天时间才能做完的工作（比如检查街道线段的连通性），现在有了拓扑空间分析只需一个小时就能完成。

与以往很大不同的是，现在的拓扑关系已经可以在三维空间进行操作。多图层拓扑、重叠或相交的要素，或者一个图层上的部分要素与来自其他图层的一些要素之间可以实现智能化的拓扑连接。

在对地理数据库进行操作时，技术人员通常会制定一些规则，以控制同一要素类中、不同要素类之间或各子类之间允许存在的要素空间关系。例如，地块边界线不能有悬挂点，建筑物都必须有业主名称，等等。事实上，拓扑本身也是地理数据库中的一种数据集，它管理一系列规则以及与简单要素类集合相关的其他属性。拓扑关系中的要素类将存于一个要素数据集中，这样所有的要素类都具有相同的空间参考。每一个拓扑集都有一个与之相关的聚类容限，这个容限值由能满足数据精度的数据模型而定。

如今，拓扑学可应用于具有很大灵活性的庞大数据库这一特定领域。考虑拓扑关系在误差的判别上的优势，制定拓扑规则（当然这些规则也许将来也会被改变）以保证误差的判别。

根据规则,地图上曾被编辑和修改过,但并未进行拓扑一致性检查的区域被称为"脏区"。但通过拓扑检查之后它们就可被认为是"有效的"。需要注意的是,被发现的误差也会被存入数据库。我们可以使用 GIS 中的编辑工具对这些误差进行改正;也可以不进行改正,直接视作误差存在数据库中;或者这些误差作为规则例外被标识。也就是说,在使用数据库之前,不必要对所有数据库信息进行有效性确认。

用于改正误差的编辑工具有着广泛的运用。可以同时对两个要素类进行编辑。要素可以非常方便地进行合并和拆分。一个要素类中的要素可以基于另一个要素类中被选择的要素几何进行重构。

总的来说,拓扑编辑工具可以使多个要素类保持空间完整性。而且所建拓扑规则在独自的数据集中,而不是嵌入数据之中的,这样的安排具有更大的灵活性。

这些功能的应用是非常重要的。设想一下,如果新的建筑添加之后改变了有关道路的位置,则道路中心线和学校区域之间存在的拓扑差异就能够通过 GIS 的拓扑功能识别并解决。现在让我们把设想的范围再扩大一些,假设加拿大某市政府打算把 CAD 系统内全市地图上所有的特征要素都转入 GIS,这个本来是一个很耗时费钱的工程,但是在多层拓扑技术的帮助下,大大促进了整个工作的进程,提高了工作效率,并节省了一大笔成本费用。由于拓扑功能在地理数据库中各个处理阶段均可使用,所以在 GIS 中对要素、图层及各种关系不断增加并被修改的时候,拓扑关系是保证所有图层数据精确的必要工具。

时态数据

长期以来,GIS 并不擅长处理时态数据,最多只能提供多个图层静态叠加。随着软件的发展,现在可以追踪在同一地点或不同地点在不同时间段发生的事情。通常,软件的运作流程是:单一事件(指定对象 ID、时间、地点,如果必要的话还有对象的状态)某一时刻的某种状态在空间用点表示出来。将几个单一事件的点用线连接起来进行追踪。

该软件也可以处理复杂事件,每个事件可以包含关于被追踪对象特性的其他信息。动态的复杂事件可能是追踪某一架航班的机型、航班号、乘客人数、载油量、机龄及飞行员姓名。静态的复杂事件可能被视为交通传感器的使用的结果。

现在,该软件可以进行移动的点或一段时间内的点移动的操作,用同样的方法也可以对线和多边形进行处理。GIS 中用线表达方式来处理的时态数据的例子可以是军事前线或大气锋面。而多边形可以用来表示卫星轨迹、浮油状况、温度图或降水量图,等等。

这种软件考虑到了 GIS 中时态事件的绘图,数据可以向前或向后动态地显示。如今,实时追踪或准实时的数据追踪已成为可能。数据追踪速率取决于通信连接的有效性、服务器速度和网络速度。实时追踪可能包括应急系统、威胁探测、船舰追踪或卫星跟踪系统的应用。丰富的符号体系可被运用,符号随着事件变化的状态而改变(如飓风加剧)。每次回放,直方图能够有效地显示一段时间内事件发生的数量,这可用于事件本身的分析(例如敌人炮击的频率),或者用于确定回放时间或重复回放的次数,以便进一步地分析。所有这些信息都能以动画形式在媒体播放器上显示,而且可以在你自己的动画引擎上即插即用。

可以使用时钟的形式来表示时序事件(单一事件或多个事件)。时钟向导可以生成一张圆形的图表或一个时钟,专门显示时序数据。通常,有些数据是很难用图表或地图来完全显示的,而时钟表示的方法则可以解决这个问题,它可以对被遗漏数据的模式进行分析。在一些特殊的分析方面,比如动物的夜行活动轨迹,通过修改指针、改变颜色、使用类和图例的设置来简单地生成时态数据。

用户也可以创建和运用预操作或自定义操作,并可以基于位置信息、要素属性或两者结合的方式来查询时态数据。

制图学

虽然 GIS 可以生成漂亮精致的地图,但工序都非常烦琐,尤其是需要生成多张地图的时候,但这种情况正在迅速地改变。

现在只需一个地理信息数据库就能生成多个地图,并能够保证内容和要素选择的一致性。这样一来,即便经常更新数据也不会导致成本飙升,因为无须涉及大量文件,一步就能实现更新。自动化可生成内容复杂、制图精细的地图,而并不只是低水平批量生产的地图,比起"蛮力计算"制图法,智能化的制图方法已开始用于大规模的制图操作。

此外,我们也可以期待更加复杂的符号自动配置,图例的摆放就是一个典型的例子。虽然从概念上来说,很简单明了,但其实不然,比如可能出现这样一条规定:"图例放于页面空白处或水域上方,与海岸地形、页面的边缘或其他要素之间起码保持1.2 cm的距离。"即使是现在,这样的任务手动完成也不是难事。

然而,制图应用程序还无法细致地处理目标的形状,这些程序无法智能地移动目标,比如像图例相对于海岸线的位置。主要的问题是处理结果的质量。当然,随着计算能力的提高,用位移算法代替复杂的几何算法,处理结果的质量也得到了提高。

智能化地图生产过程模式还没有作为一个流程或结构被明确定义。比如,为了"从各种 GIS 数据图层中提取信息,创建一张基础图",制作者必须了解地图中每个图层所需要的步骤,显示哪些要素;怎样对这些要素进行符号化;怎样在图上表示文本的位置;以及要素显示的优先度(视其相对重要性)。随着问题一个接着一个地展开,我们发现整个流程非常复杂,必须同时兼顾许多方面。建立一个地图制作的流程模式是必要的。为了建立生产地图的流程模式,必须对一系列操作过程进行排序。从逻辑角度和空间角度来讲,数据之间存在相互依存的关系,可以基于这种关系进行排序工作。既然该模式针对的是互动型软件,那么就必须具备这样一个条件:可以让制图人员高效地进行数据源和图层之间的匹配,然后作为输入导入模型,并运行该模型。如果仅创建针对指定地图的某个版本的模型可能会有些难度,但如果是针对连续的版本,情况又可能有所不同。所以说,流程模式必须足够灵活,这样才能对数据进行评估,然后在处理数据和创建地图的过程中作出合适的选择。

随着页面自动布局、文本置位、制图综合以及出版的继续发展,如果我们能创建出同时兼容两种不同比例尺地图设计的模型,那么自动综合就不再是不可能的了。地图类型在许多行业中变得越来越丰富,用一个地理数据库进行高质量地图智能制图生产正成为可能。

网络分析

地理数据库中的一个新的网络数据结构正在开发阶段,它能更真实地模拟网络的连通性,更好地实现导航和追踪功能。这个数据结构完全支持多模型网络,比如交通(汽车、巴士、自行车、铁路、航运和航线)和水文(河流航道、车行道、污水管道和流域)。

新网络数据结构

地理信息数据库中的新网络数据结构采用对象关系数据模型(见第 9 章)。网络连接性基于几何学原理,采用丰富的连接模型和数据库关系,如机场之间的航班关系或巴士站点之间的路线关系。从某种程度上来说,这些数据库关系可以视为一种"虚拟通道",实现多模式路径。这意味着虚拟的人物、商品或观点可以通过公路、铁路、船或飞机进行传送,从已知的传送点,在不同的模式之间进行传送。

转弯作为要素被模型化,在不同的要素类之间,允许它们被合并;转弯也可作为"隐含"的转弯动作被模型化,需要考虑转弯的角度。

网络由从地理信息数据库的要素类和对象关系派生出的连接点、边和转弯要素组成。要素可有许多属性,比如汽车、巴士、应急车辆、重型卡车、成本、限制、坡度、车道数量、管道直径等。这些属性可以根据地理信息数据库属性表或脚本中的字段值进行计算。有些属性是动态的,也就是说只有在需要的时候才计算,比如动态属性可能会需要对某个包含当前交通状态(这些交通状况的最新动态可以从 Web 上下载得到)的循环数据结构进行查询操作。

网络数据集采用版本的形式支持规划需求和多用户编辑。网络采取逐步构建的形式,即仅重建进行过编辑的网络部分,而不是每次编辑后都对网络进行全部重建。

网络结构的真正价值在于,通过网络结构为信息产品的生产实现提供更加灵活和全面的查询功能。使用这项查询功能,你可以完全按照自己的意愿发出查询指令(通过以下引号中所给的方式)。以下这些特性为我们开发全面而灵活的信息产品提供了基础:
- 最短路径:"在一连串站点之间搜索成本最低的路径(包括时间、距离等成本)(站点是指网络点的位置)。"
- 最近服务设施:"根据给定点查找最近的(包括时间最近、距离最近等)服务设施(服务设施包括 ATM 取款机、医院和咖啡馆等)。"
- 旅行商:"首先查找某几个旅行站点的最佳访问顺序,然后制定最短行程。"
- 分配:"通过建立最短路径树来确定一个'服务区域'或一个'以时空定义的空间'。"
- 起点—终点矩阵(OD 矩阵):"在起点(O)和终点(D)之间建立成本矩阵。"OD 矩阵被广泛应用于许多网络分析(例如旅游,定位和分配等);这里的矩阵可以被看做是一个网络。
- 车辆路径:核心路线优化程序;"根据各种车辆的功能、可用时间、服务收费、超时收费等,以及包括车辆和受时间窗限制的各类客户的需求,寻找最适合的车辆及客户服务和车辆行驶路线。"
- 定位和分配:"同时对服务设施的定位和指定(分配)服务内容进行操作。"
- 最优路径:"在一组相互连接的边线中寻找最优路径(如垃圾车线路、报纸派送线路)。"
- 跟踪:在有向网络上追踪单向流动的事物,如水域、电流、污水排放等。我们可以将追踪任务理解为一项通用查询项目:"将目标按照顺流和逆流两类区分,并查找其循环系统,然后对顺流和逆流目标进行追踪,或者查找悬挂点。"

数据转换

为了将不同渠道获得的信息输入 GIS,你需要进行一次或多次数据转换处理,将数据从一种格式转换成另一种格式。可供选择的数据转换方法很多,可以通过现有数据的格式和质量、外来数据的格式以及自己已经设定的标准来选择具体使用哪种方法。通常,以下基本选择包括:内业开发数据;由外包商准备数据,或对现有数字数据进行重格式化操作。

一般,内业数据库的开发可采用以下一种或多种方法:
- 数字化。
- 扫描。
- 键盘输入。
- 文件输入。
- 文件传输。

格式名称	标识符	数据输入	数据输出	直接读取	浏览树	打开时选项
ArcGIS 数据互操作扩展模块——支持的格式						
Adobe Ifustrator (EPS)	IEPS	否	是	否	否	否
Autodesk AutoCAD DWG/DXF	DWG	是	是	是	否	是
Autodesk MapGuide SDL	SDL	是	是	是	是	否
BC 电子提交框架（Electronic Submission Framework, ESF)ETA GML	ESF FTA	是	是	是	否	否
BC 电子提交框架（Electronic Submission Framework, ESF))RESULT GML	ESF RESULTS	是	是	是	否	否
BC MOEP	MOEP	是	否	是	否	否
Com 图形数据交换标准（ComGraphic Data Exchange Format, CGDEF)	CGDEF	是	是	是	是	是
CITS/QLF 数据传输标准（QLF）文件	QLF	是	是	是	否	否
逗号分隔值文件(Comma Separated Values, CSV)	CSV	是	是	是	否	是
Danish DSFL	DSFL	是	否	是	否	否
Danish DSFL（Danish DSFL 的 XML 格式）	XDK	是	否	是	否	否
Danish UFO	UFO	是	否	是	否	否
DB2 数据库（属性只读 IBM）	DB2	是	否	是	否	否
DB2 Spatial (IBM)	DB2SPATIAL	是	否	是	否	否
dBASE III (DBF)	DBF	是	是	是	否	否
Delaware DXF Submission	DELAWARE DXF SUBMISSION	是	否	否	否	否
Design Files (DGN; Bentley/Intergraph) to v8	IGDS	是	是	是	否	否
数字线划图（Digital Line Graph, DLG USGS）	DLG	是	否	是	否	否
EPS (Encapsulated PostScript)	EPS	否	否	否	否	否
ESRI Arcinfo Coverage	ARCINFO	是	是	是	否	否
ESRI Arclnfo Export (EGO)	EGO	是	是	是	否	否
ESRI Arclnfo Generate	ARCGEN	是	是	是	否	否
ESRI 地理数据库(MDB) 9.0/3.3 个人型	GEODATABASE MDB	是	是	否	否	否
ESRI 地理数据库(SDE) 9.0/3.3 企业型	GEODATABASE SDE	是	是	否	否	否
ESRI 地理数据库（XML）	GEODATABASE XML	是	是	否	否	否
ESRI GML	ESRI GML	是	是	是	否	否
ESRI PC ARC/INFO Coverage	ARCINFO	是	否	是	否	否
ESRI Shape	SHAPE	是	是	是	否	否
ESRI 空间数据引擎（ESRI Spatial Database Engine) v3.x/ArcSDE 8.x	SDE3D	否	是	否	否	否
Facet XDR	FACET	是	是	是	是	否
FME 要素存储文件(FME Feature Store File, FFS)	FFS	是	是	是	是	是
GDMS Dataset	GDMS	是	否	否	否	否
GenaMap	GENAMAP	是	否	否	否	否
GEODESYS StruMap	STRUMAP	是	是	是	否	否
Geographix CDF（白星, WhiteStar）	WHITESTAR	是	是	是	否	否
GeoMedia Access Warehouse (Intergraph)	FMQ SQL	是	是	是	否	是
GEOost Names Server	GEONET	是	否	是	否	否
GMLv2	GML2	是	是	是	否	否
GPX—GPS (XML)	GPX	是	否	是	否	否
IDRISI 矢量格式	IDRISI	是	否	是	否	否
Intergraph MGE	MGE	是	是	是	否	是
ISO8211	ISO8211	是	否	是	否	否

图 8.7 当前数据

第8章 进行数据设计

ArcGIS 数据互操作扩展模块——支持的格式						
格式名称	标识符	数据输入	数据输出	直接读取	浏览树	打开时选项
Laser Scan IFF-Internal Feature Format（内部要素格式）	IFF	是	是	是	是	否
MapInfo MID/MIF	MIF	是	是	是	是	否
MapInfo TAB	MAPINFO	是	是	是	是	否
Mercator MCF	MCF	是	是	是	是	否
Microsoft Access 数据库（属性只读）	MDB	是	是	是	否	是
MicroStation 地理图形（Geographics）	GO	是	是	是	否	是
ODBC Database（属性只读）	ODBC	是	是	是	是	是
Oracle 7 Database（属性只读）	ORACLE DB	是	是	否	是	是
Oracle B/Bi/9i Database（属性只读）	ORACLE DB	是	是	否	是	是
Oracle Bi/9i Spatial（Obkect）	ORACLEBi	是	是	是	是	是
Oracle Spatial（关系型）	ORACLE	是	是	是	是	是
Oracle SQL Loader（属性只读）	SQLLDR	否	是	是	是	是
OS（GB）MasterMap（GML 2）	DNF	是	否	是	是	否
OS（GB）NTF 产品	NTF	是	否	是	是	是
PenMetrics GRD	GRD	是	是	是	是	否
PHOCUS PHODAT	PHOCUS	是	是	是	是	否
PostGIS 数据库	POSTGIS	是	是	是	是	是
PostgreSQL 数据库	POSTGRES	是	是	是	是	是
栅格图像（PNG/GIF）	PNG	否	是	是	是	是
REGIS	REGIS	是	是	是	是	否
S-57（ENC）水文数据格式	S57	是	否	是	是	否
空间存档与交换格式（Spatial Archive and Interchange Format,SAIF）	SAIF	是	是	是	是	否
空间数据传输标准（Spatial Data Transfer Standard,SDTS）	SDTS	是	否	是	是	否
标准线性格式(Standard Linear Format,SLF)	SLF	是	是	是	是	否
可缩放矢量图形(Scalable Vector Graphics,SVG)	SVG	否	是	是	是	否
Swedish KF85	KF85	是	是	是	是	否
Swedish MASIK	MASIK	是	是	是	是	否
TIGERLine	TIGER	是	是	是	是	否
TOP10GML	TOP10GML	是	是	是	是	否
矢量标记语言（Vector Markup Language,VML）	VML	否	是	是	是	否
矢量产品格式（Vector Product Format,VPF Reader）Database	VPF DB	是	否	是	是	是
虚拟现实模型语言（Virtual Reality Modelling Language,VRML）	VRML	否	是	否	否	否
Web 要素服务(Web Feature Service,WFS)	WFS	是	否	是	是	是
XML(generic)	XML	是	是	是	是	是
关 键						
数据输入:能够使用简单工具将输入数据的该格式转换为 pGD8 格式						
数据输出:在使用简单输出工具时,该格式是 FME 所支持的数据源						
直接读取:能够通过 ArcCatalog 的目录树或在 ArcCatalog 中创建的互操作数据源节点上直接查看此数据的格式						
浏览树:能够通过 ArcCatalog 的目录树或在 ArcMap 中不需要通过创建一个互操作数据源节点而是使用"添加数据"对话框直接查看此数据的格式						
打开时选项:某些格式在使用 FME 自动转换器时具有默认选项（或设置）,用户需要创建一个链接通过互操作数据源节点来访问这些设置						

的互操作性

在数据库开发需求紧迫，机构内部开发能力有限或不能持续维护及进一步进行数据库开发的情况下，一般会采用数据开发外包的方式。采用外包的方式时，谨记："垃圾进，垃圾出"的原则。必须关注承包商之前的数据开发经历，了解他们是否熟悉你所使用的软件和硬件，以及数据是否可更新。具有相似应用和数据库要求的 GIS 用户是了解商家信息的好途径。

随着数字化空间数据的来源越来越多，将现有数据转换成 GIS 所需格式的方式也越来越多。目前，由加拿大 Safe Software 公司和美国 ESRI 公司开发的软件可以帮助用户轻松地整合多种格式的数据（开放格式数据源或专有格式数据源）输入到 GIS。现在已可直接读取至少 65 种空间数据格式，输出 50 多种数据格式，甚至可以表达和建立自己的空间数据格式。

互操作性是用来表达系统或组件能力的术语，即在多种环境中实现系统或组件与其他系统或组件交换数据。图 8.7 中列出了几种被 ArcGIS 互操作性扩展模块支持的格式（图 8.7 中所涉及的专业术语在 93 页底部已做解释）。

"模式更改"功能将有望产生更大效益，它在转换操作过程时实施。这项功能允许针对分类变化的算法将两组数据集导入同一模式中，避免连接不连续，特别有利于行政界线的处理。这一功能将大大方便我们利用地方或区域数据建立大范围区域、全国范围、大陆范围或全球范围的数据库。

然而，无论哪一种数据转换方式都需要耗费时间，需要一定的成本投入，还可能会导致信息内容退化。尽管数字数据格式交换功能的开发以及转换软件和解译软件的不断增加使得数据共享变得更为容易，但是在对其他系统的数据进行格式化时还是可能会遇到困难，不要以为数字化形式的资料都是可以轻松使用的。

有时，你会发现对数据的重格式化处理需要很大的投入。比如，某种软件的多边形数据可能只有图形，而没有相关联的属性或拓扑信息（如 CAD 数据），如果要使这种数据能够使用，其成本甚至可能比用纸图进行内业数字化更高（从 CAD 系统获取数据的交换格式为 dxf）。

除此之外，你还有可能遇到文档不足的问题，以至于无法确定准确性、现势性、来源或其他相关数据的信息。这意味着你无法核实这些数字化的数据是否能满足你的需求。即使你迫切需要这些数据，而且相信数据来源可靠，你还是不得不非常谨慎地使用这些数据。下面的说法有助于你思考数据的完整性：80% 的数据中存在 20% 的问题，20% 的数据中有 80% 的问题。

第 9 章　选择逻辑数据模型

新一代面向对象数据模型给 GIS 带来了许多新的性能,在所有新的系统开发实施中我们都会考虑这一模型。然而关系模型仍然应用普遍,明智的 GIS 管理者会对两者都了解掌握。

在 GIS 规划过程中,理想情况是:你了解生产信息产品所需要的数据要素,并能够通过名称确定它们之间所要求的任何逻辑联系。你知道数据的来源,并且了解它的局限和维度。

你已经为下一步做好了准备,如何在三种逻辑数据模型,即关系数据模型、面向对象数据模型和对象—关系数据模型中选择一种去构造数据。你可以根据一种或几种模型来对数据组织进行建模,它们中的任何一个都可以让你的数据通过存储和高效的操作来创建信息产品。每个模型都拥有各自相应的特点,当你开始为你的特定数据库建立管理结构时,它们既可能帮助,也可能会妨碍你的工作。你可以将你知道的数据(以及你需要处理的数据)与你了解到的这些模型进行比较,以选择最合适的模型。

系统的最终用户对将使用哪一种数据模型并不关心。但对于你——GIS 负责人而言,此时必须高度关注,因管理你数据库的工具——对数据库进行添加、储存、删除、修改和检索数据的操作,属于软件应用程序的范畴。因此,你为数据库选择的模型将影响你的决定,即采用哪一种软件系统来管理它。

问题的核心在于,逻辑数据模型必须在数据库中"描述"现实世界的某一个复杂版本。这样一个模型不仅表示计算机逻辑中的数据,还能按计算机"理解"的方式来描述数据——模型基于其全部的规则和命令建立了现实世界的版本,而这些规则和命令是你的数据必须遵守的。建立和使用这样一个数据库的成本将取决于你对现实模拟的精细程度。

确定了最佳的逻辑数据模型,然后构建它,现在必须考虑这个问题。但你考查了三种逻辑数据模型,便可以在图 9.1 中对它们的优缺点进行比较。而图 9.2 中则列出了所要求模型的性能特征及其基本情况。也许你会发现,如果你的情况和表中有些类似,那么考虑推荐的模型是有帮助的。尽管你对你的选择并不十分理解,但请记住这一点。

那些负责选择、描述,然后建立概念数据库设计的人会发现,更详尽的关系模型和面向对象模型的考察,以及在本章末尾对如何建构你的数据库的提示,也是很有意思的。

数据模型	优 点	缺 点
关系模型	易于阅读的简单表格结构 直观、简单的用户界面 多种可用的终端用户工具(如宏和脚本) 新的关系、数据和记录的修改与添加很容易 使用相同属性来描述地理要素的表格很容易被使用 属性表可以与 GIS 中需要的描述拓扑关系的表相连接 快速高效地直接访问数据 数据与应用程序无关 针对 GIS 的查询和分析进行了优化 使用这种格式可以使用海量 GIS 数据 拥有大量有经验的开发人员、开发工具、教科书和顾问	对真实世界表现程度有限 询问和数据管理的灵活性有限 顺序访问速度较慢 很难模拟复杂的数据关系,并且经常需要一些专业的数据库应用程序 在访问数据库的每个程序中,复杂的关系必须被表示为过程 每当数据访问时需要重新组织数据结构导致了性能损失 程序上的变化往往会导致较高的重构成本
面向对象模型	能够对现实世界进行复杂表示 不必知道对象内部的工作机制,因为封装,对象属性与行为的组合,使通过定义好的一系列方法和属性就可以访问对象 支持多层综合、聚合和关联 在数据库中维护历史数据 能够与模拟建模技术很好地集成 使多重同步更新(版本化)成为可能 使用自然状态的对象,模型对其有直观的感觉 非常适合对复杂数据关系进行建模 GIS 程序需要的代码较少,这意味着更少的 bug 和更低的维护费用 能够保证高度的数据完整性(新数据必须遵循行为规则) 封装能够使得一个程序在发生变化时无须花费大量的重构成本	虽然面向对象数据模型能够做到现实世界的复杂表示,但这些复杂的模型很难设计和建立,对象的选择非常关键 与其他类型数据库的数据导入和交换变得很困难 一些业务应用可能无法对一个面向对象数据库进行访问或输入数据 大型复杂模型处理可能相当慢 模型依赖于对现实世界现象中的详尽描述(在自然界中这一点尤其困难) 面向对象数据库在分析过程中要求面向对象计算机语言,但接受过这种编程训练的人员很少
对象—关系模型	执行速度很快 对象—关系数据库可以使用面向对象数据库中的许多特征 地理数据统一存储,可以使用历史数据库和非 GIS 数据库 数据输入和编辑更加精确 数据完整性高(新的数据必须遵循行为规则) 用户使用更直观的数据对象 同步数据编辑(版本化)成为可能 能够实现历史数据回溯和远程数据复制 很少需要为模拟复杂的关系编写程序 能够将业务模型数据库与基于模型的标准备份和支持进行紧密的结合	它是面向对象数据模型与关系数据模型折中的产物 数据封装可能会被 SQL 直接访问数据破坏掉 对对象关系的支持程度有限 比起使用面向对象数据模型,更难以模拟复杂的关系

图 9.1 三种逻辑数据模型的比较

数据模型情况	逻辑模型特征	建议的逻辑数据模型
为森林砍伐分析进行树木分布、河流和道路的森林资源调查	要素之间存在简单关系	关系型
增加新的森林分布和成熟林分布属性,增加的要素为资源边界	随着时间的流逝,新要素和属性能够很容易地修改和添加	关系型
小型办公室,需要将培训和实施时间降至最低	简单、易用的接口,数据库简单且易于设计和实现	关系型
企业级系统必须与已有的销售和业务伙伴数据库相连接	很好地与已经存在的数据库相连接	关系型或对象—关系型
为了选择新商店地址,大量的业务需要进行合适选址分析	需要使用已经存在的人口统计数据	关系型或对象—关系型
需要沿河流进行实时洪水预测	需要对现实世界进行复杂的模拟	面向对象型或对象—关系型
在出现紧急情况时需要对街道网进行交通流模拟	与复杂的模拟模型相集成	面向对象型
大型设施公司由于日常增加和维修设施,因此需要同步更新其大型数据库的多项内容	多人同步更新(版本化)	面向对象型或对象—关系型
关键性任务和人命关天情况中使用的数据库是持续运行的	高度数据完整性	面向对象型或对象—关系型
许多新应用程序将随着时间的推移被开发出来	一旦最初的模型被开发出来,便降低了应用开发的成本	面向对象型
对较大流域(如哥伦比亚河流域)的自然资源要素进行复杂分析	能够快速执行分析,特别是针对大型复杂分析	对象—关系型
许多遗留关系型数据库和非 GIS 数据库需要与新 GIS 进行连接	能够很好地与不同类型数据库相连接	对象—关系型
水利设施部门需要对水网络进行模拟,包括总水管、侧管、阀门、泵站和排水沟	复杂关系、属性和行为继承	面向对象型或对象—关系型
海量数据维护和更新	高度数据完整性	面向对象型或对象—关系型

图 9.2 一些典型模型情况的建议数据模型

逻辑数据模型的类型

从本质上讲,只有与你的工作所需要的信息相结合,数据才会变得有用。当它在逻辑上与相关数据进行连接并被储存之后,再把它们放在一起就会更容易一些。基本上,在以 GIS 所要求的准备状态存放实际连接数据,并从中生成信息的背后,不同类型的逻辑数据模型都描述着它们自己特有的计算机逻辑。

关系数据库模型存储着通过共享通用字段来实现相互关联的表集(如表中包

含了存储着单一属性值的相同列）。面向对象模型中存储的不再是列和表,而是对象或类(共享着相同属性和行为的集合)。对更新的对象—关系模型而言,GIS软件则借助面向对象模型的一些特征对关系模型的结构进行了提升。

关系数据模型

目前世界上绝大多数地理空间数字数据都是以关系数据模型的方式来进行存储的。当数据库通过关系数据模型建立时,数据以表格集合的方式被存储,表格之间在通过共同的属性来建立逻辑上的关联(称之为关系)。单条记录在表格中以行的方式被存储;而属性则是以列的方式被存储。每一列只可能包含一种类型的数据属性:日期、字符串、数字等。一般情况下,表格是标准化的——表格彼此间都标准化——直至将冗余降至最低程度。在关系数据库中存储的空间数据,采用类似ESRI的SDE的搜索引擎会更便利,SDE允许GIS读取存储在关系数据库管理系统(RDBMS)中的空间数据,如Oracle。

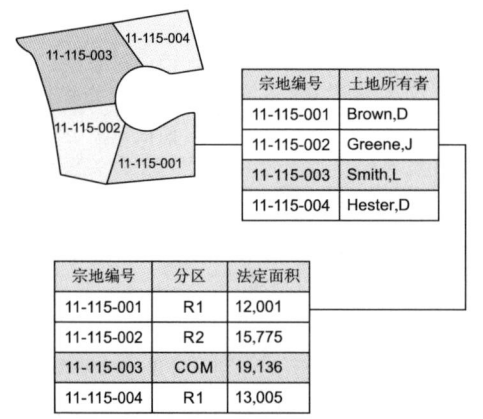

图9.3 通过共同字段相连接的表格

GIS将空间数据与表格数据相关联。在图9.3中,你会发现地图中显示的空间数据(如宗地编号)与地图要素表中包含的属性之间的联系(隐藏的)。一张分开但相互关联的表格使用共同的编号。属性列与显示土地所有者信息的表格相关联。在GIS分析和专题显示中,还有许多其他可使用的表格,它们都是通过共同字段这一主线彼此相连。

关系数据模型使用一系列固定的内嵌式数据类型,如数字、日期和字符串等,来区分不同类型的属性数据。这就提供了一种约束性强但却是高效的描述现实世界的方法。关系模型能迅速执行并实现结果,但它却需要复杂的应用程序以一种有意义的方式来为复杂的现实世界状况进行建模。

以调遣救援车辆的任务为例。寻找最快路径,需要一天内不同时段每一条街道的行车方向和通行能力的详细信息,还有每个交叉路口的信号灯类型和变化控制信息。这些复杂的变量需要大量的相互作用的表格,而关系模型能使之成为可能。关系表的优势是可以简化的方式表达现实世界,并能在处理查询时给出快速而又可靠的答案。

当你使用关系方式来开发逻辑数据模型时,你需要考虑数据的分层和瓦片结构,它们也称为地图库(map library)。(有一种使用无缝数据库的新方法,但它不适合关系模型,你需要使用面向对象的方法。)在这种结构中,地图的分块(或瓦片)

第9章 选择逻辑数据模型

关系库会在一个直观可行的瓦片系统中将地理数据组织为可管理尺寸的数据集（见图 9.4）。

为了基于关系模型来建立数据组织结构，你必须考虑涉及建立地图库数据分层的所有因素：地图单位和投影、存储精度、分层要素的属性列、数据源和预期用途、逻辑连接、数据精度和标准。这时你可感受到进行 GIS 规划的好处，因这些信息大部分都可以在 MIDL（第 7 章）中寻找到。（若想了解更多关于概念数据库设计的关系方法，请参阅第 102 页。）

面向对象数据模型

面向对象数据模型比关系数据模型要新一些，它们可以在一种用户更容易理解的数据结构中对丰富且复杂的现实世界进行描述。现实世界的实体（如下水道、火、森林和房屋所有者）可作为对象进行建模，并能根据它们在现实世界的行为赋予模拟的或模型化的相关行为特征。

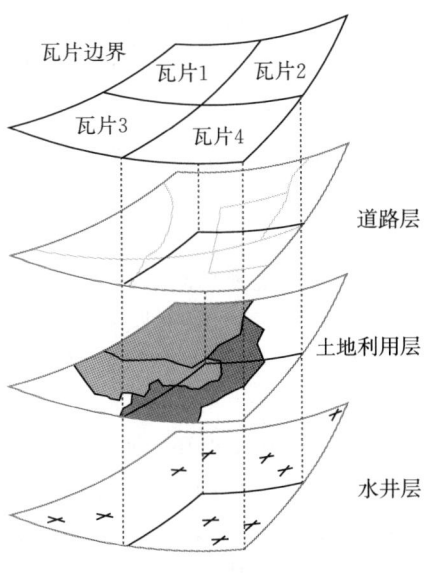

图 9.4　瓦片：一种组织数据集的方法

它与关系模型之间最简单的差别是，对象存储的是它自身的信息（包括所有的属性）而不是一堆相互关联的表格。

例如，街道网络的对象模型使用线条描述街道。每个街道段显示了它所模拟的现实世界活动的行为，包括在一个特定方向的交通流，在白天或夜晚任何指定时间内每个小时的行车量。

对象

对象表示现实世界的实体，诸如建筑物、河流或计算机虚拟现实中的银行账户。对象包含特性（属性），属性定义了它们的状态和方法，而方法则定义了其行为。对象之间通过调用它们的方法来传递消息以进行交互。

属性

属性是定义对象状态的特征，如街道类别、建筑所有权人的姓名或者排水管道的最高容量。

行为

行为是对象可以执行的方法或操作。如在高峰来临时，虚拟的街道"知道"如何计算一定时间内需要经过它的车流的增量，或当提款时，账户"知道"如何从它的余额中扣减相应的金额。你也可以使用这些行为来向其他对象发送消息，通过报告当前值、存储新值或执行运算的方式交流一个对象的状态。

行为封装

封装是面向对象模型的基本特征，对象可以封装（或附寄于自身）其属性和行为。对象内的数据只有相应的对象行为才能访问得到。通过这种方式，封装可以保护数据免受其他对象的"腐化"，并能对系统的其余部分伪装对象内部细节。封装使数据具有独立性，这样某个对象在与一个行为已经改变的对象交互时发送或接收消息无须被修改。这使得一个程序在变更时无须进行大的重构，就像关系结构中的情况一样。

消息

对象通过消息来进行交互。消息是一个对象调用另一个对象行为的过程。它是一个对象名称，其后跟着行为名称知道如何操作：例如"性质—细化"。消息的创建对象被称为"发送者"，而收到消息的对象称为"接收者"。

关系

关系描述了对象之间是通过什么方式关联在一起的。它们定义了创造、修改和移除对象的规则。面向对象数据模型中可以使用多种类型的关系，包括继承（inheritance）、关联（association）、聚合（aggregation）和组合（composition）。（第106～107页对此有详细描述。）

类

类是一种将对象分组的方式，它们通过一个模板使用共同的属性集和行为集。某个类的对象即是指类的实例（instance）。如你所住的地块是城市中存在的众多地块之一，但其中任何一个都被认为是一个独一无二的实例。尽管每一个都是独特的，但所有地块都共享着某些有用的特征，如建筑物类型和分区编码；而这些共有的特征即被称为类。

在数据库设计中，确定你需要的类是一个重要的步骤，允许你在数据模型中使用图解法表示你所需要的关系。（更多与关系和类图相关的信息请参阅第106页及之后的内容。）

对象—关系数据模型

对象—关系数据模型是逻辑数据模型领域的最新发展。在这种系统中，GIS软件通过扩展关系数据库来合并面向对象的行为，这些行为能够管理事务逻辑和数据完整性。根据专门领域的专家和企业用户的看法，这种模型可以很好地与企业其他的业务系统相融合。在标准业务表中的数据不再被封装，并仍然支持标准企业集成和管理。

对象—关系模型带来了速度上的优势（这在大型数据库中非常重要），同样，它在处理复杂性和面向对象设计的数据库建设一致性上具有优势。这个模型还有其他的优点，即支持结构化查询语言（SQL）的扩展形式，并具有访问典型关系数据库管理系统(RDBMS)的能力。这在企业级系统中可能是一个非常重要的考虑因素，因为有许多其他的业务程序需要对 GIS 数据库进行访问或提供数据。

对象—关系数据模型兼具关系数据库和面向对象数据库的特征。我们来回顾一下，关系模型是使用基于固定内置数据类型(如数字和日期)集的数据表；而在面向对象数据模型中，对象拥有唯一的属性和被封装在对象内的行为。而在对象—关系模型中，它通过添加一些新的和更丰富的数据结构属性列来扩展关系模型，这些数据结构被称为抽象数据类型(abstract data type，ADT)。抽象数据类型是在关系模型中通过将基本字母数字数据类型进行组合，或将对象的二进制形式存储为二进制大对象(binary large object，BLOB)字段而产生的。

抽象数据类型允许你向关系模型中添加特别的行为。数据结构的这种弹性使得对象—关系数据库模型能够比纯粹的关系模型更好地描述现实世界。

对象—关系软件不断改进，并添加了更多的对象功能。在快速变化的同时，对象—关系模型借鉴了许多面向对象数据模型的成分，使自己变得更加优异。

优点和缺点

所有这些模型都有优点和缺点，就像在进行比较的表格中(见图 9.1)阐述的一样。这些特征是优点还是缺点将取决于你的特定需求。在确定适合你的 GIS 的数据模型时，你必须考虑创建信息产品所需的功能的类型。例如，如果你需要在复杂的交叉口或交汇点执行一些网络分析操作，你可以选择对象—关系模型。如果你的信息产品不需要具有面向对象能力的功能，你可以选择更可靠的关系数据模型。

选择一种适合的逻辑数据模型并不是一项简单的任务。对于面向对象和对象—关系数据模型以及它们将如何继续来影响传统的关系型 GIS 实施的讨论非常多。然而，选择决定的依据不仅仅只是概念上的差异。

自 20 世纪 80 年代以来，大部分 GIS 数据库都是基于关系数据模型。考虑到使用这个模型很难描述现实世界对象的复杂行为，许多 GIS 软件厂商已经选择面向对象和对象—关系模型来支持更复杂的数据结构。最适合你的机构的模型的选择也部分取决于你所购买的是哪一种软件。如果你的基本需求是模拟复杂的数据关系，最好还是拥有一个可以支持它的系统。归根结底，问题在于哪种数据模型是最适合你所想要完成的工作。如图 9.2 所示，图中描述了许多典型的数据模型情况和需要处理的逻辑模型的特征，以及一些关于合适数据模型的建议。

在你决定向上级推荐使用哪一种模型之前总是要考虑成本问题，而且相关的成本也许将影响你对于哪一种逻辑数据模型最适合你的需求的评估过程。将高优先级的信息产品的成本进行比较是一种标准做法。我们可以为每种数据模型设置两种成本类型,然后对每一种数据模型的每一类成本类型评估你的优先信息产品开发的成本。成本要么是数据库创建类型,要么是应用程序开发类型。前者的成本包含了需要开发和维护数据库来生产信息产品的费用(如数据库设计成本、数据转换成本、原有系统所进行的数据转换成本、员工培训等)。应用程序开发成本方面,列出了应用程序开发以及信息产品生产所需的数据库操作的费用。如果数据能够使用,或者没有相对的等级差异,那么就可以采用实际图表来使用这种方法。在系统生命周期中,对每种逻辑数据模型进行比较,准备 20 或 30 个信息产品的费用是多少?一旦你已考虑了这个因素,就可选择模型并开始概念数据库的设计工作。下面,我们来探讨数据库开发所要涉及的任务,确切地说,在关系模型和面向对象模型下的任务。对于对象—关系模型,我们可以采用推理的方法,因为它包含了两者的相关成分。

设计概念数据库:关系模型

地图库中采用分层结构是十分重要的,这个分层结构会影响数据库的维护、数据查询和总体性能。确定每个数据层的内容是概念数据库设计的一部分。如何组织好数据层取决于如何使用数据。在你准备 MIDL 时,你需要考虑周全。(浏览完下面的术语后,重新检查你的 MIDL,并对其进行必要的修改。)在设计分层时,你要考虑到很多因素,其中一些因素我在此已明确。

图层

图层是地理要素(如地块、道路、水井等)的逻辑分组,也可以视作一个覆盖层(coverage)或是一个专题层(theme)。

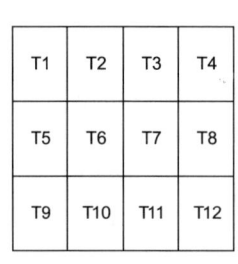

规则的任意格网是一种简单方便的结构,对于点或多边形数据尤为合适

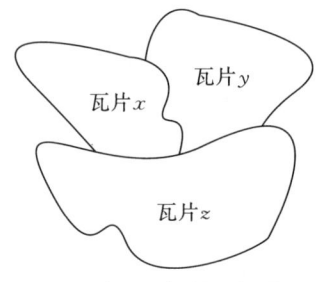

瓦片可以有不规则形状

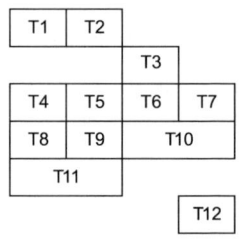

瓦片可能是离散的

图 9.5 瓦片结构选项

首先,检查一下 MIDL 并编辑出一份包含了全部必要图层的最终清单。一开始你就需要完成图层命名的规定。要为每个图层取一个特有的(希望具有描述性)

名字。一旦这些图层名得到了 GIS 团队的认可并公布给整个用户群体，这个命名规则就会在整个概念数据库设计中被严格遵循。以描述性的方式对图层进行命名能使图层内容更容易被认知，因此这是一种很好的做法。

瓦片结构

如图 9.4 所示，瓦片结构是 GIS 数据的空间索引，它是你的设计继续进行之前另一个必须完成的工作。由于系统检索地理数据，因此瓦片能提高访问速度，你可以只搜索当下感兴趣的区域而非全部。请记住，由于 GIS 数据集比较大，我们要努力减少计算机开销。一旦瓦片结构确立，要改变它的耗费将十分巨大，所以就要仔细考虑瓦片的选择。例如，采用诸如道路这样的实体构造你的瓦片结构，比采用会随着时间推移发生改变的政治边界来构造瓦片结构会更好一些。

类似美国地质勘探局（USGS）的四边形这样的抽象格网，也是一种稳定、标准的瓦片结构。如果 IPD 显示你最重要的应用需要通过四边形来进行访问，那么采用四边形作为瓦片单元就可能会大有裨益。

地图投影

所有地图库中的数据层都有一种坐标系。数据可以来自不同的投影，但在数据被添加入库之前，它们需要投影到一个相同的坐标系统中。这是必须的，否则当你绘图显示时，不同坐标系统或投影的数据将不在同一空间中显示。

单位（英制或公制）

地图库要使用一组单一的地图单位。有时你所选择的地图投影和坐标系统会决定你要使用的单位。譬如，国家平面坐标系（state plane coordinate system，SPCS）一般用英尺来储存数据，而通用横轴墨卡托投影（universal transverse Mercator projection，UTM）用米。

精度（单精度或双精度）

数据的 XY 坐标储存精度是非常重要的。检查一下你的 IPD，确定你所在的机构需要哪一种精度。坐标要么是单精度实数（6～7 位有效数字），要么是双精度（13～14 位有效数字）。你选择的精度同样也会影响数据储存需求，如你可能预料到的那样，双精度需要更大的数据储存空间。

要素（实体）

如果可能的话，你可以对图层的要素进行组织，使点、线和多边形储存在不同的图层中。例如，在一个图层中你可能储存地块（以多边形表示），在另一个图层中储存道路(以线表示),而在第三个图层中储存消防栓(以点来表示)。(目前,也会遇到基于单元格网的图像。)

要素也应按专题来组织。例如,道路和河流都以线条来表示,但若两者表示在同一个线图层中意义就不明确,因为道路和河流是不同的事物,因此要区别对待。

属性

了解关于每个图层要素的属性集。比如,对每一个井位(以点表示)而言,你需要知道如下信息:井位的识别号、深度、管径,水泵型号和每分钟通过的水流加仑量。这些构成了数据元素,它们是关于这个要素的信息产品的一部分,因此你需要将它们作为图层中的属性列。

预期用途

你需要知道数据的预期用途。假如你所在城市的水资源都来自一些公共水井,那你要确定该图层是只包含公共水井,还是也包含私有水井。回顾一下信息产品的描述,以确定每个图层的数据要求,这是非常重要的。翻一翻你的 IPD 文件,它提醒你只需要关于公共水井的信息,那么你就不用把私人水井也作为图层属性加以考虑。

逻辑联系

在设计图层时,需要确保数据图层和生产的信息产品必要的属性文件之间已经建立了某种逻辑联系。寻找逻辑联系,但可能不是关于空间位置的是非常重要的,如果你发现产品需要的逻辑联系,在当前的数据中寻找不到,那你就得执行一些必要任务来建立这些联系。如使用表格间共享的字段来建立表格之间的联系。这个共享字段,比如"宗地编号",作为两个表格都拥有的关键字段,能够把表格连接在一起。

来源

你必须知道,元数据中的文档,即每个数据图层的来源。来源信息将会影响每个地图库的数据标准集。

数据的准确性和标准性

数据的准确和标准确保数据库中的图层能作为有价值分析的源数据。比如,前面我们提到过地图库中的所有图层应该有一个相似的分辨率。如果你忘了某一输入的数据集的分辨率只有1∶200 000,而地图库中其他被数字化的数据集是1∶6 000这样高得多的分辨率,想一想会出现什么情况。在叠加分析中,使用低分辨率的数据集会严重损害输出结果的有效性。更糟糕的是,用户们并没有意识到数据的不准确,会导致一个关键的商业决策其实是建立在错误分析之上的。GIS领导者有责任杜绝此类事件发生,其方法是通过对元数据的缜密记录来确保。

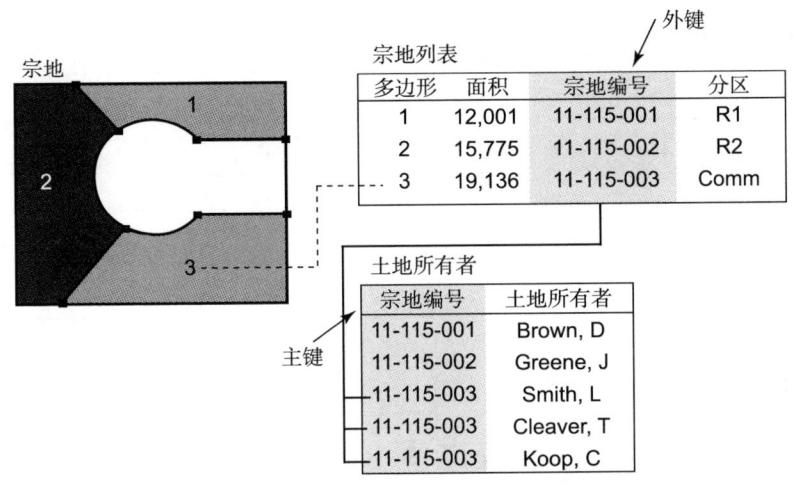

图 9.6　宗地与其所有者之间的逻辑连接

图 9.7 为我们展示了一个典型的市政府 GIS 的图层清单。它显示了图层名称、现实世界中的对象、要素类型和用户的信息产品所需的图层属性。你需要编制一个表格来描述你设计中的所有图层,它可能会比上面的表格长得多。请记住,在一些大型市政项目的 GIS 中,使用的图层达到上百个是很平常的。

图层名称	现实世界中的对象	要素类型	用户需要看到的属性
街道	城市街道	线	街道的名称和等级
街区	普查街区	多边形	不同年龄组的人口数,中产家庭收入
分区	土地利用分区	多边形	分区类型
土地利用	土地利用的实际活动	多边形	活动类型
铁路	主要铁路干线	线	铁路名称
下水道投诉	事件地点	点	地点、时间和事件描述

图 9.7　图层的描述文档

除了要满足数据准确性的标准,你还应该确保购置的系统遵循互操作的主要 IT 标准。如图 9.8 下半部所示。图 9.8 展示了目前所使用的主要标准,这些标准来自于使用频率很高的标准源;你需要知道它们的存在并且也要熟悉一些 GIS 标准的选择。

系统越大,标准也变得越重要。一个企业级系统要采用标准,以使企业系统中的任何一个部分都能控制数据库并编写能广泛使用的应用程序。这对于地区级、国家级和世界级 GIS 来说也是不言而喻的。虽然标准还不是技术中成熟的部分,但只要这个问题继续存在,不同机构和许多国家间都要进行大量的工作。

地理信息系统标准	
元数据	数字地理空间元数据的 FGDC 标准内容，ISO 19115
数据内容	FGDC 模型框架、ArcGIS 数据模型
空间数据格式	SDTS、GML、VPF、KML、Shapefile、ISO-S57
基于 Web 的空间服务	WMS、WFS、WCS、CS-W
空间数据管理	SQL 简单要素协议；OLE/COM；CORBA；ISO 19125：1，2；ISO 13249：3
信息技术标准	
网络服务	XML、WSDL、UDDI、SOAP
网络协议	NFS、TCP/IP、HTTP
API 软件	JAVA、NET、CORBA、COM、SQL
已有标准	安全保障：GeoXACML

图 9.8　互操作性相关标准

设计概念数据库：面向对象模型

采用面向对象方法进行数据结构建模时，你可以使用类的概念将具有相同属性和行为的对象进行分组，它是一种不同于关系模型地图库中分层方式的一种模板。从你的数据中抽取确定类，是重要的第一步，这个与众不同的概念数据库设计模型为我们提供了一种思考对象的新方法。

对象代表着真实的事物，然而一旦对象成为某个类的一部分，它就变得比真实的事物更灵活，就像一个可以从账户上减去钱的银行账号。对象有点像装有数据和行为的胶囊。一旦你将每一类分组为一个模板，模板中的对象就变成了该类中保留了其独特性的实例。然而，作为类的一部分，它提供自身的优势。类可以被无限嵌套和继承，从另一个类中获得属性和行为，这些属性和行为会自动地从所有层次的嵌套中进行累加。由此产生的树状结构被称为类层次结构。

一旦你确定了类，你可以绘制出其他对象之间存在的各种关联的图表，这是另一个关于面向对象模型的重要概念。确定类使得你能够绘制出你所需的关系图，接下来，你可以绘出你的数据库设计图。

关系

关系描述的是对象之间怎样彼此关联。关系为创建、修改和删除对象定义了规则。有几种关系能用在面向对象的数据模型上，包括以下几种。

• 继承(inheritance)使得一个类能够继承一个或更多其他类的属性和行为。继承了属性和行为的类被称为"子类（subclass）"，父类则被称为"超类（superclass）"。除了它们继承的行为，子类还可以增加或拒绝所继承的属性和行为。超类可以被称为是其子类的泛化(generalization),子类是其父类的特化(specialization)。如房屋是建筑物的特化,建筑物又是房屋的泛化。房屋类能继承建筑物类的属性和行为,像楼层数、房间和构造类型。

• 关联(association)是对象间的一种普通关系。每一种关联,或是多重关联关系,定义了与另一个对象具有关联关系对象的数量。例如,有种关联可能告诉你对象"所有者"能拥有一幢或多幢房屋。聚合(aggregation)和组合(composition)是关联的特定类型。

• 聚合(aggregation)是关联的特定类型。对象可以包含其他的对象,因此聚合是将不同的对象类集合在一起,变成一个聚合类,一个新的对象。这些新的组合对象是非常重要的,因为比起简单的对象来,它们不仅保持了简单对象的完整性,而且能表示更复杂的结构。比如,建筑物对象可以被聚合成一个符号对象。但如果你删除了符号,建筑物却还依然存在。

• 组合(composition)是关联的另一种特殊形式。这是一种更强的关联关系,在这种关系中,被包含的对象类能够控制容器对象类的生命周期。例如一幢建筑物是由地基、墙和房顶构成的。如果你删除了地基、墙和房顶,这意味着你就自动地删除了这幢建筑,这就不仅仅是一个符号而已。

类图

类图是按照面向对象模型来对概念数据库进行设计的图解说明。类图能通过阐述数据库中的类和关系来帮助你勾画你所需要的数据模型中的关系。以下四个类图说明了如何图解类、属性、方法和它们的关系。这些图解采用表达对象模型的标准标记法,它们是基于统一建模语言(UML)而建立的一种新标准。

回顾一下,类是一组相似对象的集合。每个类中的对象有相同的属性和行为(换言之,即一组具有相同界定的属性和方法或操作性能)。在图9.9中,名为"宗地"的类的要素属性包括多边形、大小和分区,并且它能够执行这样一些行为(或方法):计算税金、分割地块和合并地块。

继承或泛化是一种与类或超类一起共享对象属性和方法的性能。继承能够通过修改一个已经存在的类来创造一个新对象类。

前面提到过,关联表达了类之间的关系。特殊类型的关联是聚合和组合,它们的优点需要进一步探讨。

聚合是一种不对称关联,来自某一个类的对象被作为一个整体,而来自其他类的对象被作为一个部分。对象类能聚集起来创建一个聚合类。比如,聚合类的"特征"能够由聚合的"地块"类和"住宅"类(见图9.10)来创建。

组合是一种更强的聚合形式,来自整个类的对象能够控制附属类的对象的生命周期。如果构成整体的对象被删除,则组成整体的附属对象也会被删除。

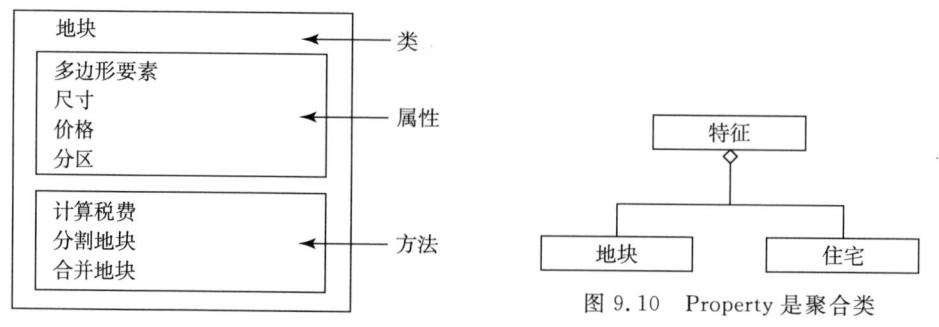

图 9.10 Property 是聚合类

图 9.9 "类"可以做什么

在图 9.11 中,你会看到关于水要素的"网络"类,"溪流"和"运河"是附属类。当你删除网络时,组成这个网络的对象——溪流和运河也会被删掉。

多样性定义了可与另一个对象具有关联关系的对象的数量。在图 9.12 中(采用 UML 的符号标记),我们可以看到每个水阀门都有一个参考文件,反之亦然。相反,一个泵站可以有多个水泵与它关联,但每个水泵只能在一个泵站。虽然这可能看起来很明显,但规则系统使面向对象建模更有力。

我们来看看图 9.12:一根电线杆可以没有或者拥有一个变压器,但一个变压器却不能选择 0 根电线杆。最后,我们可看到一个所有者可以拥有一个地块或多个地块,而一个地块也可以有一个或多个所有者。

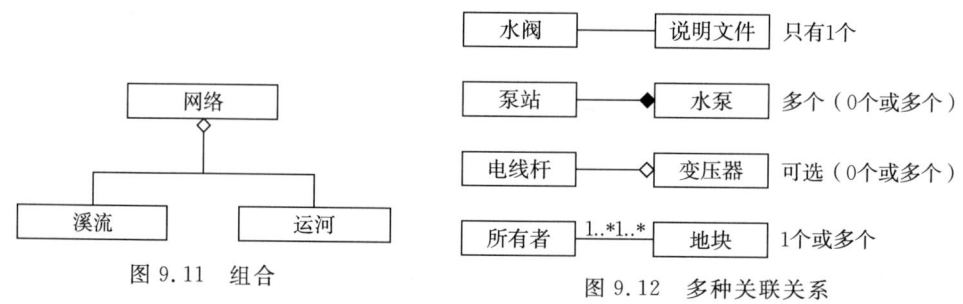

图 9.11 组合

图 9.12 多种关联关系

第 10 章　确定系统需求

让系统需求一开始就正确无误,正是成功 GIS 规划成熟之处。

现在你要设计一个技术系统来处理你已经明确的数据和功能。在第 9 章中,你学习了如何为你的数据进行概念系统设计,现在你将为技术创建其概念系统设计。通常而言,这两个设计过程可在大致相同时间内进行,因为了解你所需的功能能够有助于确定它所需要的技术。当我们在为一种技术构想其系统设计时,我们的重点应该放在一套技术(包括硬件、软件、网络等方面)的定义上,这样可以在创建所需的信息产品时充分支持系统功能的需要。此时也正是考虑分布式 GIS 和 Web 服务的含义的时间和场合。

本章旨在阐述技术系统中基本组成部分之间的关系,其目的在于帮助你根据你自己机构的特定需要来考虑 GIS 环境。事实上,从硬件、软件、数据、网络或是员工观点,以及系统设计与配置方法都应相互统一协调。每个 GIS 项目都是独一无二的。本章将引导你穿梭于规划一个系统技术的多种方式之中。每个机构都是不同的,将 GIS 与工作业务相集成并没有什么现成的模式,因此当你向管理层提出你的建议时,你必须有自己的专业判断。

首先,我们要进行软件的选择。接下来,在审查一些架构替选方案之后,我们将用一个具体的例子(一项为期三年的虚拟罗马城市的"案例研究")来说明确定平台和高峰操作期网络负荷量的方法。最后,平台的规模与成本模型将向你展示一种估计所选硬件成本和需要包含在你的初始设计文档中的信息的方法。假如你打算负责接下去的软硬件的采购和 GIS 的实施,那么将所有的概念都记录在案是很重要的一步。

软件的选择

与其他系统组件一致的是,软件程序会配合输入数据集和生成信息产品来安排必须的计算机操作。通过这些总计需要的功能,和那些对工作流十分重要的突显功能,你能确定你要求软件程序所具备的功能。功能的类别和总汇结果将提供你功能需求信息,当你的建议被批准之后,功能需求将提供给软件供应商。

基本上,在你的计划中,你必须想到你的软件能实现你所需要做的工作,并能够在绝大部分情况下稳定高效运行。因此,你必须首先确定那些功能并明确功能的数量，而不是认为每个 GIS 程序都会具有这些功能。你可以购买最新的软件，但如果它缺少一个必需的功能，那你就是在浪费钱。或者如果某些关键功能在执行时速度和效率差强人意将会怎样？这也是很关键的问题。例如，当你知道你经常需要公共工程部门获取重要数据，你就不会去理睬那些数据输入不便的软件程序。将你所需功能的类型和数量进行一个汇总，然后根据工作流程和频率将其分类，这样可以让你选择软件时使你的计划能够顺利进行。

总结功能需求

这份总结仅仅是一份清单，它显示了在某一指定年份，每一个功能及为了能够实现这种功能软件程序被调用的次数。在第 6 章中，你已经确定了将数据输入到系统之中并生成每个已确定的信息产品所需的功能。在 MIDL 和单个的 IPD 中，你列举出了这些功能需求。你此时的工作非常简单：审核 IPD，并对一种特定的功能在一年间用于生产全套信息产品所调用的次数进行统计。除此以外，添加到这份总结中的还有在 MIDL 中确定的其他的数据输入功能（如数据导入和转换功能）。其结果被称为"完整功能使用（total function utilization）"；这份总结不仅仅对被调用的特定功能进行命名，而且还包括量化每一种功能在第一年将被执行的次数（更多关于功能使用的内容见第 53 页）。

出于规划的目的，你可能需提前预测，特别是预测你所在机构对于某种信息产品的需要将会随着时间而发生改变。回顾在第 6 章中为期 5 年跨度的计算，它包含了你所预见到的在此期间的任何时候被调用的每一种功能，包括在第一个 5 年中将要输入的所有数据集（基本上都有），再加上其他系统基本功能。

另一个选择就是在逐年基础上评估每个功能的使用情况。第一年、第二年、第三年这种统计是有用的，特别是如果你期望在一个系统运行的头几年内只要求些有限的功能，而当你的机构随着时间的推移而发展时系统需求将达到一个更高的水平。

对系统功能分类

对系统功能进行分类，是突出你操作中最为重要的那些功能的一种方式，便于你选择符合你特定需求的软件。看一下功能应用汇总情况（在第 53 页上的"使用频率"中）可知，使用最频繁的就是那些执行基本工作的功能。无论你的主要功能是什么，这些功能都是系统操作中基本的。通常，你会发现一个或一小部分数据处理和分析功能使用的频率特别高。这些功能是基础的，你的系统在很大程度上都要依靠它们。这些是第一类功能。你最终选择的软件必须能够很好地运行这些功能。任何不能提供优化方便和高效运行的第一类功能的系统，都将不予考虑。

找到最不常使用的功能同样很简单。请看图 10.1 中集中于右侧底部的那些功能。这些很少使用的功能对于个别操作是十分重要的，因此它们应被保留在你的系统中。需要具有但不要求高效的功能称为第三类功能。

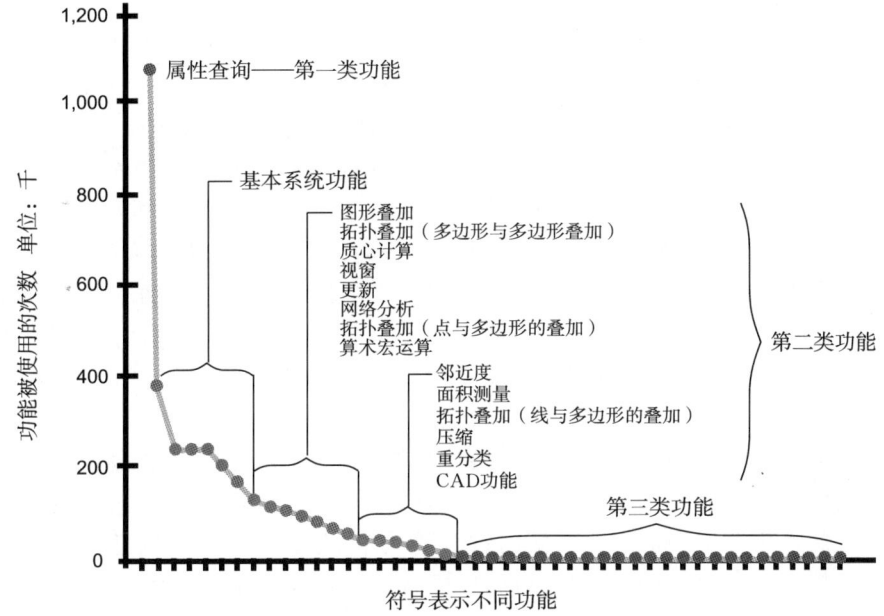

图 10.1　对生产信息产品的功能进行分类

剩余的那些(在图 10.1 中间)是被广泛使用的重要功能,即第二类功能。在系统进行采购前的基准测试中,第二类功能应该进行完整测试。它们必须既合适又有效。

记录你整个系统所需功能的分类,包括 GIS 及这些功能的使用频率。当你准备购置系统时,你可以向厂商提供这份文件,一份支持软件选择客观标准的清单。请注意在采购过程中,只有列于清单中的功能才考虑。这有助于你把握问题的关键。

在规划中你使用的这些值只是一个估计值,因此当你发现它们偏差为 20% 或 30% 时,不必感到惊讶,你应该预料到在 5 年内方法学和信息产品会有变化。意识到在计划的过程中已经留下了一些变化空间,这样你的技术设计就能够适应功能需求方面±30%之内的变化。其目的是为了避免 200% 或 300% 的错误和浪费数千甚至数百万美元在不完善的系统上。

接口与通信技术

你已经在 MIDL 中,通过数据集的名称和关系对数据集进行了了解,现在让我们进一步来熟悉这些内容。如果要确定一个合适的系统接口和网络通信配置,你需要了解主要数据集在你所在机构和其他机构中存储维护的位置,以及它们如何与你互通的过程。

选择系统接口

你很可能需要将你所在机构中的许多已有数据库连接到你的 GIS。如果你经常访问这些数据库，你需要每次的访问能够快速无阻。选择一个系统接口的决定因素是访问的频率和速度，并且与所涉及的数据格式是否兼容也有关系。

请注意你的 GIS 是否需要如此频繁、重复和高速地访问主数据库。在理想情况下，这将是一种简单的"彼此聊天式"双向链接：你可以获得数据并发送不同的数据。但并非每个对接都是天作之合。想想那些城市信息系统中的人们，他们想要把公用事业的账单记录与 GIS 中的地籍数据库链接起来。如果两个数据库以不同的格式进行存储，那时你可能需要特殊的接口软件或是需要编程才能完成的定制软件接口，来实现这种链接。在初步设计文档中，你要评估一下这个编程将会花费多少时间和金钱。

你可能会考虑使用复制软件或转换功能作为数据源的接口。确立某种程序来支持数据传输的频繁发生是另一种选择。有时，数据库技术的所有这些讨论，会使得你所在的机构意识到他们正在使用过时的技术，并引发整个机构迁移到一个新的标准数据库平台上，在那儿的所有的应用，包括 GIS，也将成功地运行。事实上，GIS 本身越来越多地被选择作为一个集成软件。

很可能，自定义接口需要得越来越少，因为新的面向服务架构（SOA）在现实中已经占据主导地位。SOA 策略是为每一个业务单位提供 Web 服务，换句话说，业务系统或部门之间的接口将通过标准的 Web 服务协议，而无需自定义接口。

网络通信

网络连接提供了通信连接，使你既可以访问数据也可以在整个机构内分配数据。例如，在一个典型的市政部门中，会使用一台集中式服务器存储数据。公务员通过他们的台式电脑从服务器那里得到所需的数据来执行自己的工作流程。该网络可能会考虑到现有的工作流程而进行配置。但在生产可以使工作流程流线化的信息产品时，GIS 可能会改变某些事情的操作。

无论你是以单个部门或整个机构的视角来考虑 GIS，它的运行可能对现有网络产生重大影响。值得注意的是，GIS 需要在网络上移动大数据和复杂应用，这就必须考虑到繁重的流量问题。网络能够提供如同城市道路一样作用的共享通信段，但是它一次只能支持一个通信包。因此，为了在通信负载的峰值时期容纳多个通信过程，这些数据包必须列队等候。令终端用户沮丧的是他们知道数据在服务器上，但他们必须为检索和更新等待几分钟。随着更先进技术的出现，只有当累积的网络流量超过可用网络容量大概 50%～75% 时，才会经历这样的流量延迟。尽管如此，如果超过了 75%，网络就会成为系统性能的瓶颈，并使用户等候时间延长，就像是驾驶员被困于高峰时期的交通中一样。

数据容量和数据传输速率

GIS 数据通常被视为大文件尺寸以及通过网络共享的典型,这里的网络是指简单地以分享为目的的一组相互连接的计算机。基本上,一个 GIS 技术系统的目的就是迅速地将数据从这里移到那里,并且使其以同样的形式留下来。网络宽带加快了前者(从服务器到用户的数据传输)的速度,而后者(处理过程)被留在 CPU 或中央处理器中(通常在由服务器管理)。数据依靠这些组件进行快速地传播。

在实施 GIS 规划时,你需要考虑你所在机构对由存储技术提供的数据容量和由可用网络宽带或网络流量能力确定的数据传输速率的要求。数据容量是指多少数据能够被储存;同时,它用来衡量 GB、TB 或是 PB(或者甚至是 EB、ZB、YB)。服务器能够存储大量的数据,但就像你自己的台式电脑,服务器只能存储磁盘空间允许的那么多数据。一个小型自治市可能只需要 40~80 GB 的磁盘空间,以满足其数据存储需求。而像美国人口调查局所管理的一个大型数据仓库,可能拥有 TB 级的容量来存储数据。

不管多少数据能够被存储,假如它不能在合理的时间内投入应用并与用户分享,它的大小就毫无用处。这就是数据传输速率发挥作用的地方,或数据流量可以通过网络服务器快速分发的表现。充足的网络宽带容量必须能够在高峰期时支持这些数据传输负载。

请注意网络上的数据传输率是根据每秒多少比特来度量的。当存储在磁盘上的数据量转换为网络上的数据流量时,该公式是 1 Mbyte 等于 10 Mbit(每 8 bit 的数据有 2 bit 的网络协议头文件开销),56 Kb/s 相当于 56 000 bit/s,因此 10 Mb/s 相当于 10 000 000 bit/s。所以,一个 10 Mb/s 的局域网每秒可以支持近 180 次的传输,比一个 56 Kb/s 的广域网传输更多的数据。

由于对通信单位的误解往往会让人产生误会。但难对付的事情就是在这些真正的细节中,特别是当你对一个足够大的网络带宽着手规划时。切实了解什么是数据传输速率是 GIS 规划的一个重要方面。数据传输速度总是相同的(就像光速),只有带宽或吞吐量,是不同的。吞吐量十分重要;因为网络流量累计达到吞吐量的 50%~75% 时,就会由于较高的传输速率频繁冲突而出现明显通信延迟的情况。

频繁使用的应用程序的高数据负荷,足以使小型网络连接受阻或者使连接更慢。技术的进步生产出了 GIS 服务器,它旨在最大限度地减少数据传输的负载量。这些服务器对数据进行处理并只分发处理结果,而不是简单地传输所有的数据。

通过这种自主运行应用程序的服务器,你的 GIS 用户可以通过现有网络或是将网络稍微更新之后来访问数据,或者你可采取一个全新的网络系统。你可以通过本章后面所提供的方法,使用你的数据和具体需求的信息,预估出适合你的 GIS 的带宽。在计算过程中,你需要将所在机构的发展状况也考虑在内。一种最谨慎的办法就是你所有的计算中预测最高的数值,以防万一,在此基础上再加上 20%。

网络存在两种基本类型:局域网(local area networks,LANs)和广域网(wide area networks,WANs)。局域网支持近距离的高速宽带通信。它们通常在一栋建筑物内部或其他局部环境中,如一个校园中提供高速的数据访问。而广域网支持远距离之间的通信。例如,在城市办公楼中文件服务可通过广域网与外地的办事处分享数据服务。广域网使用不同的协议,由于兴建远距离数据传输的通信基础设施所用的费用原因,广域网通常比局域网环境下的宽带低得多,并且更加昂贵。互联网的本质其实就是一个全球性的广域网。

客户端—服务器架构

最常见的是,在网络上传输数据是通过某种形式的客户端—服务器技术实现的:客户端要为应用请求数据,服务器将数据传给应用。信息的传输依赖于一种共同语言,该语言能够支持信息发送者和信息接收者之间的双向通信,它称之为通信协议。系统客户端—服务器架构类型的选择将决定使用哪一种通信协议。

下面描述了四种基本类型的客户端—服务器架构,每种架构都有与之相关的协议。通常你会发现"重量级"客户使用前两种架构生成自己的信息产品,而这两种架构支持数据服务器与应用客户端之间的数据传输。后面两种架构,从应用服务器上将地图显示传输至显示客户端,通常不需要像前两个架构那么多的带宽,因为它们只有很少的数据需要进行传输。(与生成信息产品相比,显示信息产品所需的数据少些)。

中心文件服务器与工作站客户端

中心文件服务器通过网络与计算机工作站进行数据共享。应用软件则驻留在工作站上执行数据查询和地图绘制功能。由于对带宽有较高的要求,这种类型的配置最好是部署在局域网中,它可以在较短距离内提供更多带宽(如校园或地方机构)。这种网络架构常用的磁盘安装协议是网络文件服务(UNIX——network file services,NFS),服务器消息块(Microsoft Windows——server message block,SMB)和通用互联网文件服务(Windows——common Internet file services,CIFS)。所有这些磁盘安装协议都是标准的 TCP/IP 协议。

中心数据库管理系统服务器与工作站客户端

中心数据库管理系统(database management system,DBMS)服务器也可以与

计算机工作站通过网络实现数据共享（如图 10.2 所示）。该应用程序软件驻留在工作站上执行地图渲染功能。DBMS 从服务器中取出数据，但仅将支持客户端显示所需的数据进行传输。相比前一种配置，该配置显著地降低了对网络的需求。然而，由于它仍然需要在 DBMS 服务器与客户端应用程序之间传输大量的数据，它也最好部署在局域网中。（在将数据转移到工作站客户端之前，搜索引擎会对数据进行压缩，而工作站客户端会对其进行解压缩。）这里应用的是标准的 TCP/IP 协议。

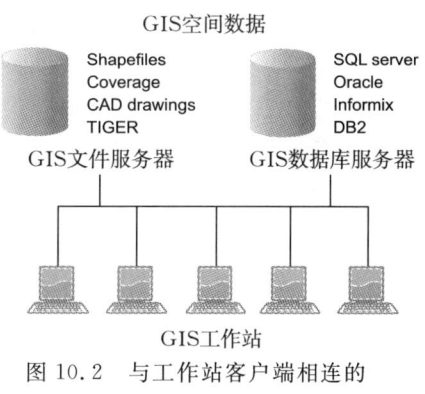

图 10.2　与工作站客户端相连的中心式服务器

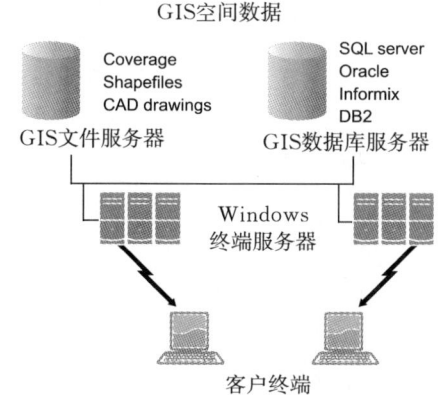

图 10.3　与客户终端相连的集中式应用处理

集中式应用处理与客户终端

在这种配置中（如图 10.3 所示），数据和应用软件都被存储和运行在位于计算机机房的服务器上。终端工作站远程显示和控制在终端服务器上运行的应用程序。可是这种"哑巴式"终端首次为人们提供了计算处理。从服务器端传输到客户端的唯一数据是作为结果的显示环境，它显著地降低了网络带宽需求。这种类型的架构让它很好地适应了广域网环境。与这种网络架构相关的常用协议有远程桌面协议（Windows——remote desktop protocol, RDP），独立计算架构（Citrix——independent computing architecture, ICA）和 X.11（开窗显示协议——Open Windows display protocol, UNIX）。

Web 事务处理与浏览器或工作站客户端

应用程序和数据文件均驻留在计算机机房的服务器上。地图服务器通过因特网或安全的本地局域网提供信息产品，即数据和地图，给 Web 浏览器或其他"瘦"客户端（如 Java 应用程序）。这种架构（如图 10.4）能够让单一应用程序为大量随机的 GIS 用户事务提供同步支持。与这种网络架构相关的协议是超文本传输协议（Hypertext Transfer Protocol, HTTP）。

每一种通信架构都有各自的优缺点。如果信息产品必须通过广域网快速地生成，例如为突发响应制作定位地图，此时集中式应用程序和客户终端架构是可行的。如果应用性能并非重点，其重点是具有让大量用户共享信息的能力，那么

Web 事务处理架构就是非常合适的。如果用户要求在访问大量数据集时具有高性能，他们必须对数据进行检验、编辑，然后进行核对，就需要使用支持工作站客户端的中心文件或数据库服务器。但是现在，终端服务器可以提供与桌面端几乎相同高性能的计算能力。请记住，许多机构同时使用这四种架构来满足他们用户群的需求。

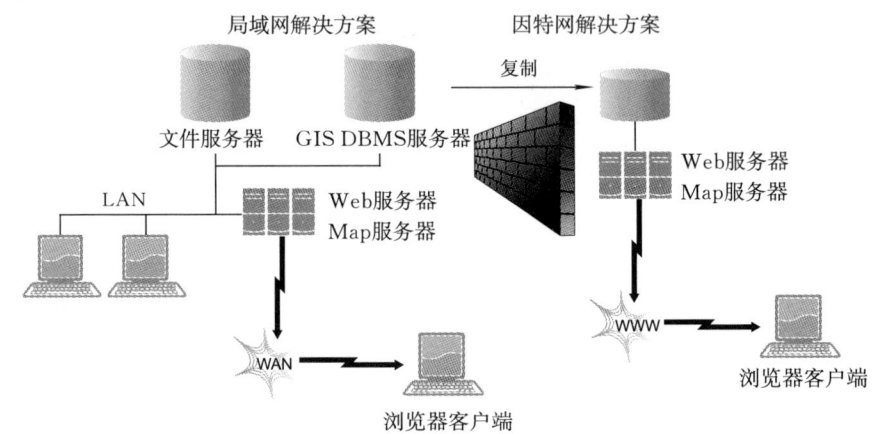

图 10.4　与浏览器或工作站客户端相关的 Web 事务处理

网络性能的一般问题

　　网络是一个特别的，且发展非常快速的领域；许多与网络性能相关的问题都不是本书范围所能涵盖的。下面对于网络性能的讨论是为了让你对网络信息流量问题有个总体认识，它并没有涉及网络工程中繁复的应用知识。

　　你可以使用数据传输容量和网络带宽容量来确定网络传输对预期的用户应用程序等候时间的影响。一个典型的工作站 GIS 应用可能需要高达 1 MB 的空间数据，它们可通过网络生成一幅新的显示地图或进行一个分析。相反，一个以 Web 服务形式或者在一个终端环境中部署的相似程序可能只需要仅仅 100 KB 的数据来支持同样的显示或分析。

　　图 10.5 对比了不同配置条件下数据传输所需的网络时间。它以 MB 为单位对数据传输总量（网络流量）进行了度量，这些数据必须被传输而且它们也影响着数据压缩比和在每种客户端—服务器配置下被调用的通信开销。数据迁移所需的传输时间以五种标准带宽方法进行计算。此图阐述了不同的客户端—服务器配置是如何影响它传输数据所耗费的时间。

　　图 10.5 中的前两个客户端—服务器通信选项是中心数据服务器和工作站客户端的例子。在这一情况中，整整 1 MB 的数据和通信开销从服务器传输到客户端时满足了应用的需求。接下来的两个选项表示 Web 事务处理（Web transaction processing),最后一个则是集中式应用处理和终端—客户端解决方案。后面三种方案使用位于计算机机房内的中心式服务器上的数据和应用软件。当需要 1 MB 的数据来生产信息产品时,从服务器机房传输到终端客户端的仅仅是一个显示结果,它将需要传输的数据量降低至 100 KB。不同协议的通信量是不同的(如图 10.6 所示)。

客户端—服务器通信		网络信息流量传输时间/s						
		广域网(WAN)				局域网(LAN)		
		56Kb/s	1.54Mb/s	6Mb/s	45Mb/s	10Mb/s	100Mb/s	1Gb/s
数据	从文件服务器至 GIS 桌面客户端(NFS/CIFS)	893	32	8.33	1.11	5.00	0.5	0.05
	从 GIS 数据库服务器至 GIS 桌面客户端(TCP/IP)	89	3.2	0.83	0.11	0.5	0.05	0.005
显示	从 Web 服务器至 GIS 桌面客户端(HTTP)	18	0.6	0.17	0.02	0.1	0.01	0.001
	从 Web 服务器至浏览器客户端(HTTP)	9	0.32	0.08	0.01	0.05	0.005	0.0005
	从 Windows 终端服务器至客户终端(ICA)	5	0.18	0.05	0.01	0.03	0.0028	0.0003

图 10.5　2004 年不同配置条件下数据传输所需的网络时间

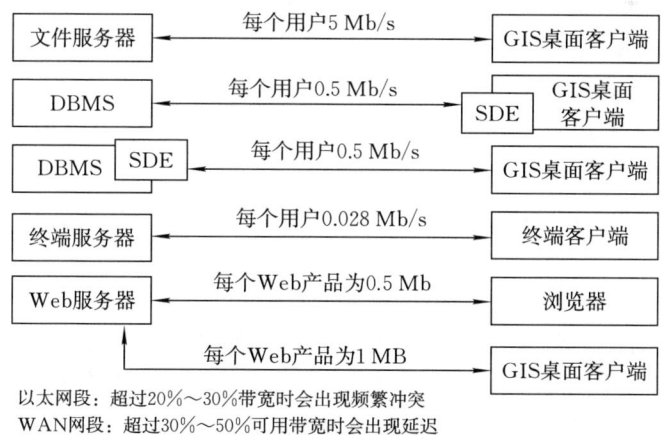

以太网段:超过 20%～30% 带宽时会出现频繁冲突
WAN 网段:超过 30%～50% 可用带宽时会出现延迟

图 10.6　2004 年网络负载因子

当然,在配置系统架构的考量中,第三个权重因素是用户需求。设计系统时支持最大的用户工作流是必须的。另外,网络配置也应该具有足够的弹性以支持那些数据传输超过一般 GIS 用户带宽需求的大客户的需求。图 10.7 提供了一份基于预期客户端负载的网络环境的推荐性设计指导方针。这些指导方针为配置分布式局域网和广域网环境奠定了基础。

局域网带宽	并发客户端负载			
	文件服务器	SDE 服务器	Windows 终端	Web 产品
10Mb/s LAN	2～4	10～20	350～700	150～300
16Mb/s LAN	3～6	16～32	550～1 000	250～500
100Mb/s LAN	20～40	100～200	3 500～7 000	1 500～3 000
1GMb/s LAN	200～400	1 000～2 000	35 000～70 000	15 000～30 000
广域网带宽	并发客户端负载			
	文件服务器	SDE 服务器	Windows 终端	Web 产品
56Kb/s 调制解调器	NR	NR	2～4	1～2
128Kb/s ISDN	NR	NR	5～10	2～4
256Kb/s DSL	NR	NR	10～20	5～10
512Kb/s	NR	NR	20～40	10～20
1.54Mb/s T-1	NR	1～2	50～100	25～50
2Mb/s E-1	NR	1～3	75～150	40～80
6.16Mb/s T-2	1～2	6～12	200～400	100～200
45Mb/s T-3	10～20	50～100	1 500～3 000	700～1 500
155Mb/s ATM	30～60	150～300	5 000～10 000	2 500～5 000

图 10.7　基于最大用户工作流程的网络设计指导方针

确定系统接口和通信需求

既然你已经对接口和通信技术有了一个初步的了解，你可以为你所在机构的系统考虑一个最佳的配置方案。请记住，当你在确定你的系统接口和通信需求时，可以从 IPD 和 MIDL 中获得许多你所需要的信息，就你设想中的系统，可以从以下问题开始询问：

- 如果有任何的外部数据库，哪些外部数据库将在系统中被使用？其格式又是什么？
- 哪些记录需要访问？其频率如何？速度如何？

如果你计划连接到你的 GIS 应用中的任何外部数据库是以不兼容格式进行的存储，你就需要使用接口软件来对其进行访问。所有这些数据集的存储格式都在你的 MIDL 中确定下来了。所需的记录、访问的频率以及等待耐受度都已经在 IPD 中给出了。记录下这些数据库以及你的系统需要多长时间以及以多快的速度访问它们，这样你就可以为获得所需的接口软件制订计划了。

对于你设想中的系统，接下来可以询问这些问题。

信息产品的等待耐受度是什么？

回顾在 IPD 中所规定的等待耐受度。诸如紧急服务应用程序的信息产品的等待耐受度较低，它将需要一个软件技术解决方案来使用户生产率最大化或能利用新型互操作技术的解决方法。

数据位于何方？

想一想计划中 GIS 使用的数据库的位置，并重新检查一下这些 MIDL 中所列举出的数据源。理想情况下，所有的数据都存储在标准环境中的中央数据库中。但现实情况是，数据库经常被存储在遍布机构的不同服务器之中。如果是这样的话，访问数据集的过程会阻碍你的信息产品的生成，你会在服务器技术上寻找到一个解决办法，该办法不仅便于访问数据库，也有利于访问软件和现有的应用程序。

数据处理位置（用户位置）在哪里？在那些地方数据处理负荷（最大用户工作流）如何？

该信息在解决如何通过网络将用户连接在一起时至关重要，并且你已对它有所了解：当你界定系统范围时，你已经确定了可能用到 GIS 数据的所有场所的位置（第 7 章中）。并且，你也确定了在这些位置中用户的数量以及最大用户工作流（见第 68 页）。你已估算了高峰段的信息流量——它来自何方且去向何处。现在你需要评估一下，你所在的机构是否拥有这样的通信基础设施来处理这一切。

当前的网络配置如何？

通过使用来自于 IPD 中的信息产品显示需要数据处理负载（最大用户工作流），你可以估算为高优先级信息产品所需要传输的数据总量（以兆字节或 Mb 计），在此期间要特别注意具有较低等待耐受度的信息产品。将这种需要和将被使用的网络的各部分的现有带宽、流量进行比较。你看到瓶颈所在之处了么？网络访问对于生成和共享信息产品至关重要，因此不要低估你所在机构为适应 GIS 而需要做的工作。

你的目标是对什么是合适的有个粗略的概念。要记住，你只是寻找旨在让你的估计在合理范围内的合理近似解。你的任务是确定能够让系统有效运行的标准，但你不是要成为一名系统管理员。所以，在咨询网络管理员、厂商或是其他在该领域受过培训的人时不要踌躇不定，去多问问他们的意见。配置一个系统有很多种不同的方式。或许不止一种配置选择可以将你的机构运行得很好。

分布式 GIS 和网络服务

分布式 GIS 允许不同地方的多个人同时处理相同的数据,在新的 GIS 部署安装中,它正逐渐成为主流。由于数字数据变得越来越普遍,技术的价格也在下降,分布式模型正变得越来越具有吸引力。有些步骤可以让你评估你最初的假设,更好地了解各种选择及可能的费用。案例研究阐述的主要概念就是最大使用量及最大带宽负荷,来使你对带宽适用性、等待时间、批处理、平台大小和成本进行预估。

首先回顾一下在这个阶段你已经知道的内容。对每一个部门和业务工作流程而言,你已经确定了信息产品的复杂度和所用数据集的数量和大小。同时也确定了将会生成信息产品的用户总数和将同时工作的用户总数。对于机构中的每个地点,可以将其用户总数和具有高、低复杂性的并发用户数量,以每个位置每小时内的请求数量度量的最大网络使用量都列入一张清单之中。这与图 7.6 中确定的每个用户位置的清单非常相似。

为了显示你如何使用这样的列表来为你自己的系统设计进行建模,我们建立了一个称为"罗马"的虚拟城市的现实"案例研究"。这个例子阐述了一种方式(还有其他可选方式)来评估平台的规模和所考虑的系统架构配置所需的网络带宽。(当你查看完这些细节分析之后,我们将在此规划阶段考虑更多的因素,此内容续见第 149 页。)

平台规模与带宽需求

所需计算机的规模的计算和所需通信带宽的可用性是基于在任何时间段对系统上最大用户数量的估计。对于每个用户的工作量和在特定时间内数据处理容量的估计,已经发展出了一套经验法则。你可以使用这些"法则"或是方法来处理平台规模,在此过程中要使用类似下面的性能模型;对于不同系统的系统架构,它们可以将最大用户数量转化成 CPU(处理器内核)的数量。(每台服务器内核的平台内存被假定为 2 GB 大小。)

罗马市最初的系统设计支持第一年和第二年的硬件选择,它是在 2004 年开始建设的。这座典型城市所完成的用户工作流程和相应的 2004 年硬件性能高低模型如图 10.8 所示。

你可以运用这些由许多经验发展而来的类似指导方针,来预测你的网络将必须支持的信息容量并为其规划一个足够大的带宽。这些不同工作流程的网络负荷的指导方针已经在图 10.8 中给出了。请注意桌面客户端—服务器的工作流量是用每个用户 Mb/s 来计算的,而 Web 服务用 Mb/Web 产品来计算。

平台	每个 CPU 性能	内存
GIS 文件服务器	30 个客户端/CPU	2GB/CPU
数据库服务器		
数据服务器上的 Web 事务负载	每小时 1 600 个事务处理等于 1 个数据服务器客户端	
因特网 Web 服务器	每小时/CPU 文件服务器数据源有 6 000 个事务处理	1GB/CPU
	每小时/CPU 数据库服务器数据源有 12 000 个事务处理	
Windows 终端服务器	文件服务器数据源 6 个 GIS 桌面客户端/CPU	2GB/CPU
	数据库服务器数据源 7.5 个 GIS 桌面客户端/CPU	

图 10.8　2004 年性能规划模型

网络流量指导方针是建立在以下架构类型基础之上的。在此我们涵盖了五种架构。

（1）文件服务器客户端。标准的 GIS 桌面客户端，它访问来自于文件服务器数据源的数据。

（2）数据库客户端。标准的 GIS 桌面客户端，访问来自于 DBMS 数据源（正如罗马城市案例中所使用）的数据。数据模式的应用接口是通过搜索引擎（如 SDE）提供的，这种搜索引擎是由 DBMS 服务器或者 GIS 桌面端提供的。

（3）终端客户端。访问运行在 Windows 终端服务器上的 GIS 桌面端软件（罗马市案例中所使用的）。

（4）浏览器客户端。访问标准的 Web 图像地图服务（罗马市案例中所使用的）。

（5）Web GIS 客户端。访问标准 Web 图像地图服务的 GIS 桌面客户端。

对于这些，我们已经认同了某些关于每次查询数据平均大小的假设，其中包括了压缩应用百分比。（网络负载因素是基于平均显示复杂度，如果超过了平均复杂度将会引起更高的数据传输需求。）网络负载因素可以被用于估计高峰时段每秒流量负载的大小，这个大小是以每个客户端工作流每个用户和 Web 产品每次查询的 Mb/s 来度量的。

根据已掌握的网络负载因素，以及你已经明确了的数据源、计算机和用户的位置，你可以估计你所在机构在头几年为了运行 GIS 所需的平台规模和网络带宽。让我们来大致了解一下始于 2004 年的罗马市案例的设计者是如何做到这些的，然后你便大概知道怎么做。

罗马市案例研究

根据图 10.6 和 10.8 的指导方针，设想自己是一个大型机构（如一个城市）的 GIS 规划师，然后正如这项案例研究中那样，通过使用一个简单方法来为你的系统设计规划确定平台规模和网络适宜性。之后,你的手上就会拥有属于自己的列表,这样你就可以利用你已经收集的资料,在预计用户工作流的基础上,看看这个方法是否能够在你选择平台以及分析网络带宽需求上奏效。你自己的分析结果也许就像这个案例中的那样,会为你提供硬件成本并记录基础设施实施的需求。它会是你最后向管理层汇报你的计划时的关键步骤。

开端:第一年和第二年

在需求评估中,城市部门的经理确定了为了支持他们的业务操作的特定需求。第一个任务就是收集第一年和第二年的需求,并得出预计的每个业务工作流的最大用户负载。为了支持你的系统负载分析,你还得需要确定用户位置和网络连接。

第一年用户位置和网络连接

我们已经计划,GIS 在第一年间将充分利用现有的城市通信框架。所有的 GIS 用户将会使用服务器上的搜索引擎功能与中心式 GIS DBMS 联系在一起,这样他们就可以使用现有的城市系统网络配置和带宽。有些人将会通过 Windows 终端服务器,还有些用户会使用 Web 服务来进行连接。图 10.9 列举了开始阶段的用户位置和网络通信情况,2004 年,也就是第一年的位置配置。要分清基本现实和 GIS 将会引发的情形。

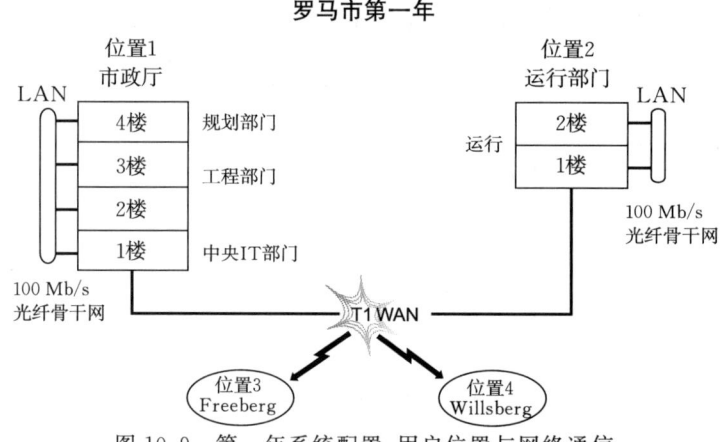

图 10.9 第一年系统配置:用户位置与网络通信

预估用户需求

图 10.10 中的数据表明罗马市第一年 GIS 的用户需求。作为罗马市的规划人员,在第二年甚至更久以后随着城市需求的变化和增长,在系统将如何变化的预测中,你将使用到这些值进行比较。你还将会用这些数字来预估业务操作的高峰期的网络信息传输需求。图 10.10 中包含了部门使用量的预测值,这对于规划是十分有用的,因为在你进一步评估平台容量和所需带宽之前,需要部门经理签署这项设计方案。

第 10 章 确定系统需求

罗马市第一年				用户总数	最大使用量		Web 请求/小时
					处理复杂性		
部门	工作流程	IPD	用户类型		高	低	
位置 1 市政厅							
规划部门	规划分区	1.0	规划人员	20		8	
		1.1	Web 服务				2 600
	规划审核	1.2	检查人员	20		10	
		1.3	评估人员	15	8		
		1.4	监督人员	2		2	
		1.5	Web 服务				600
工程部门	下水管网回水	2.1	工程师	4		3	
		2.2	Web 服务				800
	电力中断	2.3	电力工程师	13	6		
		2.4	监督员	2	1		
		2.5	Web 服务				600
	道路维修	2.6	现场工程师	10		4	
		2.7	合同	4		4	
市政厅总数				90	15	31	4 600
位置 2 操作							
操作	清除程序	3.1	服务人员	4		2	
操作总数				4		2	
外地办事处(WAN)							
位置 3 Freeberg	检查	4.1	现场工程师	40		30	600
位置 4 Willsberg	检查	4.1	现场工程师	30		20	600
远场总数				70		50	1 200
城市总数				164	15	83	5 800

图 10.10 第一年用户需求

由于你想要规划一个可扩展的系统,这个系统会根据你的用户需求的增长而平稳发展。你必须预料到这种增长,这样就可以从适合扩展的网络带宽与平台规模着手。所以现在,你需要预估罗马市中你所在机构的用户对 GIS 第二年的需求。

在相同类型的表格中,制定你对第二年的预估情况。也许你会假设新部门将需要访问 GIS;也可能出现特殊的需求,如在中央计算机与警方计算机之间建一道防火墙。为操作扩展至 911 紧急服务和机动车辆制订计划;需要为新增的远程位置提供服务。

对于所有这些,你需要考虑第二年的扩展架构。为了满足罗马市日益增长的需求,你会用什么方法来提高系统性能呢?这一切可能会确认你的想法,那就是在第一年的规划中,你明智地建立了一个具有可扩充性的系统,这个系统可以根据你所在机构的发展而发展。确保你反映出了部门关心的需求。

第二年用户的位置和网络连接

罗马 GIS 项目的第二年将会维持中心式计算环境,并且 GIS 操作将被扩展,可通过城市的网络连接来新增三个远程点和移动访问操作。该系统将安装必要的防火墙来保护警察局的数据资料(见图 10.11)。城市数据库将在警察部门被复制,以便将此数据库与他们的机密数据相结合,为他们的办公人员所利用,并且通过无线连接,为警车提供独立服务。

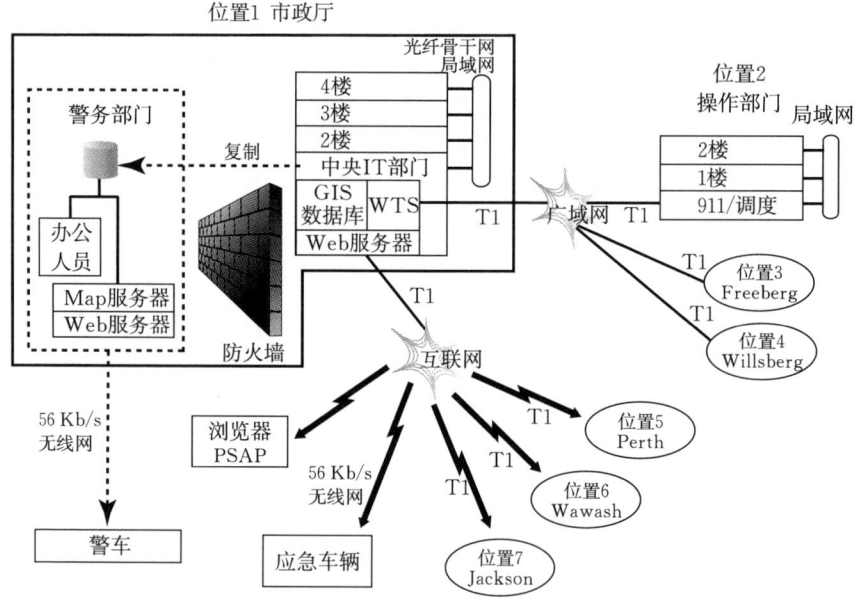

图 10.11　第二年系统配置:用户位置和网络通信

目前服务于市政厅的操作基于一个 T1 广域网连接,但现在市长提出 911 紧急服务将在第二年得到落实。市政厅 GIS 数据服务器掌管着应急服务数据,对于这些数据,应急服务桌面客户端只能间接地通过市政厅的 Windows 终端服务器 (Windows terminal server,WTS)群访问,市政厅 windows 终端服务器运行着它们的较低复杂度的桌面应用程序。应急 Web 服务使用城市因持网连接,通过在企业级 Web 服务器群上的市政厅系统进行支持。应急车辆将通过无线因特网连接到市政厅 Web 服务来访问。远程位置 3 和 4 通过 T1 连接到广域网;而远程位置 5、6 和 7 通过 T1 连接到市政厅的 Web 服务器上。

下面是第二年用户需求表(见图 10.12),它总结了高复杂度类型和低复杂度类型用户数量的增加情况。比较第一年到第二年每小时网络用户请求数量的增长值,就可以知道桌面用户端总数量增加了一倍多,远程桌面用户增加了两倍多,每小时 Web 服务器请求数增加了一倍。图 10.13 对这些增长情况进行了总结。

第 10 章　确定系统需求

罗马市第二年				用户总数	最大使用量		Web 请求 /小时
					处理复杂性		
部门	工作流程	IPD	用户类型		高	低	
位置 1　市政厅							
规划部门	规划分区	1.0	规划人员	25		15	
		1.1	Web 服务				2 600
	规划审核	1.2	检查人员	25		15	
		1.3	评估人员	20	10		
		1.4	监督人员	5	2		
		1.5	Web 服务				900
工程部门	下水管网回水	2.1	工程师	5		3	
		2.2	Web 服务				1 000
	电力中断	2.3	电力工程师	13		6	
		2.4	监督员	2		1	
		2.5	Web 服务				1 900
	道路维修	2.6	现场工程师	11		7	
		2.7	合同	4		4	
市政厅总数				110	19	44	6 400
警务部门（防火墙）	巡逻安排	5.1	管理人员	10		3	
	犯罪分析	5.2	探员	10	5		
	特殊事件	5.3	交通	10		3	
		5.4	Web 服务				100
远程巡逻	巡逻	5.4	巡逻人员	20			100
警务部门网络总数				50	5	6	200
位置 2　操作							
操作	清除程序	3.1	服务人员	4		2	
911	响应	3.2	话务员	50		30	
		3.3	Web 服务				4 000
远程车辆	分派	3.4	驾驶员	30		30	
操作总数（WAN）				84		62	4 000
外地办事处（WAN）							
位置 3　Freeberg	检查	4.1	现场工程师	45		30	515
位置 4　Willsberg	检查	4.1	现场工程师	60		40	685
外地办事处（WAN）总数				105		70	1 200
外地办事处（因特网）							
位置 5　Perth	检查	4.3	现场工程师	10		2	40
位置 6　Wawash	检查	4.3	现场工程师	50		40	840
位置 7　Jackson	检查	4.3	现场工程师	60		20	420
外地办事处（因特网）总数				120		62	1 300
城市总数（不包括警方自己的网络）				419	19	238	12 900

图 10.12　第二年用户需求

罗马市 部门	第一年				第二年			
	用户总数	最大使用量		Web请求/小时	用户总数	最大使用量		Web请求/小时
		处理复杂性高	处理复杂性低			处理复杂性高	处理复杂性低	
位置1 市政厅								
规划	57	8	20	3 200	75	12	30	3 500
工程	29	7	11	1 400	31	7	10	2 900
市政厅LAN总数	86	15	31	4 600	106	19	40	6 400
警务部门(防火墙)					104	15	39	200
远程巡逻								
警务网络总数					104	15	39	200
位置2 操作								
操作	4		2		4		2	2 000
911					50		30	2 000
远程车辆					30		30	
操作总数(WAN)	4		2		84		62	4 000
外地办事处(WAN)								
位置3 Freeberg	40		30	600	45		30	515
位置4 Willsberg	30		20	600	60		40	685
外地办事处(WAN)总数	70		50	1200	105		70	1 200
外地办事处(因特网)								
位置5 Perth					10		2	40
位置6 Wawash					50		40	840
位置7 Jackson					60		20	420
外地办事处(因特网)总数					120		62	1 300
城市总数	160	15	83	5800	415	19	234	12 900

图10.13 为第一年和第二年制作的用户需求统计

用户需求总结

接下来我们将总结第一年和第二年用户需求,以此来支持我们进行的分析。图10.13按位置确定了每个用户部门的第一年和第二年的使用峰值。根据每一位部门经理的确认,它也显示了第一年和第二年最大用户负载情况。这些负载与之前的第一年和第二年用户需求表所确定的用户负载值相同,但这里它们经过了压缩。这样做有两个方面的理由:①通过对两个计划年度评价的平行比较,经理签发批准要求的过程会相对容易些;②能够使用这些统计值来完成对网络带宽适宜性分析和平台负载分析。

带宽适宜性分析

我们可以通过网络负载因子图(见图10.6)和用户需求统计图(见图10.13)来估计最大网络流量需求的方法,来评价现有带宽是否能够满足需求。将预计的

GIS 最大流量和带宽一起提供给网络管理员,以合理地计划企业所需的网络带宽容量(GIS 流量仅是通过局域网连接的全部企业流量的一部分)。

在进行分析时,如果考虑这些注意事项,那么就可以计算出预测的峰值流量(Mb/s),并将此峰值流量与建议的网络架构中可用的带宽进行比较。图 10.14 提供了网络用户负载峰值汇总(此分析是为 GIS 规划而严格设计的,它没有考虑网络上的其他用户存在的情况)。你如果要进行分析,首先需要确定每个网络连接所支持的最大用户工作流程。将用户需求统计图作为一个原始资料,将传输的最大用户负载转化为合适的网络连接。此网络连接包括市政厅主干网、广域网和因特网连接,操作广域网连接,连接到不同远端办公室的广域网和因特网连接。

网络负载	第一年最大负载			第二年最大负载		
	高	低	Web 请求/小时	高	低	Web 请求/小时
位置 1 市政厅						
市政厅主干网	15	31	4 600	19	44	6 400
城市 WAN 连接		52	1 200		132	5 200
城市因特网连接					62	1 300
位置 2 操作						
WAN 连接		2			62	4 000
外地办事处(WAN)						
位置 3 Freeberg		30	600		30	515
位置 4 Willsberg		20	600		40	685
外地办事处(因特网)						
位置 5 Perth					2	40
位置 6 Wawash					40	840
位置 7 Jackson					20	420

图 10.14 市政厅网络负载

一个独立的网络支持警务操作,它包括通过 20 多个单独拨号连接的远程巡逻流量分布(见图 10.15)。你可以用这个方法分析警察部门网络主干网和拨号连接:通过 20 个无线连接,每小时来自于远程巡警的访问数共 100 个,将产生每小时 5 个用户事务最大负载。

网络负载	第二年最大负载		
	高	低	Web 请求/小时
警务网络			
警务网络主干网	5	6	100
警务拨号连接			5

图 10.15 警务部门网络负载

将最大网络负载统计数据填到图 10.16 和图 10.17 以完成网络适宜性分析。在一栏里合并桌面端用户,将 Web 流量转化为每秒的请求数量。可以应用每个用户工作流网络负载因子估计峰值流量。

在进行带宽适宜性分析时,主要是将基于部门用户负载峰值转化为使用网络连接的用户负载峰值。GIS 运行的第一年什么样的宽带将会服务于罗马市?让我们一步一步看看第一年网络适宜性分析。现在返回来看市政厅网络负载分析图(见图 10.14),将紧邻的"市政厅主干网"行的高、低复杂度用户数量相加(15+31=46 个用户)。总数 46 就是第一年桌面端用户的峰值负载。每秒 Web 请求数由每小时 Web 请求数转变而来。用此分析图中的每小时 Web 请求数除以 3 600(4 600/3 600=1.28)。这两个数字就是你在图 10.16 前两栏顶部看到的数字(46 和 1.28)。

第一年网络适宜性	最大负载总计		预估的最大流量			已有的带宽 Mb/s	升级至: Mb/s
	桌面端用户	Web 请求/s	桌面端 Mb/s	Web Mb/s	总 Mb/s		
位置 1　市政厅							
市政厅主干网	46	1.28	23	0.64	23.64	100	
城市 WAN 连接	52	0.33	1.456	0.17	1.62	1.54	6
位置 2　操作							
WAN 连接	2		0.056		0.06	1.54	
外地办事处(WAN)							
位置 3　Freeberg	30	0.17	0.84	0.08	0.92	1.54	6
位置 4　Willsberg	20	0.17	0.56	0.08	0.64	1.54	

图 10.16　第一年网络适宜性分析

为了计算市政厅桌面端用户的预计峰值流量(按 Mb/s 表示),用图 10.6 适合的网络负载因子乘以第一栏里桌面端用户数(46×0.5=23),前提是假定罗马市政厅的 GIS 桌面端是连接到一台 DBMS 服务器上(除非对文件服务器有特别要求,那么这便是一个很好的假设)。市政厅 Web 服务器对他们活动的公共浏览器请求作出反应。因此可用 Web 服务器到浏览器的网络负载因子乘以图 10.16 中市政厅 Web 每秒请求数(1.28×0.05=0.64)。这些数字是你在图 10.16 中间两栏看到的数字(23 和 0.64)。

市政厅主干网峰值使用总的 Mb/s 数是桌面端 Mb/s 计算值和你刚才计算得来的 Web 请求数的和(23+0.46=23.46)。市政厅主干网的容量是 100 Mb/s;因此,GIS 能够满足所在位置的实际安装要求。

第二年网络适用性	最大负载总计		预估的最大流量			已有的带宽 Mb/s	升级至: Mb/s
	桌面端用户	Web请求/s	桌面端 Mb/s	Web Mb/s	总 Mb/s		
位置1 市政厅							
市政厅主干网	63	1.78	31.5	0.89	32.39	100	1 000
城市WAN连接	132	1.44	3.696	0.72	4.42	6	45
城市因特网连接	62	0.36	1.736	0.18	1.92	1.54	6
位置2 操作							
WAN连接	62	1.11	1.736	0.56	2.29	1.54	6
外地办事处(WAN)							
位置3 Freeberg	30	0.14	0.84	0.07	0.92	6	
位置4 Willsberg	40	0.19	1.12	0.10	1.22	1.54	6
外地办事处(因特网)							
位置5 Perth	2	0.01	0.056	0.01	0.06	1.54	
位置6 Wawash	40	0.23	1.12	0.12	1.24	1.54	6
位置7 Jackson	20	0.12	0.56	0.06	0.62	1.54	
警务网络							
警务主干网	11	0.03	0.308	0.01	0.32	100	
警务拨号连接		0.001		0.001	0.001	0.056	

图10.17 第二年网络适宜性分析

第一年建议

现在你将准备为城市第一年应用GIS的网络带宽提出建议(见图10.18)。

市政厅WAN连接(T1)	升级至T2
Freeberg WAN连接(T1)	升级至T2
城市因特网连接(T1)	升级至T2
注:市政厅主干网区域饱和	

图10.18 罗马市第一年网络升级建议

从图10.16可以很明显地看出,已建的WAN连接(T1)的带宽已经不敷使用,因此你将推荐使用T2(6 Mb/s)。同样,到Freeberg远程站点的T1连接在高利用率的情况下,会发生延迟(最佳使用率应低于总容量的30%~50%)。因此你建议在此连接基础上将T1升级到T2。网络管理员会根据其他企业通信要求来考虑这些建议,进而建立更加完备的基础设施规划要求。

第二年建议

我们已经利用图10.17进行了网络第二年的适宜性分析,这样你就能估计城市运行GIS的第二年所必需的网络带宽。你可以看到第二年峰值流量显著增加,如果考虑利用率延迟因素,峰值流量增加一定会给市政厅主干网和终端服务器连接带来压力。假定第一年升级就绪,你可建议第二年市政厅主干网升级到千兆级别(见图10.19)。这一转换费用并不高,因为现有的主干网络使用的是光纤技术。

市政厅主干网(100 Mb/s)	升级至 1 Gb/s
城市 WAN 连接(T2)	升级至 T3
市政厅因特网连接(T1)	升级至 T2
操作部门 WAN(T1)	升级至 T2
Willsberg 因特网连接(T1)	升级至 T2
Wawash 因特网连接(T1)	升级至 T2

注:1. 在第一年操作中有镜像网络使用;
　　2. 当带宽使用操作推荐水平时,有选择性地对网络进行升级。

图 10.19　罗马市第二年网络升级建议

已经是 T2 的广域网 WAN 连接由于支持 132 个用户而存在压力,所以应考虑把此连接升级到 T3(45 Mb/s)。

操作部门的广域网连接和市政厅因特网连接应当建立在 T2 连接上,以便适应峰值流量,同样,Willsberg 和 Wawash 远程站点连接也应当建立在 T2 连接上。

这些建议对罗马市 GIS 通信的成本费用会有显著的影响,我们将在第 11 章讨论如何计算这些费用。

等候耐受度评价

在 IPD 中你已经为每个信息产品确定了一个等候耐受度。现在你可以检查这些架构,并评价其响应时间是否在等候耐受度之内。这是一个平衡行为。很明显,磁盘访问时间、应用程序 CPU 处理时间和视频显示时间,共同决定一个独立工作站的等候耐受度。在分布式处理中,下列每个组件的集合响应时间将涉及磁盘访问、服务器 CPU 处理、网络通信、应用程序 CPU 处理和视频显示等。

不管那些操作所花费的时间有多久,这都将决定一个特殊应用程序查询的整个响应时间。就当前 CPU 技术来说,多数应用程序处理时间和服务器处理时间还不到两秒钟。但涉及分布处理过程时,通过网络的数据输送时间是关键问题——它很可能是网络事务处理性能的主要决定因素。

让我们看一看图 10.5(第 117 页)中的五种服务器—客户端处理模型中这个过程是如何完成的。通过此图,你可以确定每一种服务器—客户端模型下网络流量传输时间连接的网络流量传输时间。

此外,客户端—服务器性能值为每个带宽提供了网络流量的传输时间。市政厅主干网的网络传输时间是 0.05 s。在市政厅主干网络中,服务器支持 Windows 客户的应用程序。通过 T1 广域网连接,从 Window 终端服务器到终端客户的网络传输时间为 0.2 s;如果安装了 T2 连接系统,其网络传输时间为 0.05 s。在 PSAP 装置中,从 Web 服务器到浏览器客户端和远程站点,如果利用 T1 连接,网络传输时间为 0.32 s;如果利用 T2 连接,网络传输时间为 0.08 s。通过 56 Kb/s 无线传输,从 Web 服务器到应急车辆和警察车辆之间的连接所需的网络传输时间为 18 s。

如果想要评价你的配置是否能在各个信息产品的指定等候耐受度范围内，你可以将此信息产品全部响应时间累加起来。(当然，你也必须考虑操作这些共享网络资源的其他软件程序将如何影响可用带宽的，这里我们并没有将这些考虑在内。)

批处理

在任何系统中，都有一些功能要按照批处理模式进行。这些功能包括数据加载、数据库管理、数据备份、复制服务（警察局具有的功能）、恢复和部署操作（工程部门进行）和其他一些自动生成地图的操作。这些功能在罗马将由市政厅 IT 部门实施，但它们对 CPU 仍然有要求。这些操作可以在非高峰时间内制订出计划，最好的办法是在峰值处理负载过程中，至少有一个批处理使用一个服务器上专用的 CPU。（在诸如一个独立的客户机—工作站上运行的批处理可能不需要一个服务器 CPU：在诸如自动生成地图脚本这类的情况下，一个服务器 CPU 能够支持多达 5 个并发客户的批处理。）

平台规模

现在我们已经到了评估整个系统需要多少个 CPU 的时刻，确定 CPU 的数量就可以知道所需平台的规模。性能或能力计划模型(capacity planning model)将在此过程中起到帮助说明的作用，如图 10.8 所示。在编辑性能模型时要记住，当一个典型的桌面客户端访问数据服务器时，桌面端将占一定百分比的处理量，服务器也将占一定百分比的处理量。处理负载的分配决定了服务器的一个 CPU 能够同时支持多少个桌面客户端。很明显，桌面端的性质和使用的软件性质将影响分配的结果。假定所有的 CPU 都是一样的（3200Mhz，在 Intel Xeon 中是 3200Mhz），这些性能模型的情况就是如此。对于一般的计划目的，我们假定它们都是以线性方式在进行评价。

市政厅第一年和第二年的系统部署将由中心式 GIS 数据库服务器、Windows 终端服务器集群和一个主机位于中心 IT 部门数据中心的 Web 服务器来进行支持。每个平台的用户负载峰值如图 10.20 所示。

服务器平台	第一年最大负载		第二年最大负载	
	高	低	高	低
GIS 数据库服务器	15	83	19	234
Windows 终端服务器		52		194
Web 服务器	每小时请求数量 5800		每小时请求数量 12900	

图 10.20　2004 年市政厅平台负载总计

警务网络由单独的 GIS 数据库服务器和一个 Web 服务器支持，用于为警车报告提供服务（见图 10.21）。

所需的 CPU 数量和平台配置数量由以下平台规模分析来获得。第一年，城市 GIS 数据库有 15 个高复杂度的用户峰值负载和 83 个低复杂度的用户负载峰值。基于CPU性能模型(见图10.8),我们知道一个具有搜索引擎的单数据服务器CPU能够支持30个并发桌面端用户。图10.22概括了平台大小的分析过程。

服务器平台	第一年最大负载		第二年最大负载	
	高	低	高	低
GIS数据库服务器			5	6
Web服务器	每小时请求数量0		每小时请求数量200	

图10.21 2004年警务部门网络平台负载总计

第一年									
数据服务器性能	最大桌面端		批负载1	Web负载	总负载	每个CPU因子	CPU规模评估	价格评估/美元	
	高	低						Intel	UNIX
城市GIS数据库	15	83	30	16	144	30	4.8	55000	68750
城市Web服务器	每小时请求数量5800				12000	0.5		12000	12000
WTS群		52			52	7.5	6.9	80000	
第二年									
数据服务器性能	最大桌面端		批负载1	Web负载	总负载	每个CPU因子	CPU规模评估	价格评估/美元	
	高	低						Intel	UNIX
城市GIS数据库	19	234	30	36	319	30	10.6	160000	200000
城市Web服务器	每小时请求数量12900				12000	1.1		12000	12000
WTS群		194			194	7.5	25.9	156000	
警务GIS数据库	5	6	30	1	42	30	1.4	12000	12000
警务Web服务器	每小时请求数量200				12000	0.02		12000	

图10.22 平台规模分析,2004

注:存储价格评估:数据容量(GB)+50%(数据库索引量)×$在所需RAID级别中每GB的费用
1. 批负载:备份过程中的批处理将占用整个CPU=30个客户端;
2. Web负载:请求数÷360因子=相同客户端数量;
3. 每个CPU因子:每个CPU的客户端÷请求数量;
4. CPU价格评估:使用2004年提供的硬件价格模型。
注意SPECrate_int2000规格表示当前技术的CPU。
为中间值选择次高级CPU数量,如4.8使用6个。
WTS群和Web服务在2个CPU为1单元使用最有效率,如6.9=2×4@$12000=$48000。

通过一个简单的转换,相同数据服务器上的Web事务负载能够被包含在一个标准的桌面客户端内:一个桌面客户相当于每小时360个Web请求(每个Web客户端每分钟产生6个显示)。批处理操作也能在这台计算机上进行,第一年要面对4个批处理过程:数据库装载、数据库管理、数据备份和工程部门调节一投递操作。如果8s响应时间够用,一个单CPU就能够处理这些批请求。

为了不干扰客户在系统性能中期望的程序操作,在存在最大负载的过程中,只允许在服务器上进行一个批处理操作。Web负载也会影响CPU的应用。产生的总负载(第一年城市GIS数据库上有144个与GIS相关的用户)需要4.4个CPU。因为每个机箱的处理器来自于2个CPU。你要推荐一台具有6个CPU的服务器平台来支持此负载。

你应当能够用同样的方式来评估终端服务器的性能。在第一年有 52 个复杂度较低的用户。根据一个 CPU 支持 7.5 个用户的这一性能模型规则可以知道终端服务器需要 6.9 个 CPU。因此，4 个含双核处理器的服务器（每个处理器有 2 个 CPU）将能够支持这里的终端服务器场配置。

从图 10.22 中可以估计第一年每小时网络服务有 5800 个请求峰值。根据每小时每一个地图服务器的 CPU 访问一个 DBMS 数据源有 12 000 个请求的性能规律，可知 0.5 个 CPU 就可能满足需求。

第二年显现的是一张不同的图。参考图 10.22 可知，使用城市 GIS 数据库服务器的总共有 253 个并发用户（19 个高复杂度用户加上 234 个低复杂度用户）。随着警察局复制服务的增加和自动生产地图，批处理程序必须处理更高水平的活动。这些较大的负载能够满足业务操作计划和非高峰时间里的计划要求，它们仍然可发出重要的 CPU 请求。服务器上一个单批次的处理程序消耗一个服务器 CPU 资源，相当于支持 30 个并发桌面客户端。Web 数据服务器负载已经增加到 36 个等效用户端，城市中央数据服务器上总共有 319 个用户负载，要求 10.6 个 CPU。应当建议使用一台具有 12 个 CPU 的服务器平台来支持这些负载。

警务部门有一个单独的安全数据库和服务于 11 个办公用户和包含复制的批处理程序，总共为 42 个等效用户负载，需要 1.4 个 CPU。一台含双核处理器的服务器（2 个 CPU）将支持这些负载。

终端服务器的负载在第二年显著地增加了。现在市政厅和警务部门额外新增的服务器必须支持总共 194 个并发用户。如果按每个 CPU 支持 7.5 个用户来算的话，194 个并发用户就需要 25.9 个 CPU，这种功能也可以在 Citrix-Windows 终端服务器场上配置的 13 个含双核处理器的服务器上实现。

我们预估第二年每小时总共有 12 900 个峰值 Web 请求；每个 CPU 每小时能调节访问市政厅数据库的 12 000 个峰值请求，因此需要 2.2 个 CPU。这个 Web 环境由两台含双核处理器的服务器支持。警务部门通过 56 Kb/s 专用拨号线为他们的车辆提供自己的安全 Web 服务。这种做法是比较合适的，但仍然需要 0.02 个 CPU，因此配置一台含双核处理器的服务器也是必要的。

成本

同一张服务器规模图（见图 10.22）的最后一栏总结了这些服务器请求及相关的费用（2004 年）。服务器的成本费采用的是以 2004 年硬件价格模型中的价格（见图 10.23），因为 2004 年完成了第一年和第二年分析。你可以通过评估处理不同复杂度的用户总数来估计你需要的桌面端和浏览器产品的类型和数量。

所有系统软件许可证费用取决于软件复杂度和并发用户的数量。你可以根据已经完成的分析结果来计算费用。

存储费用根据要求的安全级别和数字数据量不同而不同。查看图 7.8，连同

2007年价格来检查磁盘各种允许储存的空间的大小。现在你可在第60页的MIDL中寻找到数据容量。你可以在那个数量基础上增加50%作为允许的数据索引量(每GB的价格由所需的安全级别决定)来估计成本费用。

2004年硬件价格模型			
性能		操作系统/美元	
CPU	SPECrate_int2000	Intel	UNIX
2	34	12000	12000
4	58	30000	30000
6	73	55000	68750
8	88	80000	100000
10	109	120000	150000
12	130	160000	200000
14	150	200000	300000
16	171	240000	360000
18	188	280000	420000
20	206	320000	480000
22	223	360000	540000
24	240	400000	600000
26	258	450000	900000
28	275	500000	1000000
30	293	55000	1100000
32	310	600000	1200000

图10.23 用于规划第一年和第二年硬件价格的模型

这些是提供平台大小和通信带宽的初步估计,依照第11章的方法计算出效益—成本分析得到的成本初步估计值。这些工程和价格模型随着技术变化而变化。但不论怎样,这种硬件、软件和存储系统的价格累加算法对将来也是有用的。

例如,我们不需要再进行基准测试和征求用户体验就知道罗马市发生了什么事情。简单对比一下第一年和第二年的技术需求,我们就能得到逐年的技术需求和部署的阶段实施策略。购买一台大型计算机,并期望它能处理接下来五年的请求,这种想法是不太现实的。

幸运的是,我们不但在快速技术变化的环境中在进行规划,还要建构架构来调节这种变化:双核处理器允许你像堆积木一样增加CPU的数量。因此对它们所做的计划为:整合技术变化的策略计划,使之与数据获取和应用程序的开发相结合,还要清楚预期的技术生命周期(见第150页图10.40)有多长。

罗马市第三年平台规模和带宽规划

为了继续我们虚构的专题研究，我们说罗马市在 2005 年和 2006 年，即 GIS 实施的第一年和第二年，是建于 2004 年初始设计分析上的，GIS 需要在整个城市扩展。自 2004 年初始设计就进行了技术改革，扩展 GIS 操作应用越来越引起人们的注意，技术改革需要进行第三年技术设计，即在 2007 年实施。

自 2004 年以来，技术改革项目包括：一个新的、改进了的 Web 地图服务软件、双核插槽服务器技术以及采纳了利用搜索引擎改善架构性能的建议。新技术的应用可实现减少硬件、降低认证成本、提高用户生产力的目标。图 10.24 给出了更新了的硬件价格模型。

2007 年硬件价格模型						
平台插槽	单 CPU 插槽		双核 CPU 插槽		操作系统/美元	
	内核	SRint2000	内核	SRint2000	Intel/AMD	UNIX
1	1	30	2	60	5000	65000
2	2	60	4	120	10000	13000
4	4	120	8	240	25000	34000
6	6	180	12	360	55000	75000
8	8	240	16	480	80000	115000
10	10	300	20	600	120000	170000
12	12	360	24	720	160000	232000
14	14	420	28	840	210000	310000
16	16	480	32	960	260000	390000
18	18	540	26	1080	335000	510000
20	20	600	40	1200	400000	610000
22	22	660	44	1320	470000	725000
24	24	720	48	1440	540000	840000
26	26	780	52	1560	605000	950000
28	28	840	56	1680	670000	1060000
30	30	900	60	1800	740000	1180000
32	32	960	64	1920	800000	1300000

图 10.24　第三年规划的硬件价格模型

系统引进了一种新的规模方法，利用这种方法可扩展系统设计的规划能力。（这些新容量计划模式建立于 Intel 双核 3.0GHz 处理器性能之上，如图 10.25 所示）。GIS 规划人员能够利用 2007 年平台规模模型（这些模型反映了技术上的进步）以及具有较低价格公式的 2007 年硬件价格模型。新系统构架能改善 2007 年使用的网络负载因子。

用户工作流	2007年性能规划模型 (每个内核 SPECrate_int2000=30)			
	服务时间 /秒	每个内核性能		
		显示/分钟	显示/小时	峰值用户
GIS 数据服务器(桌面端用户生产力=每分钟 10 次显示)				
文件数据源	100Mb/s 网卡 200 次显示/分钟			
直连客户端的数据库服务器	0.060	1000	60000	100.0
连接搜索引擎的数据库服务器	0.120	500	30000	50.0
Web 服务器(Web 用户生产力=每分钟 6 次显示)				
ArcGIS server 直接连接 DBMS	0.580	103	6207	17.2
ArcGIS server 使用搜索引擎(SDE)连接 DBMS	0.520	115	6923	19.2
Windows 终端服务器(桌面用户生产率=每分钟 10 次显示)				
Windows 终端服务器直接连接 DBMS	0.540	111	6667	11.1
Windows 终端服务器连接 GIS 文件数据源	0.600	100	6000	10.0
Windows 终端服务器使用搜索引擎(SDE)连接 DBMS	0.480	125	7500	12.5

图 10.25　2007 年性能规划模型

软件的最新开发对区分几种构架非常重要,这些构架包括具有附着在企业 DBMS 的搜索引擎架构和嵌入工作站(桌面)软件的搜索引擎架构,或 Windows 终端服务器搜索引擎架构,或直接连接到 DBMS 的架构。除了在少数情况下一些非企业地理数据库的使用限制在 coverage 和 shapefile 格式,所有的架构现在都采用一个搜索引擎,多数在"直接连接"工作流里发挥有效作用。

应用经验方法及新的平台定型方法能够预计你的网络要支持的数据流数量,并规划出此数据流信息量需要的足够带宽。图 10.26 给出了支持这些网络负载的指导方法(每个用户每秒 Mb,或每个 Web 产品 Mb)。Web 网络流量通过流量在更新模式中变化,使得 Web 解决方案部署中拥有更加复杂的信息产品。

客户端平台	每次查询数据		每次查询流量		每个用户的 Kb/s 流量	
	KBpq	Adj KBpq	Kbpq	Mbpq	6 dpm	10 dpm
文件服务器客户端	1000	5000	50000	50000	5000	8333
搜索引擎客户端	1000	500	5000	5000	500	833
终端客户端	100	28	280	0.280	28	47
Web 浏览器客户端	100	100	1000	1000	100	167
Web ArcMap 客户端	200	200	2000	2000	200	333

图 10.26　新网络荷载因子

随着掌握这些因子和数据源、计算机和用户知识的建立,我们利用第一年和第二年"峰值用户"的方法能够估计第三年平台规模的大小和网络带宽要求。

第三年要求

第三年展示了 GIS 运行的一般发展趋势。公司的许多部门想要更加充分地利用 GIS 的能力，一些部门是第一次使用，一些部门正在使用中，而另一些部门正在使用以前没有的软件技术。

警察局想要使用 GIS 能够有选择地复制部分数据库的新能力，而不至于每晚复制全部数据库。他们也想加倍利用 GIS 进行犯罪分析，并为警力分配引进两个新的信息产品和最优巡逻路径。运行设施需要有几个主要的改进。防火和救护调度需要一个 911 应急车路径显示器（in-vehicle routing display）。通过 ArcGIS Tracking Analyst 模块，借助 GIS 和 100 个除雪机的车辆追踪系统将帮助他们进行除雪操作。

工程部门打算使用 GIS 为工程和现场操作的工作单进行优化，同时改善工作报告的流程。两个新增的外地办事处（Petersville 和 Rogerton）人员都较多，已经要求添加 GIS。市政厅业务开发部想使用 ArcGIS Business Analyst 模块为他们的选址程序服务（通过 FEMA Web 服务），从自然保护和洪泛区分析利用网络应用程序服务的优势来统一为各种拟议的业务位置计算应急响应时间。市政厅业务开发部和远程外地办事处（目前在因特网上）期望在他们的 Web 服务上增加他们每小时的请求数。

图 10.27 概括了第三年 GIS 活动的增加值，用灰色突出这些新活动。

比较第三年和第二年工作负载，图 10.27 和图 10.12 很清楚地说明了增加的工作负载。市政厅的工程部门已经增加了 5 个峰值用户。业务开发部门对增加的 18 个峰值用户进行了解释：这里有涉及选址的用户（8 个），遭遇洪水威胁的土地分析用户（8 个）和为潜在业务开发计算应急响应能力的计算用户（2 个）。警察局已经指定了额外的 10 个侦探作为犯罪分析的峰值用户；管理警察调度服务要求增加另外 3 个峰值用户。在操作部门中，防火和急救调度将需要 30 多个峰值用户，除雪计划准备另外添加 4 个峰值用户。

两个新的远程外地办事处，Petersville 和 Rogerton，代表 120 个峰值用户总和。当在系统中添加峰值用户时（见图 10.12），66+70+182=318，总共有 318 个远程桌面用户访问 Windows 终端服务器，24 个用户访问警察网络服务器，总共有 404 个桌面用户访问市企业数据服务器。预期增加业务开发部提供的每小时 2 000 个 Web 请求，远程外地办事处提供的每小时 2 700 个 Web 请求，导致公共 Web 服务每小时新增加 17 600 个请求。警务网络将不得不处理每小时新增加的 200 个网络请求，和总共每小时 400 个网络请求（如图 10.28 所示）。

罗马市第三年				用户总数	峰值用户工作流程			
					桌面端			Server
部门		工作流程	IPD	用户类型	高	低	业务分析	IMS
位置1　市政厅								
规划部门	规划分区		1.0	规划人员	25		15	
			1.1	Web服务				2 600
	规划审核		1.2	检查人员	25		15	
			1.3	评估人员	20	10		
			1.4	监督人员	5	2		
			1.5	Web服务				900
工程部门	下水管网回水		2.1	工程师	5		3	
			2.2	Web服务				1 000
	电力中断		2.3	电力工程师	13	6		
			2.4	监督人员	2	1		
			2.5	Web服务				1 900
	道路维修		2.6	现场工程师	11		7	
			2.7	合同	4		4	
业务开发	工作清单		2.8	管理人员	4		3	
	工作报告		2.9	策划单位	10		2	
	选址和自然保护		6.1	规划人员	10			8
	FEMA 洪泛区、设施用地		6.2	规划人员	10			8
	紧急响应、时间等		6.3	规划人员	2			2
	Web服务		6.4					2 000
市政厅总数					146	19	49	18
IT部门	公共			Web服务				17 600
警务（防火墙）	巡逻调度		5.1	管理人员	10		3	
			5.5	Web服务				200
	犯罪分析		5.2	刑侦人员	20	15		
	特殊事件		5.3	交通	10		3	
远程巡逻	警力分配		5.4	交通	10		3	
	巡逻及路径选线		5.6	巡逻人员	20			200
警务网络总数					70	15	9	400
位置2　操作								
操作	清除程序		3.1	服务人员	4		2	
911	响应		3.2	话务人员	50		30	
			3.3	Web服务				4 000
远程车辆	火灾和救护车分配		3.4	计划人员	30			
	路径		3.5	驾驶员	30			
清除积雪	时间安排		3.6	工程师	4		4	
	扫雪车		3.7	驾驶员	100			
操作总数					218		66	
外地办事处（WAN）								
位置3　Freeberg		检查	4.1	现场工程师	45		30	
位置4　Willsberg		检查	4.1	现场工程师	60		40	
WAN野外办公		检查	4.2	Web服务				12 000
外地办事处（WAN）总数					105		70	
外地办公室（因特网）								
位置5　Perth		检查	4.3	现场工程师	10		2	
位置6　Wawash		检查	4.3	现场工程师	50		40	
位置7　Jackson		检查	4.3	现场工程师	60		20	
位置8　Petersville		检查	4.3	现场工程师	80		60	
位置9　Rogerton		检查	4.3	现场工程师	80		60	
因特网外地办事处		检查	4.2	Web服务				4 000
外地办事处（因特网）总数					120		182	
城市总数（不包括警务专用网络）					589	19	367	18

图 10.27　第三年用户需求（新活动以灰色显示）

第 10 章　确定系统需求　　139

服务器平台	第三年峰值负载	
	高	低
GIS 数据库服务器	15	9
Web 服务器	每小时 400 个请求	

图 10.28　2007 年警务部门平台负载总计

计算平台规模

多大尺寸的平台能够处理这些新的峰值负载？如果利用图 10.28 和图 10.29 所示的平台负载汇总和图 10.30 所示的分析汇总计算法计算平台规模要相对容易些。从图 10.29 中，你可以看到有 318 个峰值用户在使用 Windows 终端服务器。罗马市峰值用户利用位于终端服务器上带有搜索引擎的 DBMS 进行配置，图 10.30 显示它可以处理每个终端服务器内核上的 11.1 个 GIS 客户。这意味着需要 28.6 个内核来支持终端服务器。

服务器平台	第三年峰值负载	
	高	低
GIS 数据库服务器	19　　367	18
Windows 终端服务器	318	
Web 服务器	每小时 17 600 个请求	

图 10.29　2007 年市政厅平台负载总计

平台规模	最大桌面端			批负载 1	Web 负载	总负载	每个 CPU 因子	CPU 规模评估	价格评估/美元	
	高	低	BA						Intel	UNIX
城市 GIS 数据库	19	367	18	100	49	553	100	5.5	25 000	34 000
城市 Web 服务器	每小时请求数量 17 600						6 207	2.8	10 000	13 000
WTS 群		318			318		11.1	28.6	80 000	
警务 GIS 数据库	15	9		100	1	125	100	1.2	5 000	6 500
警务 Web 服务	每小时请求数量 400						6207	0.06	5 000	

图 10.30　第三年平台规模分析模型

注：存储价格评估：数据容量(GB)+50%(数据库索引量)×$ 所需 RAID 级别中每 GB 的费用
1. 批负载：备份过程中的批处理将占用整个 CPU=100 个客户端；
2. Web 负载：使用请求数除以 360 因子=相同客户端数量(1 个 Web 用户=6DPM)；
3. 每个 CPU 因子：每个 CPU 的客户端/请求数量；
4. 相同价格下可用的单核和双核插槽平台(使用双核插槽)；
5. 插槽价格评估：使用第 135 页提供的 2007 年硬件价格模型；
　　注意值为 30 SPECrate_int2000 规格表示当前技术的 CPU(Intel 双核 3.0GHz)。当插槽数量超过 1 个时，选择中间值为次高级的插槽数量，如 5.5 个内核=4 个双核插槽。WTS 群和 Web 服务以 2 个双核插槽为 1 个单元时使用最有效率，如 28.9=4×8@ $ 10000= $ 80000。

与中心企业数据库服务器不同，终端服务器需要使用一组商品服务器平台来进行支持，该平台作为服务器场配置。这些服务器场可按照一组刀片服务器的标准购买和管理，每个刀片处理器支持多个处理器内核。一个典型的刀片服务器包含两个双核插槽,共四核,每个刀片费用为 1 万美元(如图 10.24 所示)。因此,8 个刀片可以处理 28.6 个内核请求,总价为 8 万美元(2007 年)。

怎样调节平台规模以适应企业应用程序服务器上不断增加的负载呢?必须扩展平台规模以便处理每小时 17 600 个 Web 请求。图 10.25 所示的是一台 Web 复合服务器(Web 应用程序服务器和在同一平台上的地图服务器),使用直连式 DBMS 能够处理每个网络服务器内核每小时 6 207 个的地图请求。因此 2.8 个内核足够处理罗马市扩展的公共 Web 服务。

罗马市考虑到批处理应用和安全性需求,愿意用两个服务器支持他们的 Web 服务进而提高其有效性,并提供 247 个支持。设计使用一台以上的 Web 服务器是不错的投资:支持峰操作过程中地理数据库复制服务和其他可能出现的批处理负载,在一个服务器失效的情况下也照样能提供服务。

总共要求 3.8 个内核来支持预期的峰值处理负载,两个刀片式服务器,每个含两个双核插槽(每个服务器 4 核)足够满足第三年峰值处理需求。每个服务器按 1 万美元计算的话,那么总价格标签显示应为 2 万美元(2007 年)。

最初的企业数据服务器使用 DBMS 直连客户端(客户应用程序上的搜索引擎)。企业数据服务器必须支持总数为 318 个 GIS Windows 终端服务器客户和 86 个本地桌面客户,总共 404 个峰值用户,这些必然增加对 Web 事务负载的影响。使用 2007 年性能规划模型因子(见图 10.25),计算方法为每小时地图显示的总数 17 600 除以 360(一个 Web 用户的价值)计算,这等于增加 49 个峰值用户,桌面客户总数为 453。

另外,警察局的复制服务将使得企业数据库服务器上的标准负载为每次复制承担 100 个峰值用户(包括其他批处理负载,如协调和投递、追踪服务包裹、维护操作或数据下载),加上 ArcGIS Business Analyst(ArcGIS 商业分析模块)的 18 多个峰值桌面用户,加在一起使得这个服务器总峰值用户负载增长到 553 个。根据 2007 年平台规模分析模型(见图 10.30),使用直接连接客户的 DBMS,一个桌面 GIS 能够管理每一个 DBMS 内核的 100 个客户,这就意味着你在企业数据库服务器平台上至少需要 5.5 个内核。因为这些内核一定要在单一平台承担整个负载,所以一个 8 核(4 个双核插槽)平台是必要的;2007 年因特网价格为 2.5 万美元。

由于多内核插槽技术变得非常容易获得,因此这些单内核价格将迅速降低。

计算带宽要求

同样地,这也是非常简单的过程。其目标是确定每个通信网络段要求的带宽。为了确定每个通信网络段要求的带宽,你需要知道三条信息。

第一条信息是更新后的图解说明(见图 10.31),指出拟议的用户位置和第二年推荐拟定的网络通信,表明必须连在一起的设施和当前可用的带宽。

第二条信息是将要使用的每个分段的峰值用户数量(见图 10.32),这是我们在确定平台规模时要较早参考的信息。从图 10.26 中能够找到第三条信息,即更新了的网络负载因子,给出了在特殊系统构架中每个用户每秒消耗的兆位数。

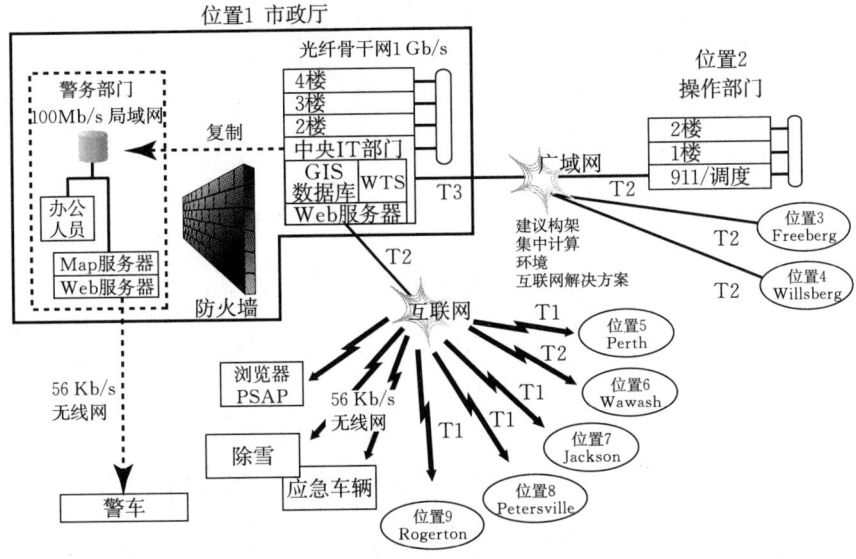

图 10.31 第三年推荐系统配置:在第二年建成的用户位置和网络通信上进行了升级

网络负载	第三年负载			
	高	低	业务分析	Web 请求/小时
位置 1 市政厅				
市政厅主干网	19	49	18	
城市 WAN 连接		136		
城市因特网连接		182		17 600
位置 2 操作				
WAN 连接		66		
外地办事处(WAN)				
位置 3 Freeberg		30		
位置 4 Willsberg		40		
外地办事处(因特网)				
位置 5 Perth		2		
位置 6 Wawash		40		
位置 7 Jackson		20		
位置 8 Petersville		60		
位置 9 Rogerton		60		
警务网络				
警务网络主干网	15	9		200
警务拨号连接				10

图 10.32 第三年网络荷载

可以使用第三年用户要求(见图10.27)乘以图10.26架构因子来确定峰值工作流用户,并给出每个通信段位每秒流量的兆数(见图10.33)。

第三年网络适宜性	最大负载总计		预估的最大流量			已有的带宽 Mb/s	升级至: Mb/s
	桌面端用户	Web请求/s*	桌面端 Mb/s	Web Mb/s	总 Mb/s		
位置1　市政厅							
市政厅主干网	86		71.638		71.64	1 000	
城市WAN连接	132		3.808		3.81	45	
城市Internet连接	62	4.89	5.096	2.44	7.54	6	45
位置2　操作							
WAN连接	66		1.848		1.85	6	
外地办事处(WAN)							
位置3　Freeberg	30		0.84		0.84	6	
位置4　Willsberg	40		1.12		1.12	6	
位置5　Perth	2		0.056		0.06	1.54	
位置6　Wawash	40		1.12		1.12	6	
位置7　Jackson	20		0.56		0.56	1.54	
位置8　Petersville	60		1.68		1.68	1.54	6
位置9　Rogerton	60		1.68		1.68	1.54	6
警务网络							
警务主干网	24	0.06	0.672	0.06	0.73	1.54	
警务拨号连接		0.003		0.003	0.002	0.056	

*注:该类型每小时的Web请求数已被转换为每秒Web请求数

图10.33　第三年的扩展最大负载总计

罗马市涉及了三种类型的系统构架。第一种类型为市企业服务器使用DBMS和搜索引擎以光纤以太网连接到市政厅的峰值用户。市政厅总共有86(19+49+18)个峰值用户。利用因子表,按每个用户每秒消耗0.833 Mb计,可以计算出在以太网上86个峰值用户每秒要消耗71.638 Mb。如果频率调节高于此链接上可用的100 Mb/s带宽位的20%～30%,建议放置一个光纤转换器使能量增加到1 000 Mb/s。这个变动也将容纳24个警务峰值用户,同样使用0.833因子,每秒钟总共需求19.992 Mb(见图10.26)。

我们关心的下一部分是市政厅广域网(WAN)连接,此连接支持操作部门及Freeberg和Willsberg的外地用户。操作部门有66个峰值用户,外地办事处有70多个峰值用户。如果用终端服务器处理他们之间的通信,广域网流量因子为每个用户每秒0.047兆,这使得市政厅到广域网的连接上总共需要有6.392 Mb/s需求。考虑到流量延迟高于广域网有效带宽流量的30%～50%,现有的T2连接(6 Mb/s)需要升级到T3(45 Mb/s)。操作部门建设的广域网的连接将涉及66个峰值用户,每秒需求3.102 Mb,所以需要T2连接而不用目前使用的T1连接。

同样，Freeberg 和 Willsberg 远程用户，有 30 和 40 个峰值用户和一个终端服务器因子 0.047，导致 T1 数量过载，需要 T2 通信。市政厅 Web 服务器和因特网之间的连接必须容纳处于 5、6、7、8、9 位置的所有外地办事处。这些位置总共有 182 个峰值用户，因此每秒钟请求的因子为 8.554 Mb，应当用 T3 连接（45 Mb/s）。

从因特网到远程位置的单个连接源自图 10.27 给出的每个位置峰值用户数量，也就是第三年用户要求。除了位置 5，其他所有位置的峰值用户要求每秒比 T1 连接处理的数据量都多，应当将 T1 连接升级到 T2。

最后，必须检查 IT Web 服务要求的市政厅到因特网链接上的负载。这个负载每小时共计 17 800 个请求，这个数是由市政厅 Web 服务请求（8 400）（见图 10.29）、外地办事处 Web 服务请求（9 200）、和警察局 Web 服务请求（200）加在一起计算出来的。转化成每秒请求数（17 600/3 600＝4.994），使用 Web 服务到浏览器网络因子 1.000（见图 10.26），连接因特网到市政厅的 T3 网络能容纳 4.944 Mb/s 这个负载。

新的具体方法

迄今为止，我们进行的所有容量规划计算都基于计算机平台和通信服务需要的峰值用户数。但是系统架构师 Dave Peters 已经设计出更加详细的方法。他假定所有的用户都不同，基于计算机在执行相关任务过程中产生的显示数量区分它们。在一个信息产品生产过程中，这可以转化为制造信息产品的步骤数，在步骤之内使用函数复杂度和当时函数处理数据量。

按照这个方法，此模型建立了标准工作流类型平台服务次数，服务次数可在初始应用程序开发过程中收集性能度量基础上进行调节。总的原则是，可以假定执行平均任务的平均用户在高峰使用中每分钟产生 10 个显示。这个数字可能在执行简单的任务时降低为 2 个，或在执行复杂任务时增加为 10 的倍数。调整批处理负载使其在主服务器组件上消耗一个平台内核，能够在其余受影响的平台上为更多的离散平台定型度量产生相应的服务器负载。图 10.34 提供了更加详细的方法来分析第三年。

这种方法将提高使用率，尤其适合具有稳定工作流和可视的重复操作的大型企业系统使用，在此系统可允许更加精确地计算平台规模和带宽需求。

为了探究这个更加详尽的方法，我们把它应用到罗马第三年系统中，保持用户要求与前一年分析的第三年模型里（见图 10.27）所示的用户要求完全一样。基于这个概念：公共工作的所有用户活动作为一个单元显示，这个较细粒度方法把处理涉及生产显示的计算机系统组件作为"工作流"。这个方法的核心就是要在涉及显示生产时试着找出更具体的工作流程。无论分配应用文件数据源还是 DBMS 数据库（与搜索引擎相联系，并被搜索引擎激活）进一步区分问题，从独立工作站到

GIS 空间服务器的使用(一个 Web 服务器或 Windows 终端服务器),工作流随相关硬件和软件不同而不同。直接访问构架是利用客户终端服务器或 Web 服务器上的搜索引擎的优点。否则,DBMS 的使用与连接数据库的搜索引擎相结合。

第三年罗马市工作流程分析					
工作流类型	软件技术	最大工作流		网络流量	
		用户	DPM/客户端	Mb/d	Mb/s
				Mb/d	Mb/s
位置 1 市政厅				城市总 ISP 流量=13.383	
公共 Web 服务	服务器端	48.9	6	293	1.000	4.890
GIS 批处理服务		1	100	100		
高	桌面端	19	10	190	5.000	15.833
低		49	10	490	5.000	40.833
业务分析		18	10	180	5.000	15.000
				整个城市 WAN 流量=6.347	
位置 2 操作部门				运行部门总 WAN 流量=3.080	
低	桌面端	66	10	660	0.280	3.080
外地办事处(WAN)				外地办事处总 WAN 流量=3.267	
位置 3 检查 4.1	桌面端	30	10	300	0.280	1.400
位置 4 检查 4.1		40	10	400	0.280	1.867
外地办事处(因特网)				外地办事处总 ISP 流量=8.493	
位置 5 检查 4.3	桌面端	2	10	20	0.280	0.093
位置 6 检查 4.3		40	10	400	0.280	1.867
位置 7 检查 4.3		20	10	200	0.280	0.933
位置 8 检查 4.3		60	10	600	0.280	2.800
位置 9 检查 4.3		60	10	600	0.280	2.800

图 10.34 第三年市政厅工作流程分析

第三年罗马市工作流程分析					
工作流类型	软件技术	最大工作流		网络流量	
		用户	DPM/客户端	Mb/d	Mb/s
				Mb/d	Mb/s
位置 1 警务网络				整个城市 ISP 流量=13.383	
警力巡逻 Web 服务	服务器端	1	4	4	1.000	0.056
GIS 批处理服务		1	103	103		
高	桌面端	15	10	150	5.000	12.500
低		9	10	90	5.000	7.500

图 10.35 第三年警务部门工作流程分析

每一种类型的工作流程对用户的生产率和核心要求的工作负载都有影响。你所看到的罗马第三年工作负载相当典型。你可以追溯图 10.27 用户请求工作流程是怎样与 2007 年性能规划模型(见图 10.25)显示的工作流程类型相联系的:通过一个作用在 DBMS 上的 Web 复合服务器处理公共 Web 服务(Web 复合服务器支持的搜索引擎)。复合服务器包括 Web 应用服务器和处理负载的 Web 地图服务器。市政厅桌面端直接连接到具有搜索引擎 DBMS 上，而安装在桌面上的客户应用软件支持 DBMS。这种配置是更有效的，也比申请 DBMS 搜索引擎的费用少。

操作部门和外地办事处位置 3、位置 4 通过广域网连接到市 DBMS 上，通过作用于城市 DBMS 的 Windows 终端服务器，又连接到 Windows 终端服务器的搜索引擎上。位置 5 一直到位置 9 的远程因特网外地办事处，也使用瘦终端客户机访问 Windows 终端服务器支持的 GIS 桌面应用程序，该服务器直接与市里的 DBMS 连接。

警务部门有自己的数据服务器和复合 Web 服务器平台。Web 复合服务器支持远程巡警系统，并通过他们自己的专用网络使用公共 Web 服务类型的工作流程。GIS 批处理服务用于支持市政厅数据库的数据复制。

选择平台工作流程的使用假定与产生显示尺寸、每个工作流程用户量（产率）、显示过程中每个工作流组件的核心要求有关。这些假设如下：

• 一个显示被认为是在一个特定的工作流程中通过 GIS 执行任务的一个标准单位。

• 术语"显示（display）"指执行一个操作后用户前面显示的屏幕内容，或平均一个用户在一个特定工作流程中产生的系统负载单位。

• 显示的尺寸（size）指用 Mb 表示相关流量。

• 显示尺寸随数据复杂度和显示分辨率的不同而不同。

• 协议输送的效率和使用的数据压缩功能都是显示流通量的因素。

• 对于规划目的，使用这个方法我们假定某个特定的显示需要来自文件数据源的 50 Mb 流量，或当使用搜索引擎时要求有来自数据源的 5 Mb 流量。

• 经验已经证明 Web 浏览器流量基本上为每显示屏 100 千字节（1 Mb）。

在这个概念中，图 10.36 体现的是新模型网络负载因子，该值来自 Dave Peters 的系统设计策略（system design strategies）2007。新网络负载因子代表地图显示器流量和 Web 产品，这里，平均每个桌面用户每分钟生产 10 个地图显示。（注意这个信息与图 10.26 显示的信息相同，图 10.36 只是一个简单的扩展图示。）

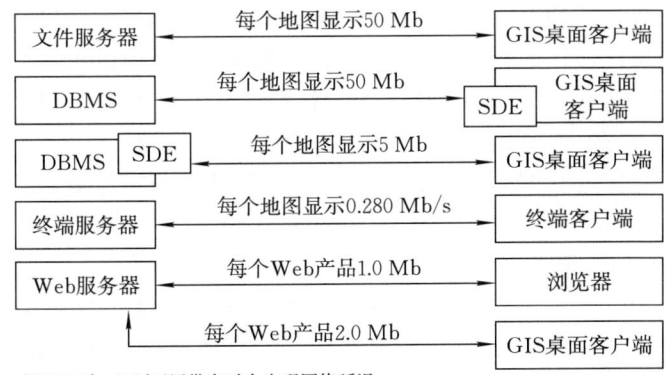

图 10.36　2007 年新方法的网络负载因子

每个工作流程的用户数(生产率)随不同的机构、不同的任务而有所差别。这种偏差可以利用这个比较详细的方法进行调整,这也正是它魅力的一部分。对于规划目的,默认生产率如下:

- 高级用户每 6 秒钟一个显示(每分钟 10 个显示)。
- Web 用户每 10 秒钟一个显示(每分钟 6 个显示)。
- 每个工作流用户数直接从第三年用户需求(见图 10.27)、信息产品和用户类型中获取,由警察局计算。同样,Web 产品每小时请求数也从第三年用户需求获取,并在平台定型中转换为每分钟请求数使用。
- 每个工作流程服务时间的秒数是支持硬件配置的每个组件调用的时间总和,用秒计算。一个独立的工作站自成一体。一个工作站到 DBMS(客户工作站支持的搜索引擎)的直接连接对使用搜索引擎的服务器和 DBMS 发出请求(90%的客户工作站负载和 10%的数据库服务器负载)。同样地,一个 GIS 桌面终端客户应用程序(终端服务器搜索引擎)直接连接到 DBMS 支持大约 90% Windows 终端服务器上的处理负载,在 DBMS 之内处理大约 10%的工作。一个 GIS 复合 Web 服务器支持来自 GIS 服务器上的 Web 应用程序请求显示服务,它可以使用一个直接搜索引擎连接,此引擎连接包括在数据服务器上执行另外的 DBMS 查询负载。
- 每个显示的时间以秒数表示。平均生产一幅地图显示的组件服务所需要的时间由工作流程确定,从而量化计算机硬件平台要求。
- 汇总工作流程平均服务时间是由工作流程中每个步骤使用的每个硬件的单个服务时间组成的,记住这一点很重要。这些单个服务时间可以经过一段时间观察获得,我们可以根据获得的方法,调整其计划模型。
- 服务时间取决于当前内核的信息处理能力,2007 年性能规划模型说明了这种能力(见图 10.25)。在左侧,看到的是罗马遇到的不同类型的工作流程。接下来是每个服务时间及每个内核的能力。向右看,你将注意到 2007 年的评估,该评估是使用的每个内核 SPECrate_int2000 等于 30 的软件进行计算的。

Peters 提供了一个非常详细的模型,这个模型包括所有可行的工作流程形式和所有当前使用内核,经计算过的 SPEC 率和在系统成本中使用的每内核显示。这个模型发表在他当前的白皮书里,即"系统设计策略"(www.esri.com/systemdesign)。你会在图 10.25 中找到遇到次数最多的工作流程,当然包括在罗马发现的那些工作流程。

平台规模计算的新方法

从这里(见图 10.25)和在第三年用户需求确认的工作流程入手(见图 10.27),你可以计算出城市生产服务器要求,如图 10.28 计算第三年平台负载所示。在市政厅,公共 Web 服务工作流程领域每小时有 17 600 个请求,可以转换为每分钟(17 600/60)293 个显示(见图 10.34)。假定一个用户请求为每分钟 6 个显示,这

第10章 确定系统需求

等于在峰值工作流程的48.9个用户。对于这些，必须增加由警察局复制调用的GIS批处理服务，这将在服务器上施加每个复制每分钟100个显示负载，导致峰值工作流程时每分钟共398个显示（见图10.37）。计划部门的超级用户（"高"）、工程部门（"低"）和业务开发部门（"业务分析"），显示数分别为19、49和18，都使用搜索引擎启动工作站。每个超级用户要求每分钟10个显示，导致服务器要求每分钟190、490和180个显示。

服务器负载	软件技术	最大工作流 用户	最大工作流 DPM	每个内核 因子DPM	内核尺寸评估	插槽总数	评估价格/美元 Intel	评估价格/美元 UNIX
Windows 终端服务器直连DBMS	桌面端	318	3180	111	28.6	16	80000	
Web复合服务器直连DBMS	服务器端	48.9	393	103	3.8	2	10000	13000
DBMS直连客户端	DBMS		4433	1000	4.4	4	25000	34000

图10.37 第三年市政厅精确的平台规模分析

注：存储价格评估：数据容量（GB）+50%（数据库索引量）× $ 所需RAID级别每GB的费用（如图7.8所示）。

1. 批负载：批处理占用整个Web制图服务器的内核（100DPM）；
2. 每个CPU因子：显示/服务器内核数量；
3. 平台价格评估：使用2007年硬件价格模型；
   注意SPECrate_int2000规格显示了为基准性能内核所作的供应商基准测试。
   选择单核或多核插槽（多核插槽提供了最佳值）。
   Windows终端服务器和企业应用服务器最好是使用2个内核插槽平台。
   （4.6=2×2双核插槽@ $10000= $20000）

连接操作部门位置2、位置3和远程外地办事处位置4的广域网（WAN）流量，都具有它们自己的客户端搜索引擎能力，通过Windows终端服务器连接到城市DBMS上。这些在服务器上形成一个联合要求（660+300+400=1 360 DPM）。位置5到位置9的远程因特网外地办事处总共有182个峰值用户，即需要每分钟10个显示，同样连接到Windows终端服务器上，利用搜索引擎连接到DBMS设施配套。导致318个峰值用户需要Window终端服务器和DBMS每分钟为3 180个显示。你可以在图10.37总结的服务器上看到这些负载。

假定客户端搜索引擎，使用直接访问城市DBMS的Windows终端服务器，有每内核因子111DPM。（注：此计算使用2007年能量计划模型，每内核SPECrate_int2000等于30）。因此，如果一个内核能够处理111DPM因子（峰值工作流的数字因式分解，可以用每分钟3 180个显示表示），那么内核定型要求为28.6核或8个刀片式服务器。

公共Web服务的Web服务器处理48.9个用户，每个客户每分钟有6个显示，这样每分钟就有293个显示，将此增加到每分钟100个显示的GIS批处理服务中，总Web服务器负载为每分钟396个显示。每内核因子为103，或3.8内核。在高级配置中,这些双核插槽服务器将为另外配置的批处理负载如高峰操作时的地理处理服务、移动客户结账操作,或一般系统调节和维护支持提供能量选择。

最终,对这些直接连接客户响应的城市 DBMS 是所有数据的数据源,因此必须提供每分钟 4 436 个显示的数据。每个内核因子是 1 000,表示需要 4.4 个内核。

前面的图 10.35 提供了警务网络工作流程分析,警察局服务器负载分析包含在图 10.38 里。

服务器负载	软件技术	最大工作流程		每个内核因子 DPM	内核尺寸评估	插槽总数	评估价格/美元	
		用户	DPM				Intel	UNIX
Web 复合服务器直连 DBMS	服务器端	0.6	106	103	1.0	2	10000	13000
DBMS 直连客户端	DBMS		346	1000	0.3	2	10000	13000

图 10.38 第三年警务部门精确的平台规模分析

很明显,从精确的平台规模分析可以看出,警察局的 Web 服务需求仍然很低:每分钟 0.6 个请求,假定每个客户每分钟 6 个显示,那么要求每分钟 4 个显示。GIS 批处理复制服务提出每分钟 103 个标准显示的要求,服务器的总负载为每分钟 107 个显示,103 个显示的每核因子要求 1.0 个内核,内核为 2 个插槽(最小数量)的总价格 1 万美元。24 个侦探以每分钟 10 个显示的工作速率在搜索引擎上工作,使得工作站需要从 DBMS 发送每分钟 240 个显示。加上 Web 服务器每分钟要求 107 个显示,使得 DMBS 总要求为每分钟 347 个显示,每核因子为 1.000。这仅要求 0.3 个内核,销售时最少为 2 个插槽,价格将为 1 万美元。

带宽适宜性分析的新方法

同样,这个方法也很简单。此方法不使用基于用户峰值数的网络流量因子,而网络流量因子则基于网络每段每分钟的显示数。网络流量因子基于假定的显示尺寸和用户的生产力(每分钟用户所实现的显示数)。图 10.34 表明各类型用户(工作流程)每分钟显示数。在 DPM 栏的右侧,注明了每个显示的大小,用兆表示(Mb/d)。各通信连接上要求转换为 Mb/s,因此你可以直接比较 Mb/s 的能量与当前安装在你单位的带宽。

更新调节第三年 GIS 需求的通信基础设施与给出的老方法相同,图 10.33 做了总结。图 10.39 显示了罗马第三年构架配置的修订值。

罗马市的例子仅是分析技术问题的一个方法。在这个动态的、不断进步的技术领域里现在及以后会有其他选择的方法。你选择的方法与做用户需求评估有关,与系统配置要求和综合建议有关,在于你的调整范围之内。随着 GIS 规划阶段的发展,必须基于你机构的最佳利益基础之上做决定,这里要考虑许多因素。

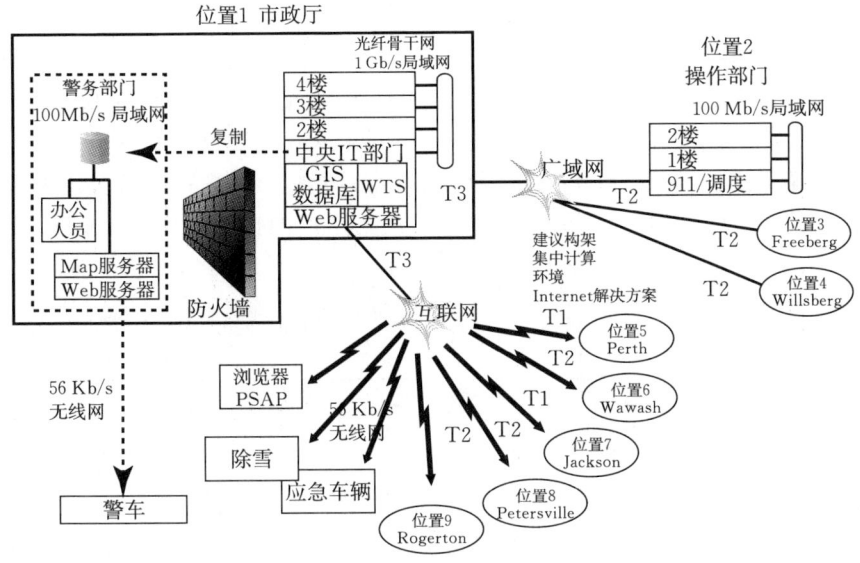

图 10.39　为第三年推荐的网络通信带宽

其他考虑因素

GIS 规划阶段要考虑的其他方面是你所在机构现行的政策和标准、技术生命周期,如果你已经准备好,写一个初步设计文档,确保获得上层管理的批准,着手实施这个计划。

机构的政策和标准

多数 GIS 规划者必须设计他们自己单位的硬件解决方案,使之符合现存政策和实践方面的软件和通信需要。如果可能,计划应符合你所在的机构所采取的与系统配置有关的政策和标准。例如,你必须发现你所在的机构是否已经采用了一个操作系统标准(如 Microsoft Windows XP, UNIX)或者他们采用了一个具体的处理模型(如 Web 处理),然后还要知道是否有认知的文件,这些都是你应当在初步设计报告里优先考虑的因素。

许多机构与硬件或软件供应商已经建立了长期的合作关系。这种关系是基于过去产品的可靠性和适用性、服务满意度及对某些供应商信任度的基础上建立的。你所在的机构可能已经签订了维护协议(通常大公司进行软件和硬件交易时签订这样的协议)或者他们已经为某种产品培训进行了重点投资。这些问题不能够也不应该被忽视。另一方面,因为存在正常的技术生命周期,因此必须认识到任何解决方案不可能永久不变。为了企业未来发展,在整个公司实施 GIS 技术标准将引起大的变革是不足为怪的。如果要求技术平台或操作系统需要变革,要明确阐述理由。解释清楚现有的能力为何不足,列出你建议的可选择方法的好处。

技术生命周期

包括技术变革率的技术生命周期是获得、购买或更新系统的重要考虑因素。计算机技术发展日新月异,成本效益占很大一部分(我们都已经听说过摩尔定律)。要充分了解新技术,告诉你的上级领导你保持 GIS 成本效益的策略。如果管理层提前了解了未来需要的更新,他们更愿意赞成为定期的技术更新划拨资金。

图 10.40 显示所有与大型 GIS 实施相关的技术生命周期。该图列出了每项技术需要月份数,根据下列定义,依次要考虑的是当前段、有用段、过时段和失效段。

技术	目前段	有用段	过时段	失效段
网络基础架构	24～36	37～50	51～84	84+
广域网络*	12～24	25～48	49～72	72+
计算机				
服务器	12～18	19～60	61～80	81+
工作站	6～12	13～48	49～72	72+
桌面端	6～12	13～36	37～60	60+
便携式电脑	6～12	13～24	25～48	48+
移动 PDA	6～12	13～24	25～48	48+
操作系统软件	18～36	37～60	61～72	72+
供应商软件	12～18	19～36	37～60	60+
因特网产品(浏览器及相关产品)	9～12	13～24	24～36	36+
数据	其变化取决于数据有效性衰变速度			
*因特网带宽以每年 300%的速度在增长				

图 10.40　2006—2007 年按月估计的技术生命周期

当前段代表两次发布具有重大功能改进之间的期间。有用段指当前软件在这个设备上运行的时间长度。过时段指当发行新的软件时,与现有设备不兼容。失效段是指技术不值得再去维护和培训。注意网络技术和操作系统的生命周期最长(通常长达 3 年)。对比工作站、桌面计算机、便携式计算机和移动 PDA,网络技术和操作系统预期在最短的时间内能够从当前状态变为有用状态。

如果要处于技术潮流的前沿地带,必须参加软件用户会议、读 GIS 出版刊物、与供应商和业界同仁建立沟通。

初步设计文档

在 GIS 计划的后期,确定了数据和技术要求后,你准备将你的结果写进报告中。这份过渡时期的报告,即初步设计文档涵盖了目前所有的概念性的工作,将标志着从系统设计到实施计划、系统获得和实施的转变。此文件是你成果的关键组成部分:它规定了 GIS 的要求,并满足你机构的需要。它必须赢得你的行政审批,才能进入计划实施。

整体概念性系统设计——因为这份文件也是从 IPD 确认的功能要求 MIDL 识别的数据输入要求、技术概念系统设计(见本章)中转化过来的。计划过程已经建立,原先从事的工作结果将在后阶段使用。在这个阶段,你应当使用这些结果来确认你的报告,并支持你的建议。

怎样写初步设计文档详情步骤见附录 E,按照这个顺序写:执行纲要、说明、数据分段、技术概念系统设计、建议和附录。一般情况下,你要提交除开头(执行纲要)和结尾(建议)之外的所有的部分,并且要有明确的目标、严格的报告形式——这是不容忽视的事实。在第一部分和最后部分,你要诚恳地提出你的建议。

文档中包括许多图例和图表,你应当抓住要点。例如地图层的可视性将帮助人们理解数据选择的性质,而技术部分的通信网络以原理图的形式表示让人更容易理解,这方面的例子可在罗马城市例子中看到。

你要提交你的第一份草稿,让涉及 GIS 数据库设计的人员进行评审。当你执行一个共享数据库模型时,将要使用该系统的各部门代表必须仔细检查你的计划以确保总体数据库构想是连续的、完善的。

在这个评估阶段之后,你应向 GIS 委员会和高级管理部门递交初步设计文档以期得到他们的正式批准。在你进入实际实施规划和采购之前,必须对整个系统的设计意见达成一致,然后需要注意三个问题,这三个问题也是我们在第 11 章要考虑的:收益—成本比率、系统迁移和风险。

第 11 章 考虑效益—成本、系统迁移和风险分析

进行实际的效益—成本分析时，最关键的是要考虑涉及全部费用，如果管理者太浮于表象而忽视了实际投入，只会导致将来的遗憾。

GIS 所带来的效益不会立即显现出来，而一开始的经费支出则会很可观。GIS 一定会带来改变，从旧的系统迁移到新的系统，这些变化会让人感觉到忐忑不安。同样地，在规划实施过程中，规划团队会感觉到项目失败的风险。但重要的是，你需要给自己一些信心来面对那些担心。在计划正式实施前，你必须搞清楚把大把的钞票投资在 GIS 上到底划不划算，以及什么时候它才能给你带来效益。

效益—成本分析与成本模型

在此阶段你的首要工作是根据成本模型和相关资料做一个效益—成本分析。效益是根据信息产品到信息产品（也就是部门到部门）来进行评估的，而 GIS 的成本可以被视为一个整体。资金来源也许是来自企业拨款，也可能来自一些部门的集资或者经费预算。一般而言，每个机构都会遵循它自己的惯例，而效益—成本核算却是一般从整体上加以考虑的。

效益—成本分析是一种技术，通过这种技术你可以将实施某一系统的预期费用和某段时间所期望的效益回报进行比较。这种比较将能预知你的计划方案在财政方面是否具有可行性，以及你在什么时候可以期待最初的投入能得到回报。

成本模型可以绘制出 GIS 实施过程中所有可能产生的费用信息表格，也可以绘制出某一特定时期的费用表格。当你在开始实施效益—成本分析中以下四个步骤的同时，也就创建了成本模型：

(1) 确定年度费用。
(2) 计算年度利润。
(3) 比较效益和成本。
(4) 计算效益—成本比率。

第一步：确定年度费用

效益—成本分析作为一种成本模型，它总是关注某个特定时间框架范围内的

情况。我们可以通过以下方法来为你的项目创建一个成本模型图表:建立年度成本矩阵来细分在实施过程中可能会产生的五种费用类型。并通过建立年度圆柱体来列出在第一年中可以获得的数据。成本的确定与每年计划生产的信息产品所需的硬软件息息相关。预测一下你的系统的发展脚步,展望未来的需求,来制定相应的计划。

在这个成本模型中,你必须确保所有相关的费用都包含在内,这使该模型起着一个真正的现实"测量仪"的作用。令那些缺乏经验的人感到惊讶的是,它们看得到的软硬件的费用只占总费用的一小部分。人员配置、数据以及应用程序开发,都需要大笔预支款项。根据第154页列出的成本模型,你至少可以计算出第一年的最低花费,进而估计出你在第二年、第三年、第四年和第五年的费用,看看随着时间的推移将会发生哪些变化。

随着成本模型的建立,这个计划过程的价值开始显现出来(或者说你会感觉到它的存在是必不可少的)。既然你已经明确了所要的信息产品,并且必需的数据你也已经准备就绪,那么你应清楚应用程序的开发是否并且何时需要预算,以及预算多少。你已经全部认真考虑过了,所以你要相信自己的期望是实际的。但不幸的是,并不是所有的自信都能战胜现实。近年来,广为人知的是 GIS 的技术未能预先明确信息产品,所以应用程序开发时也没有考虑它。结果费用增加,一些不曾预料到的费用也接踵而至。而最糟的是机构就错失了 GIS 为他们提供效益的良机,有太多这种事例在继续,在许多新的所需业务过程部署前,糟糕的规划已经决定它们的最终结果。

第二步:计算年度利润

现在把你的焦点转向 GIS 的利润上。现存的大量的经验数据表明你可以将 GIS 的效益分析作为一种严格的经济现实来检查你自己的规划是否可行。在对比和分析的方法的第二步中,利益的主要范畴如下:

• 节省:通过利用 GIS 提供的新的信息(如减少员工的工作时间和增加收入),节省当前的预算(如在本财政年度)。

• 机构获得的效益:提高操作效益和工作流效益,减少债务,增加收入,增加计划支出的效益(省钱且效果好)。根据笔者对全世界范围内 GIS 的使用方面的观察来看,这种效益是非常重要的(参看第154页"何谓效益",一种量化利益的有效方法)。

• 未来和外部效益:这些是机构所获得的效益,而不是那些需要依靠 GIS 或者通过延长工作时间而获得的效益。到目前为止,在计算效益—成本过程中这些效益经常被低估。

成本模型

包括五种成本类别及与之相关的成本组成部分。

硬件和软件

估算一下你每年所购买的硬件和软件所需的费用。包括工作站(高端和低端);服务器(它包括数据服务器、应用程序服务器、刀片机、终端服务器、网络服务器、地图服务器);磁盘驱动器;CD-ROM;输入装置(如数字化仪器和扫描仪);输出装置(如激光打印机和绘图机);以及软件许可证,包括扩展模块和额外用户。同时还要包括成本模型中的软硬件的维修费用和升级费用。技术方面有计划的提高是后续良好财政管理的关键所在。

数据

正如对信息产品需求的增加,你的数据库的数据需求量同样也会增加。根据方案的目的和范围,数据的获取很容易就会产生高昂的费用,尤其是在前五年中。费用与各个数据集获取息息相关,它包括许可证及每年必须支付的版税。而数据的转换、开发和维护费用都包含在员工的工作时间内。

人员配置和培训

随着时间的推移,员工方面的费用很可能是系统成本的最大组成部分。近些年来我们越来越关注于成本模型中的员工费用而简化了该过程中的应用程序设计部分。从以下几个方面可以估算出员工年度工作时间:

- 数据的转换,包括任何必要的修改。
- 数据的开发,包括数据更新。
- 数据维护。
- 应用程序的开发。
- 系统管理。
- 客户支持。
- 员工培训和旅行,包括为培训和再培训所需的旅行而支付的费用。

应用程序开发

编写应用程序的花销主要由你的程序开发人员来决定。本章也包括了这些内容。你可以购买现成的应用程序,或是雇用程序员为你开发你所想要的东西。这些费用也应该包括在内。

接口和通信

最后，计算你需要购买所有软硬件接口和为了支持你的系统运行所需的通信设备的费用。路由器、远程通信设备（调制解调器、可压缩域名解析器），租用的通信线路、软件和场所准备，这些费用都要计算在内的。

何谓效益

对于一个机构而言，效益是指：

A. 用几个句子来直接描述这种信息产品的用途。

B. 确定会受到新信息影响的项目的预算。

C. 确定由信息的变化而引起的操作程序中的实际预算变化。

D. 评估一下新信息（迅速的、更加正确的、以更少的成本、完成更多的工作、实现更好的结果、降低公共安全风险、降低损害风险和减少债务等）导致的支出增长百分比。

效益＝效率提高的 X 个百分点

E. 以上所有方面的改进或许会带来其他方面（一些单项预算种类）的潜在改进。从步骤 B 开始依次确定这些变化，并估定它们的效益。因为这些效益是相应而生的，所以需要适度估计（步骤 D）其效率增长的百分比。

你已经对拥有的信息产品所产生的效益进行了估计。你的计划也预示了每一项信息产品何时可用。现在需要回答的问题是，机构在什么时候才能开始获益？保守估计，在特定信息产品首次使用一年之后可以开始获益，在一定的程度上这也取决于效益本身的特性。

第三步：对比效益和成本

在对开发系统所需成本和系统信息产品带来的效益增长进行评估后，你就可以估算效益及与其相关的费用。这个估算是效益—成本分析的关键所在，它将表明你的计划在财政上是否具有可行性，如果可行，那么何时你也可看到 GIS 投资的利益回报。

你可以使用一个曲线图将这个项目的效益和成本的比较通过形象的方式表达出来。如图 11.1 中的两条交叉的线，其交叉点是现金流转，它是一个正值。

在图 11.1 中，数值是按未折现的美元计算的，成本是用深色的线条表示的，它的最大值不会超过 200 万，当它到达最大值后就逐渐呈下降趋势。与此同时，效益（浅色线条）则在最初几年逐渐稳步上升，然后会一直保持平稳的高位状态。这个曲线图表明实施 GIS 计划需要从头到尾进行高投资，且主要是最初几年，而在项目投入运行之后的大约两年之后才会开始出现净效益。

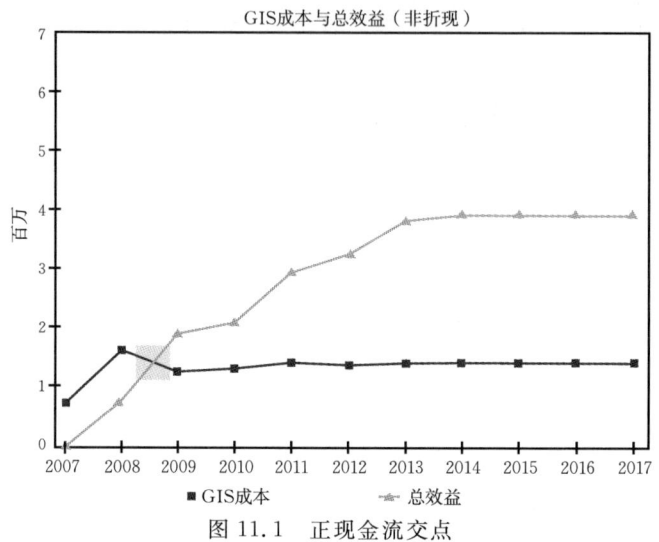

图 11.1　正现金流交点

你可以查看图 11.2，在此图中效益和成本是一对随着时间的推移而渐增的数据。每年新增长的效益或成本加上上一年的总数会得到一个新的总数。为了消除通货膨胀率的影响并且为了反映出真实的现金净值，所有的数值都要折现为 2007 年的等价值。

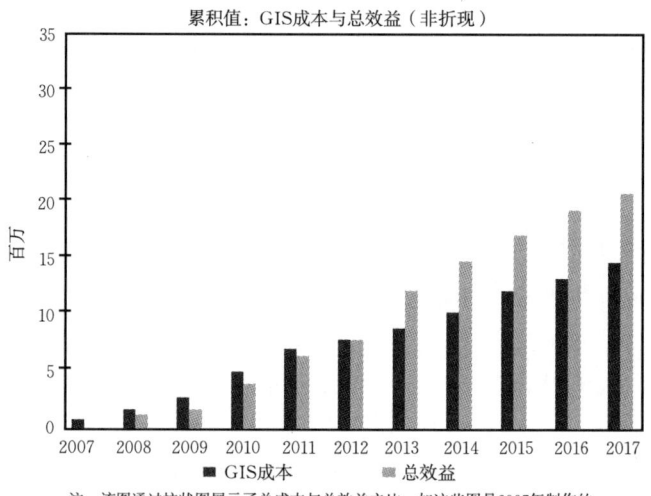

注：该图通过柱状图展示了总成本与总效益之比。如这些图是2007年制作的，当使用这种方法来计算投资值时，其总效益将在2013年超过总成本。

图 11.2　总效益超过了总成本

2013 年效益的积累总额会开始超过成本积累总额。一个计划完善和精心经营的系统在第四年和第六年之间某时开始其总效益就会超过总成本。

第四步：计算效益—成本率

最后一步你需要确定成本模型中所有成本的折现资金。在效益—成本分析中，如图 11.3 最底一行所示，你所利用的折现费用，就是为了获得实实在在的利益。当总金额或成本(高通胀率)很高时，折现就显得意义重大。如果时间跨度较大，那么就必须使用折现率将成本折现成基年数值以消除通货膨胀率的影响。

年成本	2007 年(基准年度)	2008 年	2009 年	2010 年
维护合同中的实际成本	100 美元	100 美元	100 美元	100 美元
折现为基年的成本(使用的折现率为 4%)	100 美元	96 美元	92 美元	88 美元

图 11.3　成本模型中货币的真实价值

基准年度也就是本年度，或者是初始效益—成本分析的那一年，也就是最早的那一年。例如，假定基准年度是 2007 年，合同上规定每年的维护费是 100 美元，由于通货膨胀的影响，2012 年的 100 美元的实际价值比 2007 年的 100 美元少。同样，2010 年 100 美元收益的实际价值也比 2007 年 100 美元的收益少。为了合理地评价投资决定，效益和成本都必须折现成同一年数值，即基准年度，来消除通货膨胀的影响。

举个例子，假若当前的折现率是 4%，那么去年的 100 美元就和今年 96 美元的价值是一样的。查看一下你所在的机构使用的折现率。确定不同时间的效益，按照如同成本折现的方法将这些效益值折现为基年数值。计算出每年的净现值和效益—成本比率，当前净价值(NPV)等于当前的效益值(PVB)减去当前成本值(PVC)。

NPV＝PVB－PVC

一个正的 NPV 值通常是确定项目是否可行的标准。效益与成本的比率(效益：成本)是一个表示投资的回报率的分数。通常我们将这个分数的分母值(成本)约至 1 是：

B：C＝PVB/PVC

例如投资 100 000 美元，获得 260 000 美元的回报额，则利益和成本的比率就是 260 000：100 000 或是 2.6：1。如果一项投资的效益—成本比率大于 1：1，那说明此项投资至少不盈不亏。

你可以估计关键参数的变化对全局结果的影响。这就需要对不同运行情况进行计算。在分析中，我们必须考虑到种种不同情况会导致产生的不同的费用，从而会导致产生不同的效益。这就是所谓的计算可变因素对利润影响的灵敏度分析。

这些基本步骤已经根据 Tomlinson 和 Smith(1991 年)出版的材料重新编制过。参考《International Journal of Geographical Information System(国际地理信

息系统杂志)》6(3):247—256,你可以从他们出版的关于计算 GIS 效益—成本分析资料中得到更多详细信息。

迁移策略

迁移策略的优良决定于所付出的努力程度。显然,在一个部门内安装一个小的系统与在一个大的机构中安装一个企业级系统是截然不同的。然而在大多数情况下,人们会在根据现有的数据处理系统来运行新的 GIS,这些现有系统需要从旧的系统转变成新的系统。所以无论范围大小与否,在此过程中你需要计划出事情的先后顺序,罗列出处理这些旧系统和新系统的顺序列表。

遗留系统及模式

遗留系统是 IT 领域对现有的(有时可能是相当陈旧的)将被新的技术淘汰的技术平台的一种委婉说法,但遗留系统也代表着所采用的以业务流程方式处理事务的现行方式,它们也必须被迁移。这是一个非常复杂的过程,因为它支持着正在运行的操作,这些系统应用程序必须完美无痕地迁移到新系统中去,并争取把对业务的影响降至最低点,要做到这一点十分困难。

就像你对新系统的了解、培训和使用需要花费时间一样,逐步淘汰遗留系统,重新配置资源同样也需要时间。通常这意味着遗留系统和新的系统之间会存在一个交迭时期。IT 专家记录了过早终止遗留系统灾难性后果的事例。为了避免这种情况出现,其关键是在你完全证实必要的数据和功能能够稳定地迁移到新平台之前,不要试图移除遗留系统的任何一个部分。

现有业务模式的迁移的确是一个挑战。许多人已花费很多年去开发和改进这个模式,并且他们支持机构内必需运行的业务流程。面对业务模式或流程继续的要求,提出了三种迁移选择方案:

(1)重建模式,以便以现有的方式来运行新的以 GIS 为中心的技术。

(2)升级模式,已运用 GIS 的实际运行方式取代之前的假设情形。

(3)废弃模式,去设计和构建一个全新的模式,利用 GIS 的功能使新工作流程成为可能。

以下是你需要问自己的问题:

• 构建出一个 GIS 数据结构的过程和模式有多么困难?

• 完成这一切需要多长的时间?

• 谁来完成这一切?设计原始模型的人员还能够胜任吗?

• 你想使新 GIS 拥有什么功能?它们能够迁移到旧模式中去吗?或者说有必要去重新设计和构建新模式吗?

考虑了这些因素，你就可以知道一个合适的迁移策略在实施中遇到的阻碍和可行性。

从遗留系统向新 GIS 架构的迁移完全依赖于供应商所提供的东西，包括已经在使用的和需要获取的新东西。例如，四五年前网络地图服务是从旧的地理文件系统（coverage 文件）基础上发展起来的，在旧文件系统基础上，雨后春笋般地涌现出了大量能产生发布数据库的软件。

这就是说你在考虑着取消旧系统，代之以更新的、以服务器为基础的技术时，除了购买新软件的费用之外，还要升级硬件和将整个数据库迁移到新的数据库平台之中。将数据库迁移到新科技最显著的好处是该发布是一种"开箱即用"的实现，它不要求使用其他新应用软件进行再编辑。你会非常期望这种新系统能够比旧应用程序更加可靠，并且在很大程度上能够降低旧应用程序的维护费用，因为随着硬件的老化以及硬件的可靠度的降低，继续使用旧系统将会很不划算。

新的考虑

从旧系统向新系统或应用程序的迁移会带来许多需要考虑的新问题。目前需要注意的问题如下。

- 进程：系统或者应用程序是否减慢了机构的未来发展速度？
- 费用：需考虑使用新系统，开发新的应用程序以及转换的费用。能够招聘到具备这种能力的员工吗？需要雇用或培训员工吗？
- 效益：现在有必要进行转换吗？估计一下转换所带来的效益。
- 未来转变：这种转换提议是否能满足将来的业务需求？在新 GIS 中的遗留应用程序和新系统在运行时是否协调？

这儿也有一些技术上需要考虑的问题。我们会很容易发现自己完全依赖供应商所提供的一切——已在使用中的和即将获得的。整个操作过程也包含了在不同模式之间映射相关的数据标准和数据集成。通过使用差距分析，你需要确定哪一个功能在新 GIS 中并不能使用，但你的信息产品可能会需要。如果为此需要安装些普通应用程序，那么就需要为这个管理预期准备点等待时间了。

试点项目

对许多机构而言，通过试点项目来逐步开展 GIS 计划和开发会更好一些。试点项目一般是对部分，或者根据你计划的 GIS 的小尺度规模进行测试。例如，一个在很多地区有分部的机构可能会先在总部和一个地区进行 GIS 实验试点。

在系统大规模实施之前，通过这种方法，使用者能够获得经验并对可能遇到的管理和通信问题有所了解。同样地，在一个部门内将目光集中于挑选出来的部分信息产品或部分数据库，并把它们作为执行的第一步是非常明智的。

试点项目是用于向管理层和潜在用户表示 GIS 计划的一种非常有效的方法。试点项目也作为一种方法来评估那些被人们所推荐的一些系统的性能，在最终费用模式形成之前解决数据方面的问题，同时它还可以用来检验成本和效益。

清楚地表明你的目的，并且要了解这个试点项目会经常被隐秘的动机所引导。当你的机构引进系统时，供应商会趋向于建议机构进行小规模的试点，因为这样会促使机构购买他们的系统。但实际上，小规模的试点项目可能会使采购过程产生偏好。请提防那些高级经理人的花招，因为他们只花费了少许的钱把小规模的试点项目作为获取 GIS 支持的手段。而处于基层的员工之所以偏向于试点项目是因为他们能够在规划过程中没有"激战"的情况下顺利运行 GIS。客观地看待这些目标将会帮你避免试点过程中出现纰漏。

如果存在任何的倾向因素，就应该避免进行试点项目。一个合适的试点项目在计划实施过程中应该一直是运行的，实际上，从一开始它就应该成为计划的一部分。如果你的计划很充分，并且现在就想执行，那么这个试点项目可能是一个有用的方法。

风险分析

为了保证 GIS 的成功开发，你必须对与你的实行策略有关的风险和项目失败的潜在可能性进行全面的评估。风险分析的基本方法主要考虑以下五个步骤的问题：

(1) 明确风险。
(2) 讨论风险。
(3) 阐述减少风险的方法。
(4) 评价每种风险并对其评分。
(5) 总结风险等级。（将第(4)步的得分合并成一个最终总分，通过这个总分，上级管理人员能够在总体上对该计划方案所涉及的风险的可接受性进行评估。）

第一步：明确风险

明确你的计划方案中所涉及的风险类型，评估下面的有关因素。

技术

• 当前采用的技术是最新的吗？

• 软件或硬件这次是不是首次发行？如果是，那么这些软硬件有缺点和瑕疵吗？

• 这种技术上的缺陷会妨碍它完全支持你的需要吗？如果是这样，那么你需要在购买这种系统之前和供应商签订合同，以确保消除缺陷吗？

如果能够证实这种技术并不能创造出 80% 的信息产品,那么你就处在高风险状态。

机构功能
- 你能够预见部门任务的功能性变化或者是部门功能的变化吗?

这些转变需要花费很长时间,使你的计划复杂化,同时这会增加风险。

机构交互
- 从机构结构上看,是否包括很多代理机构?
- 他们分布在不同地方吗?

有很多代理或很多场所会使你的执行工作更为复杂,也会增加执行工作的风险。

- 管理方面有必要进行变动吗?

这些转变要花费很长时间,你需要知道在没有转变或在拖延转变的情况下你是否能够成功。

限制
- 有预算限制吗?
- 项目的时间安排是怎样的?

充足的资金和切实可行的时间安排是成功的要点。

股东
- 股东的出资方式是不是多种多样的?是否包括联邦政府、州政府、地方政府和私人部门?
- 是否需要涉及公众、媒体和议会团体?

计划实施过程中包括各种出资者,这是很重要的,因为他们会为你的方案投入大量资金,然而股东越多,风险越高。在计划实施过程中适时的协商,达成共识能够减小这些风险。

整体复杂性
- 计划中存在的整体复杂性是什么?
- 你必须要遵守哪些联邦法规?
- 在此过程中是不是有多个供应商?

执行过程中复杂性会使你花费更多的时间来处理每一件事情。

项目计划
- 你的项目计划是否经过良好的设计?
- 你的执行策略和现存的经营战略是否一致?

根据实际制定的计划能降低风险。如果计划方案的目标没有良好的设计,你就可能会花大量的时间和金钱在处理错误上。

项目管理
- 你使用的是否是经过实践检验的方法？
- 是否有确定内部责任制？
- 内部是否设有质量控制系统？

项目安排
- 项目安排的最终期限是否合理？
- 你是否使用项目管理工具来制定项目安排？

为了确保你的项目能够按时并在预算范围内顺利进行，专案项目管理和计划安排是必要的。

项目资源
- 你是否有足够的训练有素的员工？
- 你的机构内是否有知识缺口？

如果你没有足够的训练有素的员工，那么你需要计划再雇用一些或对他们进行培训。

第二步：讨论风险

明确风险之后，把它们逐个放入整个计划中，联系前后考虑它们在整个计划中的影响。例如，你的员工能熟练掌握新技术吗？或者在计划执行中你是否冒着产生或者扩大知识缺口的风险？探讨一下与你的员工现有技术水平相关的新技术，你就能够很好地了解到你所面临的风险水平，以及如何才能够降低风险。

第三步：阐述减小风险的方法

一旦风险被识别并经过讨论，那么就需考虑那些可以减小风险的因素和方法。考虑到知识缺口，在无经验员工使用新技术计划过程中为了降低实施风险必须作出两种准备：
- 依据培训计划评估当前员工的技术水平。
- 只从那些已建立培训系统并有必要的培训预算的公司购买软件。

第四步：评价每种风险并对其评分

评定你的计划中每种风险的可能性和严重性，并给其打分。将这些与知识缺口相关的风险进行量化，你需要问以下几个问题：
- 你的员工的技术水平不足以应对新系统的可能性有多大？
- 这对方案的执行和机构及部门的影响有多大？

如果你了解你的员工的技术水平，就可以评定风险的可能性。你可以根据风险对系统执行过程的影响以及对机构功能性影响来评定风险的严重性。据此给每一种风险确定能反映不同风险水平的权重。

第五步:总结风险等级

最后一步需要总结风险因素。从第四步总得分来计算出平均分数,这个平均分数决定着方案的风险水平是否为机构所接受。由于承担风险的是机构,因此当机构使用他们自己的方法来分析风险时你不必惊讶,许多机构都是这样做的。如果你也这样做,那么请根据机构自己的方法来评定风险。若规划项目达到了它的风险水平标准,就是到了设计你的 GIS 实施策略的时刻了。

第 12 章　规划实施方案

实施规划将阐明通往 GIS 的成功之路。

你已经知道自己所在的机构需要什么，现在是时候来探求怎样满足这种需要了。时间如何安排？是否会出现妨碍 GIS 实施的障碍？需要增加员工吗？规划方法学的最后阶段以考虑影响 GIS 实施的问题为开始，以将实施方案提交给管理人员为结束。

在处理完一些最后的工作，阐述了对所有遗留问题的考虑后，你要在最终报告的执行方案总结部分中，以及在对执行董事会进行专业汇报时，阐明你的推荐方案。你的报告应该有效地表达以下几方面内容：

- 提出实际的策略，该策略应该可以概述实施 GIS 需要的具体的行动。
- 突出强调最新（如果有）增加的实施行为，或者是已经被认可的需要特别关注的方面。
- 一份列有高级管理人员需要考虑的事项和行动的清单。
- 阐明所有的前期规划工作，包括所有的相关文档，以便佐证你的建议。

包含整个项目的那些文档可以放在一个硬纸盒中，这些文档就像是活页册中的附录，可以作为总结报告的支撑材料。报告从执行方案总结部分开始，之后是以下六个部分（如第 179～181 页所述）：

(1) 战略业务计划的考虑因素。
(2) 产生的信息要求。
(3) 概念系统设计。
(4) 建议。
(5) 时间安排。
(6) 可选择的资金。

将其呈交给指导委员会审阅，然后，经过必要的调整，就可对执行董事会进行汇报了。

汇报对于不同级别的人员而言都很重要，但是不要将其视为"银弹"（制胜的法宝）。执行管理者们应该已经同意了你的实施计划，因为你一直将他们视为圈内的知情人士，并已将计划告诉了他们。如果你没有告诉他们，他们也并没有同意你的实施计划，那么就没有报告可以让他们信服。另一方面，这些人已经支持了你一年或一年以上，为你的每一步行动支付了费用，他们应该得到一份最高质量的报告以便知道你都做了些什么。如果你已经将你的工作做到了位,他们应该已经提前阅读了你报告中的每一个字,并期望这份报告可以作为确认他们之前的认可是正确的一个条件。因此将需要他们认可的内容呈现给他们,而且要清楚地阐述这些内容,不管他们的 GIS 是不是基于服务器的系统;成本将会变成什么样的预算年度;需要增加多少个职位,要从哪笔预算中支付,如此等等。

实施规划

实施规划是你全部工作的紧要关头,因为在这一过程中,你会感受到潜在变化的影响(可能是深远的影响)。系统实施时,现实世界中的混乱会影响到你有序的规划过程。只有通过通向最终实施的一条清晰明确的道路,才能期望我们的努力可以带来积极的改变。

由于开发一项实施战略会涉及许多任务,而且这些任务是同时出现的,因此团队协作可以起到一定作用。如果你还没有与一个系统开发小组一起,那你可以组建一个 GIS 指导委员会。如果你还没有这样做,你可以和所有相关的机构和部门联系,以便使你们的努力同步,并解决任何出现的问题。为了使之后的技术采购更加简便,你可以提前让供应商提交一些怎样可以用最有效的成本为 GIS 调配硬件和软件的建议。

同时,你要考虑到参与 GIS 实施的所有的、各种各样的战略组成部分,包括非常重要的人员配给以及培训要求、时间表、工作的分配、成本,以及你为选择性策略和风险控制提出的建议。你要依据你在初步设计文档中收集、查阅的关于数据和概念性设计的信息做出具体的建议。

本章论述的是实施规划涉及的工作和问题。你计划的目的是得到 GIS 实施的资金。这个慎重、循序渐进的过程还有另一个目的:在正式实施之前,通过面对必须考虑的问题来编制计划,你要进一步地保护你的项目使其远离失败。因为你并不总是有其他机会,因此确保首次实施就成功很重要。

你需要来自用户的支持几乎和来自资金的一样多。要记住,由于现有的操作采用了所有的新信息系统,因此注定会有波折。即使你采用了行业标准的硬件平台,并只采用了测试良好的 GIS 软件,你的应用程序仍可能在他们的首次发售中出现故障。长期任职的管理人员认为他们管理三个相互关联的项目:预算、日程安排以及功能。任意两者都会影响第三者。为了控制预期值,你应该为用户准备这些内容,同时让他们知道他们给出的明确的沟通反馈会帮你调整好系统,并将其用于运作良好的机械设备上。

从某种意义上说,在进入真正的实施之前的阶段是规划过程的最后阶段。显然,只要有要操作的系统,GIS 规划就会继续,但是在项目开始之前,规划的原始窗口很快就会被关闭。从那时开始,所有的一切都会同时在生产环境下发生。为了使你的实施计划成为成功的向导,你必须在充分考虑适用于你所处环境的所有因素的情况下对其进行计划。本章所详细阐述的问题可以为你制作 GIS 实施策略建议做好充分的准备。

组织你的项目

在开始 GIS 实施之前,考虑如何组织才能使管理人员和 GIS 员工之间的关系最为有效十分重要。表明其职务及其职责,并建立良好的交流方式可以很大程度地帮助任何 GIS 的实施。GIS 指导委员会和系统开发团队在促进其实施方面起关键作用。

GIS 指导委员会就关于项目管理、项目范围的变化以及当项目落后于日程安排时该如何处理等方面帮你做出决定。作为和机构内高级管理人员必要的连接纽带,GIS 指导委员会应该在决策制定的过程中发挥积极的作用,除了其他事情,他们还要帮你决定什么时候需要变更优先次序、按比例缩小新的应用程序或扩建项目(见图 12.1)。

指导委员会的构成方式依据机构的类型和大小而不同。在大的站点,指导委员会可能包括项目发起人(即所说的项目赞助人)、GIS 管理人员、至少两名客户代表、一名管理人员代表以及一位强化 GIS 管理人员技术观点的技术专家。在中等或小型站点,指导委员会包括项目赞助人、GIS 管理人员、一位客户代表以及一位管理人员代表(见图 12.2)。

系统开发小组监督设计实施,总结进展并且当问题出现时指出问题。团队要向项目指导小组报告。小站点的团队可以小到只有一两个人,中等站点可以是最初的四五个人(团队可以趋向壮大)。不管大小如何,其任务是一致的。团队的主要功能如图 12.3 所示。

系统开发小组的构成方式依据机构的大小和类型而不同,然而,无论什么情况,系统开发小组都应该包括一名 GIS 管理人员。在大的站点,团队应该包括 GIS 管理人员、来自机构企业方的一名专家(他应该非常了解应用程序如何起作用)、一名 GIS 技术专家以及一名 GIS 数据库分析专员(他应该懂得逻辑数据模型以及不同的数据元素间的联系),如图 12.4 所示。

在较小的或中等的站点,系统开发小组可能仅包括一名 GIS 管理人员、一名来自企业方的专家和一名数据库分析专员。如果一个人要做多项工作,而且这些工作必须要完成,由于系统在发展,他或她应该将刚刚提到的、具有不同类型专业知识的专家联合起来。

职责	工作描述
审阅系统开发小组的报告	GIS 指导委员会成员应该每月举行会议,以便审阅系统开发小组的报告。指导委员会积极地参与决策制定过程很重要
检查项目状态	在指导委员会会议期间,应该检查 GIS 项目的当前状态,这种状态对实施具有里程碑式的意义
发现问题并提出预警	核查项目的进程并与日程安排进行对比有助于尽早发现问题,并可以做出调整
做出必要的调整	每次 GIS 项目要求发生变化,或需要添加、删除一些东西时,做出的改动需要用文件记录。如果你可以在已经被认可的范围内管理项目,可以按时完成的可能性较大。控制范围的一个方法就是当你要扩大项目或不打算扩大项目时,要让管理委员会做出决定

图 12.1　GIS 管理委员会的职责

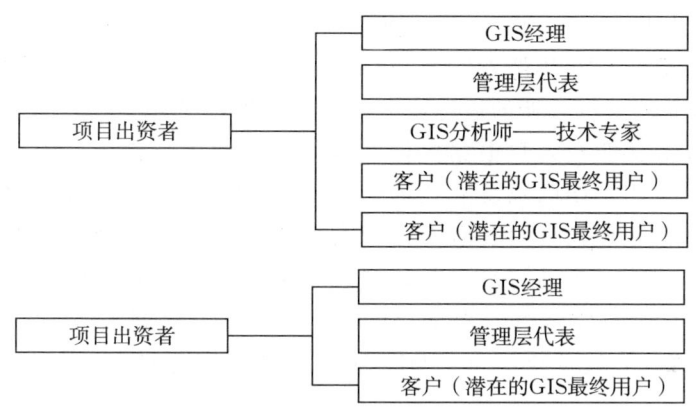

图 12.2　大型和小型管理委员会架构

职责	工作描述
解决设计问题	系统开发设计小组讨论、解决出现的设计问题
关键途径中需要集中注意的活动	关键途径方法是一系列可以应用的项目管理工具之一。它是发现任务,并找出对按计划完成项目最为重要的工作顺序。对非关键任务也可以加以辨认。这些非关键工作可以在不影响整个项目的工作安排的情况下延迟。关键途径方法通常有助于在项目开发过程中将焦点集中在系统开发小组最重要的活动上
平衡工作量分配	系统开发要负责平衡工作量以及平衡分配给员工的工作
定期开会并报告进程	系统开发小组要为指导委员会准备定期的进程报告(通常每月一次)。系统开发小组还应有定期的开发会议。开始时,可能是每日会议,然后变为每周一次。你应该准备一份正式的日程安排并报告团队每周的进程情况,这样可以至少保持进程间的联系。通常,程序设计者会就需求量做出假设,然后会浪费掉一至两周的时间设计出一些无法起作用的东西。频繁的会议是解决这种"陷阱"问题并回归到正题上的一种方法

图 12.3　系统开发小组的职责

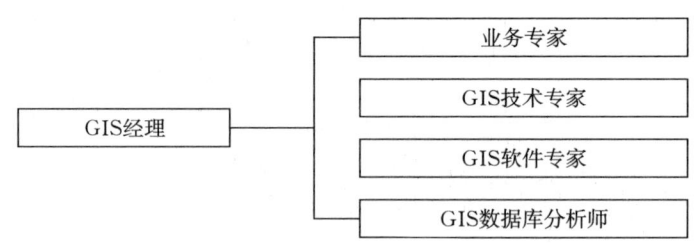

图 12.4　系统开发小组架构

人员配备和培训

在 GIS 规划中,没有比人员配备和培训更重要的部分了。一个成功的 GIS 依赖于建造它、管理它发展以及随时间推移而维护它的员工,这种依赖程度极其强烈。世界上最好的 GIS 计划不一定成就一个成功的 GIS——它决定于人。

要与每个受到 GIS 实施影响的部门讨论人员配备问题。对所有系统来说,GIS 的人员配备是一项长期的运行成本和一笔主要的开支。

与 GIS 相关的职员人数根据机构结构的类型和大小而定。大的机构,由于具有分布广泛的用户团队以及复杂的应用程序,因此可以要求配备各式各样的员工——从网络管理人员到数据库管理人员再到 GIS 专家和程序设计者,当然还有负责监督这些员工的管理人员。在较小的机构,职员可能要充当多个或所有的角色,但这样同样可行。例如,作为仅有的 GIS 管理人员,你可能要负责GIS 规划、系统设计及管理。一个 GIS 分析专员可能也要负责不同的软件包和应用程序。

第一道分水岭是 GIS 核心人员(他们是 GIS 的基石)和 GIS 终端用户间的划分;在你组建工作团队时,要特别注意这两个团队。管理人员和系统管理队伍属于至关重要的员工,但并不属于这两个团队中的任何一方。一个 GIS 实施所要求的基本职位都应具有相关的技能要求。(这些在附录中都有详尽的描述,一同出现的还有更多的关于人事要求以及培训选择的描述,这些培训选择可以使 GIS 员工和终端用户了解其目前形势。)

无论什么时候,只要 GIS 未被充分使用,一个主要的原因就是缺少员工培训。一个不言而喻的事实是:如果一个系统不能满足人们的需要,他们很快就会放弃,并继续用旧的、安全的方法。没有人可以责备他们。他们有他们的工作要做,而且单凭存在的高科技系统无法帮助他们。系统也不可能自己运行,需要活生生的、会思考的人在 GIS 的环境构建空间问题,并对他们的问题寻求有意义的答案。人们需要知道,如何根据他们的理解运用这些工具去解决工作问题。"培训、培训、再培训"将会变成你的战斗口号。

第 12 章 规划实施方案

> **实施规划中需要说明的重点问题**
> 部门人员配置
> 培训体制
> 机构的合作需求
> 系统要求和数据共享
> 法律审核
> 安全问题
> 现有的计算机环境
> 迁移策略
> 风险分析
> 可供选择的实施策略
> 系统采购

知识代沟

机构必须要经常再次审查人员配备以及培训问题，以应对技术的发展。如果他们现有的员工没有可以充分利用科技进步的技能，新人员的雇用和现有员工的培训这两者相结合可以弥补这一不足。"知识代沟"是指这样一种现象，科技的新性能的发展比机构利用这些性能的能力增长得更快。以 GIS 技术为例，在 1990 年之前，并不存在知识代沟，人类要比他们的 GIS 更有能力（见图 12.5）。

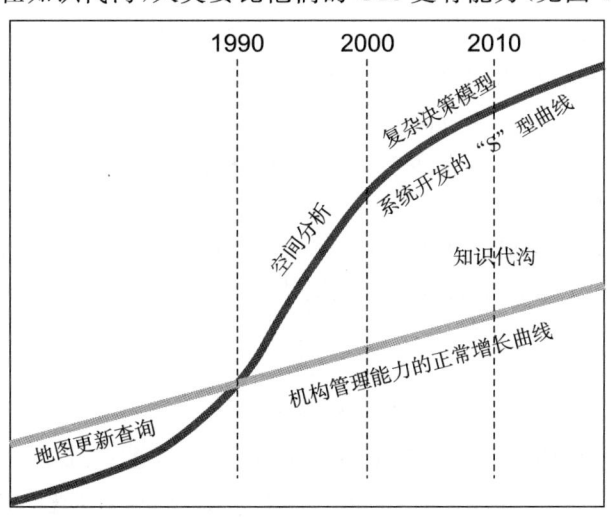

图 12.5 GIS 技术：比运用它的技能增长得更快

到 2000 年，GIS 发展的速度已经超过了机构管理能力的正常增长趋势。这说明现在的系统比人类的能力更强，而机构内技能的普通渐进式增长速度跟不上科技的发展。近来，GIS 发展的相关曲线稍微趋于平稳，然而在充分发挥 GIS 所有性能之前,管理上还有很多需要学习的地方。预期的知识代沟对机构内的培训策略和预算承诺具有明显的影响,但是它也可以对高等教育机构的能力产生影响,这样可以使这些教育机构提供一些必须的技能培训。

机构可以改善其共同的技能基础的程度,以及机构内部要采用的技术程度,这两者有直接的关系。这些技能是机构用来影响科技以提高生产力的工具。只有认识到知识代沟的存在并为消除这种差距而加以努力,才能意识到知识代沟也是机遇。

一些机构试图通过雇用顾问操作 GIS 来避免知识代沟,它们认为这些"雇用枪手"可以为公司带来所需要的知识。尽管是一种可能,但极少有例子证明这种做法可以被推广。雇用顾问只是机构购买真正需要的技能的另外一种方法。这只是对长期需求的短期解决方法。

看看这个例子,一家加拿大石油公司花费 200 000 美元开发了一个复杂的环境 GIS 应用。当应用系统完成之后,两位核心成员离开了公司,而公司里的其他人员没人能使用这个系统。与规划和实施相关的每一个人一定觉得他们浪费了时间。这个故事的寓意就是 GIS 开发机构需要真正可以使用系统的能人为其工作。

培训计划

确定了 GIS 实施所需要的员工之后,对你现在已有员工的 GIS 能力进行评估,并根据职员种类制定一个合适的培训计划。要强调的是连续的职员培训对于所有 GIS 员工来说是必要的,而且要详细列出这是怎样包含在预算中的。首要的核心 GIS 员工需要进行不断进步的培训,从而可以使他们与新方法和新科技同步。你需要推荐一个可以为各等级的 GIS 职员做必要准备的员工培训计划。

构建一个强有力的内部职员体系是一个过程,而不是一种活动。过程本身可以营造一种不断变化的机遇氛围。精挑细选的雇用实践和不断更新的培训当然是必须的。但是你必须要创造有助于学习、有助于培养独立精神的环境。这也是用于应对变化的前瞻思考的一部分。要为知识发展提供有趣的富有挑战性的工作、有用的管理环境以及不断的机遇(包括培训和其他 GIS 专业人员的协作)。

将附录 A 用于员工配给和培训,并将其作为获取所需培训和用于其传递的指南。

组织性问题

在规划过程的所有阶段,都存在管理和组织问题;在 GIS 实施阶段,其具有优先权。当与其他机构一起工作时,实施变得更加复杂,但可能这是值得的。随后出现的更为丰富的数据库以及更实用的系统可能得到真正的应用,这为更多的 GIS 应用程序的产生创造了空间。

为使你的努力不白费,你必须要与规划和实施过程中的所有参与方联系。参与方可以是现在或将来与你的项目有既得利益的任何个人、团体或机构。这些参与方可以包括与你合作的机构、规划 GIS 相关服务的终端用户（市民或是商业用户）、媒体或有特殊兴趣的团体。

你可能已经和其他的机构或参与方联系过，现在你必须要重新拜访并理清这些关系，而且在必要时加固这些关系。

这些关系可能都不相同。有些可能会更加正式甚至涉及法律。例如，在法律上，可能要求一个城市规划部门立即将新街道的开放情况报告给紧急路线制图应用程序的管理人员。不太正式的关系可能会随着具有共同目标或目的的其他机构的变化而不断变化。比如一个交流群网为了他们共同的利益而共享环境数据。

你必须要考虑到你的机构与这些截然不同的外部参与方的关系将会怎样影响你的 GIS 项目。问问自己以下几个问题：

- 在这些参与方中谁可能会阻碍或阻止你的系统实施（也就是，是否有"演出终止者"）？
- 你应该要将你的项目告诉谁以确保你有持续的支援？
- 如果另一个机构不能继续实现对你的 GIS 项目的承诺，会出现什么情况？
- 谁负责管理关系？
- 如果关系结束，会出现什么情况？

机构的合作要求

如果在你的 GIS 项目实施过程中，需要和其他机构、代理机构或部门进行互相配合或合作，要考虑同他们的职责相关的协议是否是必要的。这些协议应该至少存档在协议备忘录（memorandum of understanding，MOU）中。如果系统需要依靠这些合作，就需要正式的合同。

企业范围内的 GIS 开始激增，因此对包含数据要求相关的每个机构和部门的委任值得重复：所有这些都应该包括在规划过程中。

数据共享协议

逐渐地，你的 GIS 会需要来自不同资源的数据，这会导致对与一个或多个其他部门或机构建立系统性数据共享关系的需求。你的实施策略必须要清楚数据共享协议的本质，这个数据共享协议有可能会成为 GIS 的一部分。根据你对即将生产的信息产品和 GIS 数据要求的了解，同可能涉及的每一个代理机构、机构和部门联系。例如，对于国家或市政机构，这些联系应该包括与当地政府机构、州机构、联邦机构、合伙企业以及多机构团体的联系。

如果你的计划需要来自本机构外部，同时对你自身的 GIS 至关重要的数据，你应该同其他机构或代理机构缔结一些正式的协议（例如合作协议或合法契约）。协议应该论述以下内容：

- 如果其他机构未能提供分享部分的数据，将会出现什么情况？

- 谁要负责及时的更正、更新数据?
- 应该准备什么样的备用品和安全措施以确保不断地存取数据?
- 谁决定收集并共享进一步的数据?
- 谁负责为数据采集(包括维护和更新)提供资金?
- 谁负责协调日常的数据管理工作?

由于数据交换可以降低数据采集的成本(在 GIS 实施中,数据采集通常是一笔很高的成本),因此存在一种较强的数据共享精神,尤其是在美国联邦储备局和州政府机构之间。尽管在这个对安全加强关注的年代,这种精神已经稍微缓和,共享还是有利可图的。

在实施之前或实施过程中,机构时常发现其他机构具有他们先前不知道的数据或他们认为有一定价值的信息。例如,在澳大利亚,有人发现六七家州政府机构拥有对彼此有用的数据。然而之前,几乎没有或根本没有数据共享。在 GIS 规划过程中,他们发现只是简单地通过共享他们已开发的数据,就可以生产新的、更好的信息产品,这可以给每个代理机构带来巨大的利益。换句话说,有时候,通过建立机构间的关系可以给所有的参与方带来巨大的经济利益。

系统要求和数据

初步的设计文件要列出系统需要完成的工作,包括需要创建的信息产品,需要的系统功能,以及数据库中需要的数据。在推荐实施系统需要完成的行动之前,要确保已经将所有部门和其他机构需要共享的你的 GIS 内的数据要求考虑在内。

数据交换问题

如果忽视了与数据交换相关的重要技术问题,包括数据形式和精确性、元数据标准以及数据的地理位置,你可能会出点差错。为了找出多重代理机构或多重机是如何影响你的项目,你需要回答两个重要的问题:

(1)哪些信息产品需要多重代理机构数据?
(2)新的信息产品带来的效益能否成为为代理机构带来多重机构规划的原因?

如果第二个问题的回答是肯定的,你就有充足的理由为数据交换进行合作,而且你可能因此具有要求为规划过程联合筹款的优势。

数据开发完成之后,每个机构和部门正确地使用数据是很重要的,因此你接下来的另一项工作应该是制作明确的用户指南以及元数据。

部门阻力

由于数据可能是 GIS 的一大笔开支,因此对所有的参与方来说,数据共享比较明智;但这并不意味着数据共享总是很简单。由于以下几种原因,你可能会在机构的部门间遇到对数据共享的阻力:

- 数据可能不足,并给部门带来不好的影响。

- 对某些人来说,数据意味着力量,可能会出现占有欲("它是我的")。
- 当数据代表一个功能的职责时,它可能成为一个部门预算拨款的通行证。
- 资源部门可能认为其他部门不具有适当使用和维护数据的能力。
- 性格冲突:制度上的冲突。

数据必须在部门的自身利益上进行共享。无论是他们会从现在可以制造的信息产品中受益,还是他们要证明需要遵守上级的指示(如财政委员会指示、内阁协议、政府政策指示)。

法律审核

如果 GIS 中的数据使用涉及法律问题,你的最终报告中应提议一个法律审核。例如,尽管在自动化之后,你不会再用原来的纸质文件,但是如果原来的纸质文件有关于美国宗地的法定说明,可能就会要求你保存这些文件。

在测量学领域,原来的纸质地图可能要被作为法律要件而被保存。到目前为止,数字化数据并不具备与书面记录相同的法律地位。出现法律争端时,用到的是纸质地图。如果测量员采用了新技术,这可能会发生变化。

在实施策略的准备阶段,你应该与了解你情况的公认法律专家商讨。政府部门和其他机构对 GIS 数据的应用急剧加速,这引起了许多新的、有趣的法律问题,这些法律问题与地图从纸质形式向数字形式的转变有关。在判定法律问题可能以何种形式被作为某种因素而被包括到实施规划之前,要意识到这些法律问题的存在,而且要确保和你的 GIS 相关的所有法律问题已被彻底地审核过。

你应该同时提出可以减少风险和障碍的建议,这些风险和障碍可能同你机构的 GIS 数据和信息产品中可能出现的错误相关。数据中可能出现各种不同类型的错误,弄清楚你的机构的障碍并提出关于减少这些障碍行动的建议很重要。错误的数据可能是由错误的数据输入方法、人为错误或对程序或测量仪器的错误使用方法引起的。有些错误可能比其他的错误更加严重,而且产生的障碍可能影响其他应用程序。GIS 管理人员需要知道他们遇到的这些障碍的大小。

安全问题

你必须要进行一次安全审查,决定所需要的安全措施的类型和数量,从而保护你的 GIS 免受损害。通过对安全审查的评估,在总结报告中,你可以就如何减少系统损坏和数据损毁的可能性提出建议。

通常,当提及"安全"时,头脑中基本的想法是对数据投资的保护。不幸的是,如今我们也遇到了恐怖主义问题,这为"安全"这个词带来了多层意义。在这种环境下,场外的资料复制和功能系统能力变得更加重要。一些代理机构不需要或只需要很少的停机时间安排以便提供"业务持续"。

全面的安全概念是有帮助的。尽管没有完美的安全解决方案,但分层防御方法最有可能接近所必需的保护程度。该结构的每一个等级都应该用适当的访问控制进行保护,作为开始的是对桌面环境的受控访问。先向公认的专家咨询,看在你的机构中采用什么样的方法来审查安全问题是可取的。

保护 GIS 投资

设计系统备份和数据安全以保护你的 GIS 投资。对机构而言,GIS 主要的利益之一是当数据库随着时间不断扩大时,其价值不断上升。不管你的数据库现行价值如何,如果妥善维护,其价值在五年内会急剧增加。由于 GIS 性能对业务流程的改善,来自 GIS 数据库的信息价值会提升。一个成功的 GIS 很快会成为机构日常运作不可或缺的一部分。这就是为什么一个完备的安全计划是必须的。

因为存在系统或数据被破坏,或者不明原因被损坏的风险,所以需要引起足够的关注。任何信息系统都会受到损坏的影响,不管这种损坏是蓄意的还是意外。一个闹情绪的雇员可能会故意损毁数据,"黑客"可能会盗取信息,计算机病毒可能会通过邮件进入服务器,恐怖分子可能会摧毁相关的建筑物。自然灾害也构成一种威胁,如地震、火灾、飓风和闪电,这些都可能中断 GIS。

尽管偏差行为和自然灾害都是有趣的话题,在日常操作中,在许多机构中,更常见的是一些威胁。细想咖啡溅洒在不正确的地方可能会产生的影响,一个心存好意的员工不小心删除或破坏了一个数据库,或由于没有自动的备用电池而导致的电力中断。

实施安全审查

当实施安全审查时,要检查数据库物理方面、逻辑方面以及档案方面的安全措施(见图 12.6)。物理性安全措施负责保护和控制对计算机设备、包括数据库的访问。物理性安全防止人们的入侵和偷盗行为(如防盗门、防盗绳索)以及环境因素如火灾、洪水或地震(如火警警报、防水工程、电力发电机)的灾难。

物理性安全	逻辑性安全	关于档案的安全
阻止通过不法手段对主要的数据存储的访问	制定一个对终端机进行访问的政策	为数据的副本建立一个审计追踪
审查新建筑物的建筑计划以确保适当的气候控制	通过文件类型建立一个访问矩阵	建立一个非当地的后备设施
建造一个公共的工作室,这样员工就不用进入目标资料保管室工作	检查一下储存媒体的保护措施	创建并组织元数据
实施文件签退和随访程序	购买防病毒软件	购买储存媒体

图 12.6 一份典型的安全审查

以下是针对物理性安全而提出的一些建议:
- 限制进入存放主要数据的存储终端的房间。
- 在可以的情况下,对新站点的建筑计划进行审查。
- 安装火警警报以及防盗警报。

- 实施文件签退和跟踪程序。

逻辑安全措施主要保护和控制对数据本身的访问，不论是通过密码保护或者是网络访问限制。一种常用的安全措施是指定只有数据库管理人员具有对特定的数据集进行编辑和更新的权力。以下是对逻辑安全的另外一些建议：

- 为终端访问制定政策。
- 保护和控制所有的存储媒体。
- 为病毒扫描制订计划。
- 建立矩阵显示文件类型访问情况。

档案的安全意味着要确保系统有备份，并确保正确地将这些备份系统存储在远离当地的场所。在法律上，许多机构被要求将他们的数据存档。这意味着系统必须具有制作这些档案文件的功能。未经分析的数据传输远远不够：必须要存储元数据、关于以前的编码和更新实践的信息以及数据的位置，这样万一系统失败就可以进行快速恢复。为了确保档案的安全，考虑以下几种方法：

- 建立非当地设施以存储档案资料。
- 创建审计跟踪以便追踪数据集的副本。
- 撷取每一次的数据处理。

在初期的安全审查之后，要考虑到现在或以后的安全风险如何影响你在最终报告中的提议。这些建议应该考虑到同安全相关的物理的、逻辑的以及和档案相关的问题。

现有的计算机环境

你已经从概念的形式上概述了支持新的 GIS 所需要的基础设施。在作为实施策略的一部分并将其最终化之前，检查一下你所做的概念上的科技系统设计（第 10 章）。你的机构可能已经对现存的技术基础投入了大量的时间和金钱（见第 11 章的"迁移策略"）。你对实施策略的建议应该将系统对硬件和软件的偏好考虑在内。

提议实施的 GIS 应该毋庸置疑地展现出你的机构的新技术和进程。你的规划进程几乎不会产生一个彻底的、全新的系统。相反，典型的 GIS 计划必须要考虑 GIS 要怎样才能和现存的计算机环境，即所谓的原有系统相融合。

正如它们的名字所示，原有系统带来了使用方法的历史，而且人们会继续依靠它们。与原有系统简洁规则的连接对整个项目的成功至关重要。书写的机构标准以及对同 GIS 相关的系统集成采用的措施将会有助于实施过程的畅通，减小对一个新计算机系统的阻力，而且可以在终端用户之间构建支撑。

系统集成问题

到现在为止，你已经考虑了计算机环境中的以下几个方面，而且这种计算机环境必须要和你的 GIS 共存；现在重新访问这些内容，并将已经准备就绪、需要升级或改变的硬件和软件最优化。

目前使用的设备：列出你的整个机构现在所使用的供应商平台(包括远程资料站)。

设施的布局：收集或创建设施地点，以及与他们相关的网络设施的图表(通过部门和网址)。

通信网络：列出 GIS 连接打算使用的网络的所有类型以及供应商(专用、机构内部使用、商务用)。弄清楚在局域网和广域网中发生的情况。协议是什么，TCP/IP(传输协议/国际协议)、IPX(互联网分组协议)还是 NFS(网络文件系统)？GIS 所要使用的每个连接的宽带是多少(如 T3、T1、ISDN)？

可能存在的性能瓶颈：找出丢失或不足的通信线路、故障容差、系统安全以及回应—需求问题。

机构政策和偏好：考虑一下你的机构的 IT 文化。是不是所有的硬件来自所偏好的某一个供应商？有没有使用一个标准的操作系统？是否采用了采购政策和使用标准，或是否已经建立了持续关系，要仔细考虑这些问题。采用不同的系统，除了会有支持和认可以外，还可能会引出问题以及导致对额外的职员培训的需要。

未来的增长计划和预算：GIS 必须要在机构的财政结构内运行。必须要遵守预算集，因此 GIS 管理人员必须要关注成本，并确保在可以负担的范围内高效率地进行工作。如果资金用完了，像用户应用程序的宽度、系统性能或可靠性等问题会遭受重创。应该在之后的受益—受损分析中考虑一下初期所预期的预算。

迁移策略

你已经检查了你机构中现存的计算机环境。现在你必须要提出一个数据迁移策略的建议，以便将其从现存的系统移入新的 GIS。整合新旧系统的详细计划要包括在策略中。推荐方案应该说明是否需要更替、重建或者将原有系统使用的模型技术整合到新系统中。

风险分析

实施可能会受到四组主要风险的影响：技术、预算限制、项目管理和进度安排以及人力资源。提出关于减少已认定风险的步骤的建议，将风险分析的结果列入最终报告，这样有助于确保高级管理人员意识到事先已发现的所有实施困难(见第 11 章的风险分析部分)。

可供选择的实施策略

将可供选择的实施策略在最终报告中列出，建议多种策略(即使你有很强的个人偏好)表明你在为你的机构寻找最好的方法。试想和一个地理范围的集合一起使用试点项目，尤其是当你关注任何特殊的数据集融合的容易程度时。然而，要注意将一个试点项目用作规划替代品的情况。毫无疑问，那种方法会产生一个不完整的系统设计和一定程度的挫败，而且也会浪费时间。

系统采购

怎样采购你的系统是实施规划的一部分。你必须要考虑到两个关键的因素：你所在机构的程序要求和计划系统的特点。

当预期的支出增加时，许多机构的采购要求变得越来越严厉。低成本产品、一般产品通常以最少的精力进行购买。可能对较昂贵产品和服务的采购要求最多，要制定出采购决定所需要的后续步骤，即使不是全部的步骤。

这张清单应该是对你所遇到的、最为详尽的采购程序的描述——一般的机构可能只进行这些步骤的一半。不管你的机构需要什么样的步骤，将所有的这些步骤在最终报告中列出，这表明你已经说明了你的采购计划需求的原因。使用当购买硬件、软件技术和服务时所采用的步骤。

步骤 1：资格要求(request for qualifications, RFQ)

RFQ 是对每个潜在的技术供应商的资格的要求。RFQ 是非强制性的，但是要在采购过程的早期完成。作为答复，供应商应该根据其以往经验分辨出其所供应的系统的类型。这可以帮助你决定哪些供应商有能力提供和你计划相类似的系统。

步骤 2：招标预告通知书(request for information, RFI)

如果你有一个可能会被供应商垂涎的较大的采购，而且供应商可能会对这个采购提出异议，RFI 尤为重要。

步骤 3：招标书(requset for proposals, RFP)

RFP 邀请供应商提出满足你所在机构的需求的硬件、软件和服务最具成本效益的组合建议。(关于如何准备 RFP 的详细的指导原则见附录 D。)在 RFP 中，你可以让供应商按照你要求的格式提供标书。你可以建立一个等级系统对这些标书进行比较。如果你购买的是一个重要的企业级系统，而且已经计划好了进行基准测试，要让供应商知道将对他们的标书进行这些测试。

步骤 4：开标和评标

确定你所在的机构中哪些人担任评委，阐明采用的评审标准。这些标准通常是 RFP 的一个重要部分。

步骤 5：基准测试

基准测试包括对最受好评的供应商推荐的系统的测定，这样可以确保系统可以运行计划系统和通信网络所必需的工作和功能(见附录 B)。如果你要求进行广泛的测试而不打算进行大的采购，供应商可能不愿参加基准测试。在未能进行全面的基准测试的情况下，买方可能会要求关于系统效能的说明，这其中应包括机构所要求的所有功能。要始终让买方意识到——购者自慎。

步骤 6：谈判与合同

通常，谈判与合同会涉及你与采购人员以及司法人员的合作。来自这两个部门的员工在合同谈判时确实有帮助，但作为一名管理人员，要保证对技术要求已进行了正确的描述，确保对合同进行了审查。

步骤 7：场地的准备

在安装系统之前，要确保已将场地准备妥当。这看起来似乎是理所当然的事，但如果忽视的话，可能会让你一团糟。系统安装所需要用到的、必不可少的服务器和适当的网络连接是否可用？计算机房间是否可以进行适当的通风？是否每个 GIS 团队成员都有一把椅子和一张桌子？

步骤 8：硬件和软件安装

指定哪些人安装系统的硬件和软件取决于系统的复杂性。在某些情况下，供应商会提供这种服务。如果你所在的机构拥有可以进行安装的技术员工，你可以在本机构内安装系统。基本的个人电脑已经发展了很长时间。递送一个已经装箱的电脑，并在一个小时内完成安装而且使其运行已经成为可能。通常，供应商和客户都要参与系统的安装。

步骤 9：可用性测试

系统安装完成后，在 RFP 中，你应该已经明确提出了可用性测试所选择的方法。这些测试经常要求在给定的时间内，硬件组成成分要无误差地运行。由于现在有很多可用的、而且已被广泛应用的组件（如个人电脑及其运行系统），这些测试的附加价值有限。当计划可用性测试时，要考虑到测试现存的数据库和软件相融合的系统能力，并要测试所有的连接。网络连接总是问题的主要来源，为了发现可能出现的问题，应该进行大量测试。

选择标准

　　GIS 最后的选择的主要基础是 GIS 可以运行指定的功能，以便生产信息产品。这是对所选系统是否可以接受的首次"试金"。影响选择标准的其他因素包括：成本、培训的可利用性、系统的容量和可量测性、系统的速度、系统支持，以及供应商的可信赖度（资金稳定性、在市场中的地位以及证明材料）。

　　以功能的使用频率以及对整个系统功能的相对重要性为依据，完成了对功能的优先排序和归类之后，你可以将这些信息用作选择标准，也可以采用你为了对提议进行比较而指定的定额制度。

　　在关于技术采购的建议中，确保将要购买的设备在开始时就可以被充分利用。在购买后的第一年，至少有 50% 的设备功能可以被使用。之后就是要有成本效益，这样就可以有连续的技术采购预算用来维持系统。你要推荐资源的配置以使系统具有成本效益（见 182 页的"技术利用"）。

推荐方案

当你陈述了上面所有问题,而且这些问题都针对你的情况,你要制定 GIS 实施策略,并呈交行政主管。这些是你所做的选择,你推荐的行动,你实施计划的时间表。在得到指导委员会的认可之后,这些建议将会成为呈交给董事会的最终报告和陈述的重要组成部分。指导委员会审查完最终报告之后,你要记下需要补充的实施行动,或者在审查过程中发现的任何新的需要关注的问题,然后将他们添加到你最终的推荐方案中。

GIS 指导委员会的审查和认可

在规划过程中所准备的信息构成了你提出的建议的基础,而且指导委员会应该已经完全熟悉了这些信息。在彻底地审阅你的实施策略之后(规划材料作为备份),委员会将会认可、修订或否定你的建议。如果你事先已经做好了准备工作,就会很快得到认可,而且对工作会充满新的热情。永远不要依靠顾问完成这个审阅工作。必须是机构内部的员工担任这个工作,而且最好是一个团队而不是一个个体,这样可以获得综合意见的优势。

当然,GIS 指导委员会可以调整实施计划。他们也应该在实施阶段及实施之后提供不断的支持。这个委员会是 GIS 团队努力不可或缺的、永久的一部分。委员会人员可能会变动,但是这个委员会永远需要存在。

最终报告

在构建最终报告时,列出你对 GIS 实施的建议,以及为了得出这些结论你做了什么,发现了什么。这就是为什么你要做这个工作,为了得到认可从而使系统正常工作,因此要做好它。报告合适的长度介于 50~100 页之间,执行摘要部分要放在报告前面(尽管这部分是最后写)。最终报告还需要一系列的附录作为辅助材料,放置在活页册内,之后贴上适当的标签然后放置在硬纸盒中,上面应写满你所发现的所有技术信息。

你提出的而且需要随后向执行委员会陈述的建议也应该具有最高的质量。检查整个项目并告诉他们你都做了什么。开始是关于找出机构的战略目标、开展业务的方法以及帮助机构实现这些目标所必需的信息产品。你要找出生产这些信息所需要的、软件需要获得的以及硬件和通信基础设施支持的是什么样的数据。你要根据受损—受益分析对成本进行规划,然后问问自己怎样才能让其实现?什么会阻止我们对其的实施?一步接一步提出克服各种障碍,如知识代沟的方法。认识到一个受过训练的员工对于成功至关重要,你要考虑进行人员配给和培训,现在,你可以提出机构所需要的建议。不要拖延为了支持这些建议而要完成的工作。这些被放在硬纸盒中的活页册中。只要说出它包含哪些内容就足够了。

一定要在介绍和最终报告中告诉委员会足够的信息,这样他们才能认可实施计划。他们需要呈现在他们面前的是具体的信息,如时间表中"在特定的日期,在预算 A 中你需要新添加两个职位"等。

最终报告由执行概要后面的这六部分组成。

(1)战略业务计划的考虑因素:委托代理以及机构职责的概括——对于他们所做工作以及他们为了成功而采用的商业模式的总结。这可以让他们明白他们需要知道什么,以及 GIS 和信息产品在实现这些目标方面是怎样成为战略努力的有效助手的。要记住 GIS 意味着变化。在一个企业内,由于其实施可能会改变他们做业务的方式,因此 GIS 如何为他们的商业服务变得尤其重要。在行政方面,这是一个思想转变。例如,他们需要知道你为什么要推荐他们使用一个基于服务器或非基于服务器的系统。当然,你需要告诉他们每一个步骤,这样执行管理人员就会预先感觉到你可能提出的建议,因为他们要为创造这些条件作出努力。你只需要确保清楚地连接你的建议与机构的目标,因此通过认可你的计划,行政管理人员也是在确认他们共同的使命。

(2)产生的信息需求:简短介绍将要生产的信息产品以及生产这些产品而得到的数据设置。根据信息产品的名称和分组将其列出,需要一同列出的还有这些信息产品需要的数据集,这些数据集也要根据名称列出。在这里,你不用将 MIDL 包括在内,但是你要说明所有的数据,以及完整的 IPDs 在报告的附录中都会有所提及。

(3)概念系统设计:技术工作纲要。你已经找出了最合适的数据设计、软硬件系统设计以及支撑它所必需的通信基础设施。要表明你是怎样得出这些结论的。你为什么选择这一特别的数据模型?这一特定的客户端—服务器结构怎样才能最好地满足机构的需要?

(4)建议:指出可以将 GIS 放到合适的位置的最直接的路径。这是你所提议的实施计划,而且提议已经获得指导委员会认可。你对机构的需求以及其从 GIS 中需要什么以满足这种需求已经有所理解,而且正是由于这种理解你可以规划这些具体的、实用的建议。此处一定要包括受益—受损分析。不要忘记推荐一个从现存的系统转移到新的 GIS 的数据转移策略。当你推荐可供选择的实施策略时,你可能想将试点项目作为选择之一,但要注意怎样应用它。

(5)时间安排:列出日期以表明你提出建议的时间表。使用甘特图表示重大事件。

(6)可选择的资金:详细列出所有这些预算。你可能会说,某件事情所需的资金来自于预算 A,其他事情所需的资金来自于预算 B。可能会有外来资金缓和这些成本,比如像拨款或数据共享安排。考虑到管理人员可能会担心技术变革带来的财政影响,你要强调技术已经变得越来越便宜、越来越快。维护过时的设备或是购买超出购买能力范围的设备都是浪费资金。每年花费一部分资金以便和科技同步的做法比较好,总采购预算的 20% 左右可以作为一个参考。技术革新很有可能发生,所以你可以通过渐增预算和对系统生命周期的理解对其进行控制。

完成这些部分之后,就可以写行动纲要并将其放在最终报告的前面。指导委员会再次审查之后,将报告交给行政管理人员并准备向董事会提交动态报告。这份报告可能是例行公事,但是却很重要。要记住这是一个确认的时机,是取得董事会成员正式的认可从而使实施实现的机会。

实施变化

现代机构的业务模式具有动态的特征。由于处于一个不断变化的环境中,开发实施适合这种模式的 GIS 是一个不断调整变化的持续过程。不管是硬件还是软件技术都会发生变化。但是你的机构的业务需求以及机构自身的变化有时很微妙,有时很复杂。当机构"换挡"以便和科技的进步同步时,知识代沟变大,这反过来表明了人员配置和培训方面会面临更多的挑战。需要控制许多的变化,控制变化要以了解变化的类型作为开始。

技术变化

如果你认为科技没有改变 GIS,想想过去的 15~20 年吧,GIS 使用的硬件已经从大型电脑进化为小型电脑,从小型电脑进化为工作站电脑,从工作站电脑进化为个人电脑,进而进化成现在的手持设置。将服务器用作连接网络的大型电脑主机正在大量增加。操作系统正在由私有和从属硬件转变为硬件独立。为了适应这些变化,GIS 软件正在不断进化。

当涉及科技时,变化通常是一件好事,正如我们根据科技变化速度和科技生命周期的最新数字在第 10 章探讨的一样。新版的软件和硬件确实使工作变得更简单、更具有成本效益。较新的硬件可以带来显著的、更快的性能和更便宜的存储,从而使工作更加容易。新版本的 GIS 软件使用更加简单,简化了程序,并减少了重复性的工作。新的用户友好型版本更容易修正错误,而且不容易出现错误,更加稳定和可靠。

快速的科技含量的变化速率同时带来了对挑战的共享。科技的进步比制度要求的变化更加迅速,为了应对这种挑战你必须要采用符合成本效益的标准。科技的快速进步意味着维护旧的软件和硬件在五年之内会变得非常昂贵。供应商必须为新的硬件和软件提供维护。久而久之，他们会提高维护旧科技的价格以便将更多的资源用于最新的科技，进而促进向新版本的转移。

机构变革

大多机构的业务需求随时间而不断改变。职员获得更多的经验，并引进了新的想法和方法，而且需要新的信息产品以支持新的商业需要。这是一个成功的企业运营模式的自然增长周期。如果你提前对其增长做出计划，将新的信息产品融入 GIS 工作量将不会出现大的问题。

有时候会出现大的机构改制，就像公司或政府部门的合并，机构所有或重要的任务会有大的变化，或由于经济不景气或其他预算压缩引起的变化。有这种情况，一个机构没有 GIS 规划，而其他机构的 GIS 已较成熟。无论如何，可能需要一整套全新的信息产品，包括新的数据集和数据库设计。对于这种情况，你要检查整个 GIS 计划并实施企业范围的规划，以及考虑效益—投资、技术应用，以及随之出现的通信等所有新的结果。

科技能力的变化速率和机构业务需要的变化在图 12.7 中有所说明。变化速率虽然差异巨大，但是是可以控制的。GIS 管理人员的职责是在使支出最小化的同时提供最大的业务支持。他或她在成本效益的基础上控制科技能力的变化。为了回应变化的商业需求而引进新的信息产品，这是通过对机构业务的最大化支持而加以控制的。

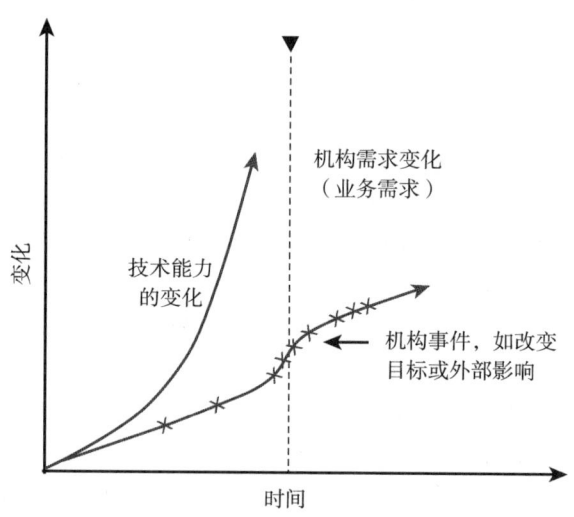

图 12.7 添加信息产品（x）去管理主要变化

在 GIS 的早期，通常计划以五年为周期进行更新。而现在，五年的时间过长，事物变化过快。你必须要仔细地估算从准备最后的计划以来所发生的科技变化，这样你可以确定实施计划什么时候过期。当更新实施计划时，你要考虑以下几个最重要的因素：
- 以最具有成本效益的方式，应对现行信息产品的持续可用性的需求。
- "生产线"信息的扩张以满足机构不断改变的业务需求。

管理变化

应对管理变化最好的建议和在第一步中告知你 GIS 规划的建议完全一样：以聚焦于整个机构的目标和目的为开始。要记住：当你为了取得增加信息产品或获得新技术的认可而接近管理人员时，要谈及这种变更；因此最好定期地向管理人员提供最新信息，就像不断更新计划一样。

以一个企业级计划为开始

企业范围的规划可以使从 GIS 获得的利益最大化。注意企业范围规划并不意味着企业范围的实施。（可能开始小心地实施计划的一小部分，然后以这部分的成功为基础进行更进一步的实施）。重点是，递增性的实施通常都是令人满意的，这通常是全面计划的最好方法。当你这样做的时候，你可以以一个企业范围为基础，找出最重要的系统功能。你可以理智地考虑整个机构的 GIS 通信要求。花费在企业范围内的 GIS 规划上的时间是对你可以制作的 GIS 最好的投资，因为这为你的成功做好了准备。

明智的建议是尽早、尽可能广泛地做计划。但是你也需要在一个机构正常的生命期内计划。特例是可以想象得到，但是不寻常的特别情况。例如，为了应对危机或自然灾害，可以对生产的一个或一小组具有很高优先级的信息产品进行规划。

要稍微注意为了用来生产所谓的标准或通用的有用信息产品（随后一个接一个）而带有可用数据的软件，这种软件通常是开箱即用的。这种一般的信息产品在不久之后，就会开始出现不同的要求和问题，然后你不得不考虑你正在做什么。你要再一次进行规划，就像每一个信息产品需要适应你机构的具体任务。

添加信息产品

在 GIS 安装并可以正常运行之后添加新的信息产品是没有问题的，但是这需要细心地管理，因为现在你必须要权衡对新的而不是旧的需求的优先性。首先，你需要重新查看你在活动企划过程中所采取的步骤（见第 7 章）以决定新信息产品的优先级，就像你在制作 MIDL 时对原来产品所做的一样。但这时，要将新产品编入数据—输入进程安排，这些新产品是已经确定需要的新产品，你要考虑到替换或延迟是否会影响其他信息产品的产生及其效益。

本质上，你必须要在现行的信息产品优先权的情境下，正式管理新信息产品设计和产生的进度安排过程、数据可用性和准备度、活动时间安排以及对修订来自其他产品的起始利益。

信息产品设计，尤其是对于比较复杂的产品，是一个很费时间的过程而且必须在正在使用技术的生命周期内进行评估。例如，如果现在使用的技术处于生命周期末期，而且只有一年就要报废，一个主要的信息产品设计应该要适当地等一段时间再进行，而且应该采用新技术。

如果等待可以大量减少开发产品所需要的时间，这也可以适度地减少成本。或者你可以通过使用以前的设计而不断前进，前提是你必须要充分理解其利益范围是有限的；它可能会被放弃，或当他们需要尽最大努力时，将其应用到新技术中。

技术利用

现在，你可以而且应该尽可能多地使用开始时采购技术的能力。你应该计划在采购的第一年使用所选择设备的至少50%的能力；要不然，就少购买。从现在的预算中购买可能最大的设备，并计划在第一年使用其10%的能力，第二年使用20%，第三年50%，诸如此类，这种超过五年生命周期的旧的模式已经不再具有成本效益。鉴于设备能力的增加以及每12个月成本的减少，你可以做得更好。

换句话说，要将这种改变转换为真正的机遇，你需要建立一个不间断的技术采购预算以便维持系统的成本效益，而且需要高级的管理机构对这些资源进行配置。对于所有需要购买的硬件、软件、培训和数据，需要记住技术和信息产品的生命周期。

为了可以这样做，将你的GIS描述为机构基础设施的一部分。正如这个基础设施中的其他成分一样，以下两种类型的资金是必要的：
- 实际运行和维护所需要的资金。
- 资本投资所需要的资金。

一种常用的实际资本投资方法是估算资本的生命周期以及资本重置（或累积）基金适度增加的年度预算。例如，估算的一个台式工作站的电脑生命周期可能是三年。如果你的机构拥有60台这种台式工作站电脑，你应该把每年更换20台的资金编入预算。

在通常的实践中，硬件通过机构的向下级联而延长其使用年限；分配给较旧的工作站电脑较少要求的工作，而在采购预算中置换高端工作站电脑。许多机构也将数据采购视为一项资本投入而不是一项运行或维护开支。

向管理层通报变化

不断的变化为GIS管理人员带来了一系列问题：
- 你怎样才能保证对一项不断演变的技术的赞助？

- 你要怎样使管理人员相信系统升级是必要的？
- 你要怎样才能保证向培训成本提供资金？

当面对这些问题的时候，要记住 GIS 实施将会向前发展，因为机构期望通过使用 GIS 而获取利益。永远不要忘记你在对自己进行培训以及对变动进行高级管理中的角色。跟上变化——参与变化，为变化做准备，甚至主动让变化发生——你的路径可以引导你直接通向变化所带来的利益和机遇。技术和业务都要随着时间而改变，而且你应该控制这种改变。

正如现在你所看到的一样，GIS 本身就意味着变化——可以带来效益的那种变化——当你随时告知高级管理人员从 GIS 中获得的利益的时候也要告诉他们这种变化。你必须在这些效益的前提下提出你对升级和培训所需要的支持的建议。GIS 如何使成本最小化的同时使商业解决方案支持最大化，要提供给管理人员看到这种情况的机会。重新查看你的成本—效益模型中的受益类别，这样可以提醒自己那些需要特别注意的事项。找出受到 GIS 收到的信息大幅度影响的政策变革。当出现可以证实的利益时，要将这些利益以一系列连续报告的形式提供给高级管理层。为了维持系统的成本效益，你要做定期的预算规划，你可以将这些报告作为参考资料。

保持计划的现势性

现在，你已明了，GIS 实施计划需要不断地进行审查。要定期地对其进行更新以应对机构的变化并与科技发展保持同步。决定什么时候更新 GIS 实施计划，需要认真评估可能在最终报告或最后的计划准备阶段发生的变化。将 GIS 的组成部分看作是贬值的资产，而且这些资产需要一定水平的投资以保持成本效益。在使业务支持最大化的同时使 GIS 实施的总成本最小化。

再次强调，在规划过程中的许多时候，当更新实施计划时，最需要反复考虑的因素是你的信息产品以及你需要它们是什么样子。问一下自己和你的团队需要做什么才可以确保你机构现在的信息产品的持续可用性，怎样才能保证计划信息产品生产线所需要的扩展。然后根据需要做的事情制订计划。

在规划方法学的每一个阶段，如果你提出正确的问题，对问题的回答将引导你进入规划解决方法的下一步。那么，不管发生或将要发生多少变化，在规划过程中，你总会有办法适应这种变化。幸运的是，规划就像思考：当你需要它时，这个能力就在那里。

附录 A GIS 员工、职位描述及培训

一名优秀的 GIS 员工是管理人员的得力助手。雄厚的资金虽然可以购置更多的软硬件设备,但却未必能够激发一位优秀员工所必备的工作热情和产生一个成功 GIS 项目实施的动力。GIS 的开发、管理及维护都需要众多人力资源,因此,GIS 规划的其中一部分就是确保拥有足够多的技能卓越并受过专业训练的员工。

GIS 员工

与 GIS 的设计、运行和管理直接相关的人都应该被列为 GIS 员工,他们包括最终用户、管理小组及管理团队。但是,GIS 核心人员、GIS 管理人员和分析师,应该具备更多的专业技能。

GIS 管理人员

GIS 管理人员在 GIS 规划、系统设计及系统管理方面都具有很高的要求。理想而言,他们还要求具备实际操作和 GIS 技术处理等技能,最成功的 GIS 管理人员其实都来自 GIS 实干家中的佼佼者。这个岗位的职责取决于机构的类型。在较小的机构中,GIS 管理人员可能是该团队中唯一与 GIS 打过交道的人;因此与其他团体协商数据共享协议的人与获取数据之后做出决策的人会是同一个人。而在较大的机构中,GIS 管理人员负责协调 GIS 员工,与其他部门通力合作,同时监督企业范围内的数据库开发。目前任命地理信息官(geographic information officers,GIOs)已经成为一个流行趋势,这些官员是一个机构内部 GIS 创新的倡导者和执行者。

GIS 分析师

GIS 分析师精通 GIS 并负责配合 GIS 管理人员进行工作。在较小的或单个部门的 GIS 机构中,GIS 分析师需要具备深厚的 GIS 技能;而规模更大的机构则需要多名分析师,他们的具体职务如下:
- GIS 技术专家——负责 GIS 硬件及网络事务。
- GIS 软件专家——负责应用程序的开发。
- GIS 数据库分析员——负责 GIS 数据库管理。
- GIS 大众用户。

- 专业 GIS 用户——负责 GIS 项目研究、数据维护以及商业地图制作。
- 桌面端 GIS 专家——支持通用的查询和分析研究。

GIS 最终用户

将 GIS 最终用户看作是工作队伍的重要组成部分是大有裨益的，因为他们影响了 GIS 的使用及设计过程。他们可能包括：

- 业务专家——他们是精通机构 GIS 业务流程并试图对其改进的关键雇员；他们协助 GIS 管理人员，在 GIS 设计及管理方面倾注了大量心血。
- 顾客——GIS 所服务的客户，包括为满足特定商务需求而定制 GIS 信息产品的商业用户，更为普遍的互联网和局域网地图服务用户，以及通过向导和网络浏览器来获取基本产品信息的普通大众。

GIS 项目一旦启动，管理团队就应该被当作最终用户并给予高度重视。GIS 的根本目的是为管理层的决策提供新的或经过改进的信息。从这一点上讲，管理者们事实上就是客户，尽管迄今为止，他们只是一直在帮助你克服机构中的官僚作风。管理人员可能是项目的倡导者，可能是决策部门中使用该应用程序（或输出程序）的一员，又或是传达管理要求的代表。虽然他们不是 GIS 的核心员工，但对 GIS 的成功至关重要。

系统管理人员

系统管理人员在大规模的机构中不可或缺，他们在支持 GIS 的日常运作中发挥着重要作用。他们可能包括下面这些人：

- 网络管理员——负责企业网络维护。
- 企业数据库管理员——负责机构内的数据库管理工作。
- 硬件技术人员——处理机构内部计算机的日常事务，包括机器维护和修理。

人员安排

一旦确认了所需要的 GIS 人员，你就必须决定哪一种职务能与机构的结构相适应，该决断影响 GIS 部门的作用和监督。一般而言，GIS 人员主要被安排在以下四类部门之中。

（1）现有的业务部门：在这种情况下，员工受制于特定的需求和预算，因此很难同时服务于其他部门。

（2）在 GIS 服务小组：该小组服务多个项目，但仍然具有独立小组的自主性和可见性。

（3）在领导层：该职务表明了来自管理层的可靠承诺。此类员工具有高度自主性且明察秋毫，能灵活协调配合其他 GIS 项目。其不足之处在于身处 GIS 领导岗位的管理人员往往因职务原因而被孤立,以致滋长了大众心中管理人员与其他重要参与人员接触甚少的看法。

(4) 单独的技术支持部门:IT 行业的旧式观念是将信息系统中的新员工集中到一个计算机服务部门。这是许多机构中固定的"系统"小组。

GIS 职位描述

在进行人员招聘之前明确职位描述必不可少。GIS 职位描述为你及未来的员工提供了该职位的要求和基本认识。职位名称和描述在工作评价和绩效评估中发挥着积极作用。GIS 中,相同职位的描述是极其类似的,但应该根据机构使用的软件、系统的规模、具体的工作职责要求以及招聘部门或者公司的类型而做出相应调整。

如果你所在的机构是初次接触 GIS,人力资源部门并没有针对你所需的 GIS 人才类型给出恰当的职位描述,这样你就必须亲自执笔。你可以参考下文给出的 GIS 职位描述示例,但务必实事求是地描述自己的要求。诚然,你希望招募适合该职位的最佳人选,但如果你一味强调只需要拥有硕士学位的数字化技术员,那么很可能连一个人都招不到。

GIS 管理人员

提供现场管理和整个机构中标准 GIS 平台的开发、安装、集成及维护等服务。该职务负责开发、实施和维护与企业方向及业务目标相一致的特定应用程序。要求:必须在项目设计和工作计划制订、数据库系统及应用设计、大型 Oracle SDE 数据库管理及维护等方面具备丰富经验;优秀的求职者必须获得地理学、规划学或相关领域的理学学士或硕士学位,并且在实施深入、复杂的涉及 RDBMS 和前端应用程序的大型 GIS 应用方面具备 3~5 年的工作经验。求职者还必须了解并能够运用新信息及 GIS 技术(特别是网络技术);具有项目管理方面的经验;具有 Oracle 数据库操作经验;具有优秀的人际、组织和领导能力。此外,具有面向对象方法和技术经验者尤佳。

企业级系统管理员

该职位将为用户提供支持,以解决 UNIX 和 NT 的相关问题,在网络服务器上执行系统管理职能,并配置新的 UNIX 和 NT 工作站。要求取得计算机科学学士学位或相关领域的大专文凭,并拥有 3 年以上在客户端—服务器环境下进行系统管理的工作经验。必须熟练操作多种 UNIX 平台,熟练掌握 UNIX 和 NT 的命令及工具。必须具备良好的解决问题技巧和团队合作能力。

GIS 程序员

　　GIS 程序员负责按照客户需求进行企业内部 GIS 软件的设计、编码及维护。该职位需要求职者具备将客户需求转化为实际应用的能力。求职者必须至少取得计算机科学、地理学或相关地球科学领域的学士学位。所有的求职者必须至少在以下一种程序设计方面具备 2 年或 2 年以上经验，如 VB、C++或 GIS 厂商特定的编程语言。具有 GIS 编程经验者和熟悉 GIS 搜索引擎者优先录用。

GIS 数据库分析师

　　负责为企业级 GIS 创建空间数据库模型。主要任务包括安装、维护和调试 RDBMS 及空间数据，同时也负责企业级 GIS 数据库的开发工作。该职位还负责建立基于 Microsoft COM 的应用程序框架。要求至少取得计算机科学或地理学领域学士或硕士学位。求职者应该具备较强的 GIS 理论及数据库设计背景，并具有 Microsoft COM 方面的相关经验。具有企业应用建模技术经验的求职者优先。

GIS 分析师

　　负责 GIS 信息产品、数据及服务的开发和实现。其职责包括运用企业目前的 GIS 软件进行数据库的创建和维护，数据采集与格式转换，协助用户设计和监测程序及运行过程，编写系统增强程序，定制软件包，为特定项目执行空间分析，执行质量保证和质量控制活动。GIS 分析师要求具有地理学、计算机科学和规划、工程及相关领域学士学位，或是同等学力并具有相关经验。求职者必须具有 1~2 年的 GIS 产品和技术方面的经验，特别是具备目前企业应用的产品和所需技术方面的经验。求职者需具备多种空间分析技术方面的经验，熟悉目前企业空间服务器引擎者优先。

GIS 技术员和制图员

　　职责包括使用通用软件制作地形图和地图，具体包含处理多种数据源，创建方里网、公里网和地形信息，创建地图边框、数字制图编辑、文本设置、分色、质量保证、符号生成和制图软件测试。一名优秀的求职者不仅应该具有较强的口头和书面沟通技巧，而且在地理学、制图学、GIS 或相关领域取得了学士或硕士学位（依据职位等级而定）；接触过 GIS 软件、宏语言、Visual Basic 或图形绘制软件包并熟悉遥感卫星影像的处理。为进行评估，求职者需要以数字或硬拷贝格式提供制图作品集。

培训

开设培训课程之前,需要考虑机构内部的员工将如何使用 GIS。GIS 员工及 GIS 最终用户需要采取不同的培训方式。

核心人员培训

GIS 核心人员是你心血的奠基石。他们主要负责数据和系统架构的建构、维护及运行。他们需要接受预先和持续的培训以使他们提前了解到新兴的技术和方法。(你可能还要考虑对系统管理人员进行培训。)

为 GIS 员工提供的培训项目包括数据库管理、应用程序设计、硬件功能甚至统计分析,这将依据他们各自和总体的技能而定。职员接受的培训应该与他们的工作职能一致。这些人会负责用户产品的维护。训练有素的员工对 GIS 的长期发展和进步非常重要。

最终用户培训

GIS 最终用户所需的培训远不及核心员工所需的培训那样烦琐。通常用户所接触到的仅仅是一个单独界面或网络应用程序,这意味着该应用程序的培训可能只需要几分钟。

许多厂商提供与其软件相关的培训课程,有些甚至包含了必要的 GIS 基础理论和应用。包含了应用软件的自学手册给自学者提供了实际操作练习的条件,这不失为另一种灵活的学习方式。GIS 本质上是一个多学科产物,因此除了软件本身之外,在其他领域开展培训有着重要意义。

管理人员培训

理想情况下,即便被聘为 GIS 管理人员的雇员已经具备了 GIS 技术能力,但如果他希望能为手下的工作人员制定具体的行动方向,他仍然需要不断更新这些技能。当然,GIS 管理人员也必须显示其有效的管理技能,或在工作中不断获得这种技能。对于某些特定领域开展培训,如普通管理技巧、项目管理、战略管理和全面质量管理都是有帮助的。

培训方式

多亏了网络和廉价的机票等诸多新兴因素,如今的培训能以各种不同方式灵活地开展。面对面的课程对厂商或教育机构而言,无论在营业场所还是现场培训都是可行的。基于网络的培训课程、远程学习和自学手册都为 GIS 及相关领域的培训提供了多项选择。无论采用什么方法,都必须为培训和相关活动(交通、评估准备和后续阅读)提供充足的时间和资源。

附录 B　基准测试

基准测试是指在受控环境下对各种不同系统进行的一种比较性评估。这种测试可以用于判断哪一种系统能够以最经济有效的方式处理预期的工作负荷。

基准测试主要适用于采购大型系统。通常而言，供应商做这个测试所需要耗费的资金大概在 4 万美元，而如果用户购买的只是价值为 1 万美元的小规模系统，供应商是不太会愿意为用户做基准测试的，因为对这种规模太小的系统做基准测试并不划算，这就是为什么基准测试通常只用于采购大型系统。而且当系统本身价格往下降时，供应商就更不会愿意做这个测试了。

基准测试并不只是简单地证实一套系统能够做些什么，它的目的是为了弄清每一个受测系统是否能够完成任务，以及测定每种系统在执行这些任务时的相对性能。所设计的基准测试应当能用来检验系统能否执行必要的功能并及时生成信息产品。此外，它也应当能用来对每种系统是否都能够处理必要的数据、生产出所需的信息产品及实现核心功能进行评估。我们需要把测试的焦点放在那些用户使用最频繁的功能上。

除此以外，该测试也常常用于比较评估供应商所推荐的系统价格与系统的实际性能是否符合。

需提供给供应商的信息

采购方需要向供应商提供一定的信息，这包括需要的系统功能和系统生产量。愿意参与基准测试的供应商将会反馈一份详细的资料给采购方，其内容应包括所推荐的系统配置、系统需求以及维护费用。其中，系统配置又具体包括设备类型和容量、存储装置、网络容量、终端数量和产品生产工作站的数量。此外，供应商还可能附带提供在任何基准测试前期报告中都会提到的系统性能描述、支持服务、商家特点和合同义务。

当我们已经在规划过程中收集了所需要的功能信息后，接下来就有必要对实际工作量的以下几个方面进行思考：

- 系统在最初五年中每年生成的信息产品。
- 每种信息产品在采购方的日常工作中（区分指派优先级）的相对重要性及其延缓容差。
- 生产每种信息产品所需的系统功能。

- 生产不同信息产品所需的数据。
- 用于生产信息产品的每种类型数据的年需求量。

在技术的概念系统设计中,我们可以通过功能利用表和图将 GIS 所需要的各项功能进行汇总与分类,并可以得到以下详细信息:
- 所需要的全部系统功能。
- 这些功能的预期使用频率。
- 这些功能的相对重要性。

在决定了所需的功能和预期的工作负荷之后,我们现在就可以来确定系统生产量。系统生产量是指 GIS 在某一段时间内必须能够完成的工作量,它是由系统软件、系统硬件和网络带宽三者共同结合而成的系统功能。

测试准则

基准测试虽然还算完备,但也不是百分之百的完美。在保证结果可信的同时,我们也要尽量保持测试的简短紧密性。为了在测试时将供应商的耗费降到最小,同时又保证采购方能够获得所需的信息,则采购方可以采纳以下指导准则:

- 在测试之前的两个月,向供应商提供约 85% 的测试数据及所有的测试问题,以便供应商有充足的时间来建立需要的数据库并提前设置好系统以保证在测试时能达到最佳水平。
- 务必确保每个供应商收到的数据和测试问题都是相同的,保证所有的供应商能在相同基础上进行测试。这样,采购方也可以通过已知结果来创建不同的测试场景。
- 在基准测试的第一天提供约 15% 的测试数据,以便实时观测数据的记录和更新。
- 选择一组能够代表你所在机构所需要的信息产品,这些信息产品可能包括需要快速回馈的业务、关键的业务,以及支持大容量业务的应用。
- 仔细选取用于测试的信息产品,以确保被推荐的系统也有能力生产你所在机构需要的其他类型的信息产品。
- 对于具有最高优先权的信息产品被频繁使用的那些功能,我们需要进行最详细透彻的测试,而对那些相对不常用的功能或次级功能则应该减少测试,但是所有功能都必须至少测试一次。任何一个没有被充分测试过的功能都可以在专门设计的独立测试中再进行测试。

测试的后备工作

我们还需要考虑和解决一些关于测试的后备工作方面的其他问题,包括如下几个部分。

测试在何处进行

通常我们更倾向于在供应商所选择的地点进行测试,他们也许会选择自己的公司总部。但是,如果这个新系统将被嵌入到一个已经存在的企业网络中,则最好由采购方来提供一个单独的网络,用以模拟在他们的广域连接网络中遇到的多重数据传输速度。如果由采购方来提供测试场所,则供应商需要提供与安装协议中所推荐的一致的硬件设备。如果在客户选择的地点无法建立网络测试,则可以在供应商处进行网络模拟测试,并且需要能密切地监视其网络流量。

测试何时进行

测试日期应该由供应商来选择。一旦所有的供应商都接受了测试日期,就可以把问题和材料发送给他们,在发送材料时,指派人员必须以适当的时间间隔进行发送,以保证每个供应商从收到材料起至预定的测试日期之间拥有相同的准备时间。

谁负责管理测试

一个基准测试团队需要负责管理测试的进程并评估测试的结果。这样的团队应该由采购方的主要人员来组成,比如使用者、技术支持人员、顾问和管理人员。让用户参与决定使其具有主人翁感是一件很重要的事情,对于技术支持和管理人员也是如此,因为在项目实施和后续支持中,他们都是非常关键的同盟者,这样的参与和角色的转换将有利于客户选出更好的产品。

谁监督测试

实际测试的监督工作应该由从总管理团队中成立的相关子团队来负责。在理想的情况下,监督小组组员的数量应该为最少两名,最多四名,他们包括具有基准测试经验的技术人员或一到两名富有经验的 GIS 顾问,另外加上一个或两个来自客户机构并拥有第一手 GIS 分析知识的人员。这个监督小组应当对每一项基准测试都负起责任。

谁为测试买单

当前的做法是让采购方和供应商共同分担基准测试的费用。一般而言,采购方需要承诺负担测试的准备费用和材料,提供单独的测试网络、测试监督,进行结果分析和提供结果报告。供应商则负责数据库的建立、在独立网络(按需实施)上安装硬件设备以及执行系统测试。

评估和评分

进行基准测试是采购方为了确保供应商所提议的系统具备生产其信息产品所需要的各种功能。如果没有对供应商提议的系统进行充分的测试,则对采购方是存在一定风险的,因为他们可能会购买到毫无价值的系统。适当的评估是充分测试的一部分。

功能需求的评估需要能回答以下问题:
- 受测系统能运行 RFP(招标书)中所指定的功能吗?
- 基于每个功能点来测试不同的系统,则它们的相对性能如何?
- 供应商提议的系统配置和网络应用设计对于系统及时生成所需信息产品的能力有什么影响?

在提供给供应商的任一基准测试准则的任何一部分中,都需要对评估功能进行确定。每个信息产品都有特定的运行要求(如耐受值)。

基准测试团队的人员,以及参与数据准备和负责基准测试的人员,都应当对系统功能性进行评估。(监督小组是测试团队的一个重要组成部分。)为了对功能进行评价,测试团队需要了解如下信息:
- 监督小组在基准测试中面对的所有观测对象。
- 基准测试中通过功能量测得出的系统运行指标。
- 基准测试结束后的审核结果。

我们应当用图 B.1 中的评分系统对每个功能进行评分,在提交给供应商的招标书中应当提供该评分系统。在基准测试结束后,测试团队应当就每个功能进行讨论,以实现对最后分值的意见的统一。

现在,我们需要对系统功能的性能将如何影响信息产品的生产进行评估。为此,我们先将所有信息产品按优先级进行排列,并按照 0~9 分的功能分数制度为每个产品所调用的每项功能进行评分,所评分数决定了每个产品的总分和平均分,也决定了制造每个产品所需功能的最低分,如图 B.1 所示。

分值	功能评价	标准
0	杰出	所有需要的功能完全集成到了一个操作系统中——在业务性能上最佳
1	优秀	一等品,功能非常全面和成熟——运行速度非常快且用户界面友好
2	非常好	运行速度快且用户界面友好
3	好	功能胜任可以令人满意且运行速度快或者用户界面友好
4	满足需求	能满足可用需求,基本令人满意
5	正常可用	功能可以运行,但需要少量改进以提高速度或达到易用性
6	有限可用	功能可以运行,但需要大量改进以提高速度或达到易用性
7	部分可用	部分功能需要进行新的软件开发工作
8	功能缺乏且无法演示	需要进行新的软件开发
9	功能缺乏且受限	在不对主系统进行修改的情况下,不可用或很难实施

图 B.1 系统评估标准

由于在基准测试中进行评估的不同系统之间的功能差别很大,因此这些结果足以反映其差别。应该搞清楚的是,是否有一个或多个系统包含了受限功能,使得具有高优先权且常用产品的正常生产受到限制。

当不同系统间的差异不是那么明显时,就需要建立一张如图 B.2 所示,来帮助采购方做出决定。纵坐标表示每个信息产品获得的最高功能分值,横坐标表示每个信息产品的优先级,对每个测试过的系统,在平面坐标图中可以单独绘制出各自相应的曲线。

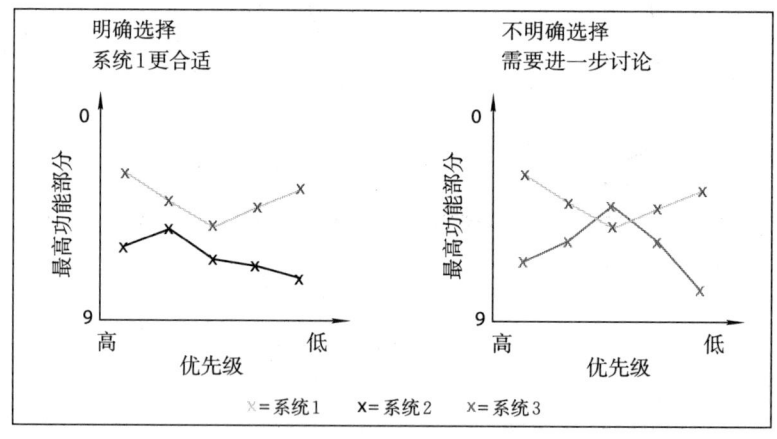

图 B.2 系统功能对比

如果这些单独的曲线在图中没有重叠,那么功能最好的系统就是图中最上方的一条曲线所代表的系统(如图 B.2 左图所示)。如果图中有重叠的曲线(如图 B.2 右图所示),则必须根据高优先和次优先产品的相对重要性来做出判断。

生产能力

再次说明，生产能力是系统在一段时间内必须能够完成的工作量。要评估生产能力，就需要了解数据输入、信息产品生产和网络容量利用率的情况。

数据输入

计算数据输入所需要的人员耗时。在建立基准测试时，采购方需要确定能够推测每个数据集所需要的人员耗时，它主要是指在五年水平远景规划中，每个数据集在录入每一年的数据所需要消耗的时间。此外，采购方还需要考虑数据存储的要求，并视情况采用 TB、GB 或 MB 为单位来对每个数据集进行评估。

信息产品生产

通过数据功能为每个信息产品进行数据量评估。该评估可以利用主要的输入数据清单和信息产品描述来进行，并通过基准测试中以功能估测得到的系统性能值以及收集得到的数据量来计算人员耗时、CPU 耗时、网络容量利用率和生产每个信息产品的绘制时间（如果产品需要绘制）。

将这些结果与基准测试中以相同变量生成的结果进行比较。测试结束之后，就可以对以下内容按年份进行评估了：

- 输入数据需要消耗的总时间；
- 输入数据和生产信息产品所需的核心实施指标；
- 系统所需的存储；
- 在指定的耐受度时间内生产所需信息产品的网络容量利用率；
- 生产信息产品所需的绘制时间；

将每天数据录入需要的人员耗时和与人员利用率有关的信息产品生产结果进行比较，再将结果按年度转换为经营成本，并使用计时工资来表示，这样我们就可以估算出每个系统的总费用。

如果在基准测试中供应商使用的核心系统类型与客户机构提供的核心系统标准并不相同，则需要调整核心利用部分的设计。如果有必要，还可以使用由计算机制造商提供的相对性能比。通常而言，我们是建议供应商使用采购方提出的核心系统类型进行基准测试。通过这些对比，我们就可以测定供应商所建议的系统配置是否能够处理所需的工作负荷。

网络容量利用率

如果信息产品生产需要企业网络，且测试需要在一个独立控制的网络中进行，则系统的网络容量利用率是能够被定量评估的。

通过基准测试可以计算出 GIS 的使用对网络的影响，并给出在单个或多用户条件下生产信息产品的网络容量利用率百分比。我们将估算出这些数值，并以年份为单位用其来评估生产所需信息产品应该具备的网络容量利用率。评估将在硬件设备、协议选项和供应商推荐的数据搜索引擎的最优化设计上反映出来。我们还需要将这些评估结果与同一时间段内在网络容量可利用百分比中客户端网络管理的数量进行比较。

测试使用的量度标准需要在基准测试指导中明确说明并提供给供应商。

附录 C 网络设计规划因素

系统设计的性能因素取决于 5 种主要的 ArcGIS 架构,以及每次查询的平均数据量需求。其具体分析,如图 C.1 所示。

客户端平台	每次显示的数据		每次显示的流量		每个用户流量(Kb/s)	
	Kb/d	Adj Kb/d	Kb/d	Mb/d	6d/m	10d/m
文件服务器客户端	1 000	5 000	50 000	50.000	5 000	8 333
地理数据库客户端	1 000	500	5 000	5.000	500	833
终端客户端	100	28	280	0.280	28	47
Web 浏览器客户端	100	100	1 000	1.000	100	167
Web GIS 桌面客户端	200	200	2 000	2.000	200	333

注:d 为每次显示;m 为每分钟。

图 C.1 新的网络加载因素

文件服务器客户端

这是一个标准 GIS 桌面客户端,它向文件服务器数据源访问数据,每次显示查询所需数据是 1000Kb,且每次查询时客户端与服务器端之间的传输量为 5 000Kb(文件必须传递给客户端以支持要求显示数据范围的查询)。每次显示转换产生的数据流量为 50 000Kb 或 50Mb(每个流量包为 2Kb,每 1Kb 为 8Kb)。每个用户的流量取决于生产能力的高低,每分钟 6 次 5 000Kb 的显示和每分钟 10 次 8 333Kb 的显示。典型的 GIS 高级用户平均每分钟显示 10 次。

地理数据库客户端

这是一个标准 GIS 桌面客户端,它从地理数据库(Geodatabase)数据源访问数据,每次显示查询所需数据为 1 000KB。由于地理数据库中是压缩数据,因此每次查询所需的数据传输量减少为 500KB。每次查询转换产生的数据流量为 5 000Kb(每个流量包为 2Kb,每 1KB 为 8Kb)。每个用户的流量取决于生产能力,每分钟 6 次 5 000Kb 的显示和每分钟 10 次 8 333Kb 的显示。典型的 GIS 高级用户平均每分钟显示 10 次。

注意:以上提到的这两种客户端—服务器架构通常由以太局域网环境支持。在一个共享网段中每次只能支持一个传输;当同时存在多个传输时,就将使用目前的交换技术,即将传输在交换机上缓存并按顺序通过网络依次发送。当一个共享网段内用户太多时,可能会导致性能延迟。由此,共享以太网段的最大流量一般是总可用带宽的50%左右(由于传输延迟的可能性受到高使用率的影响)。

终端客户端

终端客户端是指在一个 Windows 终端服务器上进行操作的客户端,它访问标准的 GIS 桌面端软件。每次显示查询的所需数据为 100KB(仅显示像素)。客户端和服务器之间每次查询的连接流量是 28 KB(基于 Citrix ICA 协议,压缩比平均为75%)。每次查询转换产生的数据流量为280Kb(每个流量包为2Kb,每1KB为8Kb)。每个用户的流量取决于生产能力,每分钟 6 次 5 000Kb 的显示和每分钟 10 次 8 333Kb 的显示。典型的 GIS 高级用户平均每分钟显示 10 次。

Web 浏览器客户端

Web 浏览器客户端访问一个标准的地图服务,每次查询支持显示的所需数据为 100KB(由 Web 制图服务来确定的典型图像数据传输大小)。客户端和服务器之间每次查询的连接流量是 100KB(没有额外的压缩)。

每次查询转换产生的数据流量为 1 000Kb(每个流量包为 2Kb,每 1KB 为 8Kb)。每个用户的流量取决于生产能力,每分钟 6 次 100Kb 的显示和每分钟 10 次 167Kb 的显示。典型的 GIS Web 客户端平均每分钟显示 6 次。注意:如果给出了峰值地图请求率,则对于评估目的而言,1 000Kb/次可能是更精确的网络设计因素。

Web GIS 桌面客户端

这是一个访问标准 Web 制图服务的 GIS 桌面客户端,每次查询支持显示的所需数据为 200KB(根据典型用户选择的显示分辨率,每次显示的像素决定的流量要求)。客户端和服务器之间每次查询的连接流量是 200KB(没有额外的压缩)。每次查询转换产生的数据流量为 2 000Kb(每个流量包为 2Kb,每 1KB 为 8Kb)。每个用户的流量取决于生产能力,每分钟 6 次 100Kb 的显示和每分钟 10 次 167Kb 的显示。典型的 GIS Web 客户端平均每分钟显示 6 次。注意:如果给出了峰值地图请求率,则对于评估目的而言,2 000Kb/次可能是更精确的网络设计因素。

注意:以上三个架构(3、4 和 5)一般在广域网环境中进行。在一个共享网段上每次只能支持一个传输;当同时存在两个传输时,则传输会在路由器上被缓存并按顺序通过广域网线路依次发送。传输延迟将作为缓存时间(即从广域网上获取数据的等待时间)。因此,共享广域网网段的最优性能一般小于总可用宽带的50%(由于传输延迟的可能性受到高使用率的影响)。

致谢

非常感谢 ESRI 公司的 Dave Peters 为本书第 10 章中关于网络规划因素、网络流量传输时间以及每个 CPU 的性能表所作出的贡献。关于其更多详细资料请读者参见本书"扩展阅读"部分中 Dave Peters 的《System Design Strategies(系统设计策略)》白皮书。

附录 D 招标书概要

在规划实施过程之初,采购方可能需要撰写一份招标书(request for proposal,RFP),并将副本发送给想要接下这单生意的软硬件供应商们。招标书将邀请供应商针对特定的业务需求提供最高性价比的 GIS 解决方案。一份编制精良的 RFP 并不只是列出需要采购的硬件和软件的商品清单,更是对系统需要完成的工作的描述。在 RFP 中也需要详细说明应该如何来选择和实际采购软硬件产品,这样便于供应商们能够基于最完整的信息来提供符合需求的方案。

有时候,招标预告通告书(request for information,RFI)可能会在 RFP 之前就撰写,很多机构在编制他们的最终 RFP 时会使用 RFI 来寻求协助。精明的技术经理们会意识到,如果能及早地从技术供应商那儿获得指点,将是非常有指导意义的,因为供应商们会使用大量的时间来思考如何实现他们独有的技术。有时 RFI 只不过是一份 RFP 的初稿,当你的系统边界很大时,RFI 可能会特别有帮助。当你在提供 RFI 给供应商时,可以附带一份 RFP 的草案,要求他们反馈一份报价意向书及评论意见,这将帮助你编制一份合理的 RFP 文件,这样就不会因为某些疏忽而偏向某一个或另一个供应商。

大型采购的 RFP 文件一般是附带重要附录的一份文档(在小一点的项目中,一份单一文档可能足以涵盖所有的内容)。主要文档列举了采购需求,而附录则提供了细节信息,诸如主数据输入列表、信息产品描述、政府合同规范副本、产品成本和数据转换评估的工作表(来自供应商的标准回复),以及与 GIS 有关的全部数据处理计划。

RFP 的主文档应该包含以下内容。

一般信息和程序说明:这部分需要涵盖采购程序和时间表、供应商需要反馈的信息、权属信息的处理说明书、推荐访问的采购网站、情况说明会议(如果的确需要的话)、标书收取的明确规定(如日期、时间和地点),最后是你所在机构的联系人与供应商之间的沟通安排。

工作要求:这是 RFP 最重要的实质性部分。在这一部分,应该列举出系统要完成的工作,详细介绍信息产品生产过程中的具体情况、生产这些信息产品所需要的系统功能,以及数据库中需要的数据。RFP 的正文要有所限制,其内容只能列举需要些什么信息,而相关的支持性说明和必要的描述则留在附录中阐述。

下面是每一份良好的 RFP 文档都应该包含的一张工作需求清单:
- 全套的信息产品描述表(IPD)。

- 主输入数据列表(MIDL)。
- 根据指定位置及时间段对数据处理负载的评估。
- 根据指定位置及时间段对功能使用的评估。
- 已经有的计算机设备和网络设备的记录。
- 任何需要的专用符号的清单。

供应商所要提供的服务：一般情况下，供应商都会按照合同来提供和安装软硬件系统，并对新用户进行培训，但有时采购方内部员工会承担部分工作。无论在什么情况下，供应商都必须提供清晰详尽的用户指南文档。在安装和启动培训之后，还要对系统的日常维护和更新进行安排。在这一部分，要将想让供应商做的事情写清楚。

参考信息：好的供应商会很乐意提供参考信息，该信息列出了正在使用类似系统的已有客户。当采购方收到这样一份参考资料之后，可以亲自拜访这些用户并倾听他们的经验。

财务要求：采购方还要做出一些重要的财务决定，包括硬件设备购置方式是租赁、租借、分期付款购买还是一次性完全购买，折旧和税款也可以同时考虑进去。在 RFP 中应该列出多种推荐方案及其各自的成本，还包含财务工作表的使用指南，以及购买数据和软件时可能需要的许可条款和条件。如果要求供应商提供进行系统运行的成本预算，则确保他们是以员工的时薪进行计算的。供应商提供的软件维护应该能保证及时更新到新版本并提供技术支持，这点也需要供应商以书面形式写下来。

标书提交指南：这一部分描述了提交标书时的要求格式、需要的副本数量以及包含附录的标书内容(选择一种有利于对不同供应商的文档进行比较和评级的统一格式)。详细说明任何强制性的合同条款和条件，或者任何特定的财务要求。

标书评定计划：这一部分详细地说明地参与标书评定的委员会组成结构。在评估过程中始终参照 RFP 并设定最终决策时的评估标准，这可以算是一种约定规则。该部分清楚地解释整个评估过程——你所在机构与供应商之间会对该评估达成共识并遵守这些协议。如果需要对系统进行基准测试和验收测试，则还必须讲清楚这些测试的过程。这在主要采购中非常重要，因为大部分机构都会期望在主要采购中具有固定的步骤程序。这份清晰详尽的 RFP，也将同时关系到采购方与供应商双方的利益关系。

附录 E 编写初步设计文档

初步设计文档(在第 10 章中有介绍)是在 GIS 采购和实施这一最终规划阶段进行之前所有规划工作的顶峰。就像在规划初期我们需要获得高级管理层对规划建议的批准一样,现在仍然必须获得行政审批,来推进用于实际实施的规划策略。通过这份初步报告,我们将需要描述采购机构需要通过 GIS 来得到什么,以及 GIS 必须满足产品的哪些具体要求。这份结构完整、表达通俗易懂的报告是采购实施者向上级领导进行系统推荐的基础:一份优秀的报告可使我们设计的数据和计算机技术能最有效地协助 GIS 对该机构提供支持。为了赢得上级管理层的批准,报告必须内容全面、客观,符合报告形式,并包含以下内容(如图 E.1 所示)。

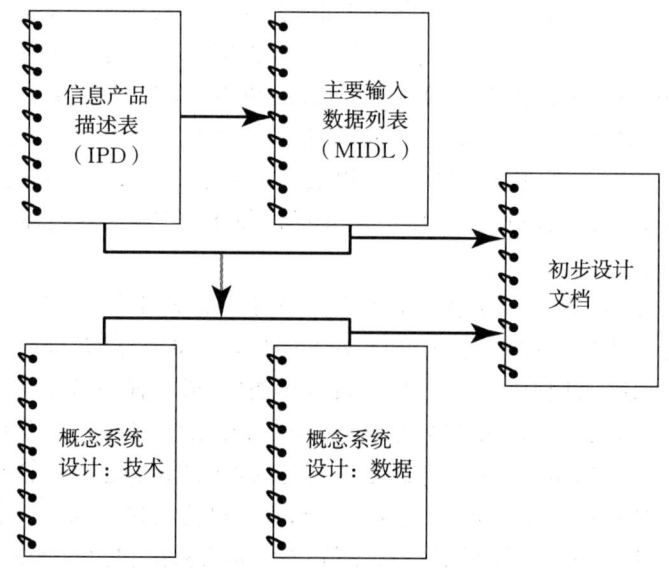

图 E.1 提交给管理层的阶段性报告的组成内容

执行摘要

初步设计文档的开头是一份你的调查结果和推荐内容的摘要,因此你需要将其作为这份报告的第一节来撰写。高级职员们的时间宝贵且对 GIS 知识所知甚少,也许他们只会对此报告草草浏览,因此你希望这份报告能具有说服力。当你完成报告之后,要在整体上对其加以检查,特别要注意推荐内容的章节。将这些信息以摘要的形式汇集,并使之成为管理层第一眼看到的内容,即所谓的"执行摘要"。

简介

这部分是一个简要介绍,它描述了报告的目的和结构,并包含该章节的目录。

数据部分

数据部分详细地介绍了数据库的设计和开发,及其在系统设计中的作用。它包含了下列子章节。

数据集名称

它很少会建立在没有首先确定的数据集上。你将找到 MIDL 中的每一个数据集的名称。

数据特征

这部分信息也是从 MIDL 中收集的,它确定每一个数据集的物理和空间特征。报告了源数据的存储介质(如纸质地图、聚酯薄膜、CD、磁带磁盘或软盘)。如果数据已经是数字格式,则需要确定其格式类型(如 TIGER、.e00、.dxf 或 .txt 文件)。此外,还需要报告每个数据集的大小、地图投影、比例尺和基准,并认真注意哪一份数据集将需要转换为所选的投影或比例尺。最后,你需要确保文件将记录每一份数据集的容错类型和数量。

逻辑数据模型

概念数据库设计是一份描述数据库工作机制的宏观视图。我们已经使用逻辑设计将抽象的概念设计按照特定数据模型进行了设计,并获得了设计草图。现在,为了开展概念数据库设计,报告中还需要说明数据库的内容,这包含所有的数据元素及元素之间的逻辑关系。我们可以在这里将数据按不同专题进行整理,即以土地所有权、交通和环境区域等主题将数据进行聚类分组,这个过程还包括数据元素之间的关系图。通过这一步,报告的阅读人将可以对数据库有一个全面了解,并弄清数据库中数据间关系的复杂性。

针对技术的概念系统设计

剩余的概念设计部分通常在文档的技术章节进行定义。以下子章节将清晰地阐明需要采用的技术。

功能应用

这部分通过主要文档或附录形式来介绍功能应用,它应该包含生产信息产品所需软件功能的综述。我们可以从早期的功能需求汇总和分类中收集相关信息,这些信息包括需要的表格或图表。

系统接口要求

本节描述了采购方所确定的系统接口需求。例如,采购方的 GIS 应用程序可能需要一个指向扫描图像和文档的连接,且这些图像和文档已经被一个现有的软件程序所管理,如果是这种情况,就需要对这些数据库及其所在位置的需求进行指定。本节需要包含具体软件的详细信息,我们可将其作为一份附录。

通信要求

在这部分内容中,文档回顾了已有的通信基础设施并确定了支持 GIS 所需要的网络通信架构。同时,报告中也需要说明采购机构中需要访问 GIS 的全部位置以及每个位置处 GIS 用户的数量。文档首先确定了第 7 章界定系统边界中提到的信息,并在这里开始进行进一步阐述。参考之前的内容,并报告研究结果。

硬件和软件需求

文档的这一部分描述了采购方现有的硬件和软件的标准及相关政策,同时为新的 GIS 提出了硬件和软件配置。如果必要的话,我们将基于采购方的政策和标准,讨论任何可能的系统配置选项,列举出已有的计算机标准与所推荐的系统配置之间任何可能存在的兼容性问题,并对如何将被推荐的系统配置集成到机构的其他系统(包括已经使用或计划使用的)中给出建议。

政策和标准

在报告中说明采购方现有技术实施方面的政策和标准。如果没有的话,可能会影响概念设计的具体政策或标准,这就需要在本章节对其注明。

设计建议

初步设计文档的最后一部分是为系统设计提出了明确的建议。在报告中,我们对所有前面的章节都已经严谨地进行了阐述——它们基于前期工作的实际情况和研究结果。现在,通过本章节,设计者及其支持团队可以明确表明自己所期望的系统的最终配置。

  建议需要符合逻辑决策。从报告的数据和技术部分的描述以及借助团队员工的帮助来获取符合逻辑的决定信息，然后利用这些信息为软件和硬件技术制定设计建议。设计者要推荐的是能够满足其所在机构所需求的全面设计，而不是供应商的产品之间的具体选择。事实上，在现阶段，要尽可能地避免只认品牌的情况。

  提出的建议需要明确和简洁。设计建议是规划过程中的一个关键部分，当我们已经完成了对需求、数据和技术的评估之后，现在就需要将这一切进行综合考虑，为寻求行政支持提供基础信息，以推动规划的采纳和实施。

附录

  在这一部分对任何需要说明却并非至关重要的内容作为附录进行补充，以帮助读者理解设计的核心部分。例如，有必要在附录中提供所有的 IPD 和 MIDL 文档（这样，它们也可以作为撰写最后报告及第 12 章中的实施规划时的手头资料）。

  最后，撰写一份"执行摘要"，并置于文档开头。

词 典

本词典是你的 GIS 所提供的功能最为重要的一份参考资料。其中许多的 GIS 功能条目都包含了其使用实例。这不是一份 GIS 功能的综合列表,而是一份易于理解的、实用的常用功能子集汇集。它将帮助你为信息产品描述和功能说明做好准备。

你将会在 GIS 规划过程中的某几个阶段来对 GIS 功能进行讨论:

· 在技术研讨会中(第 5 章),要确保规划团队分享 GIS 的共同愿景并鼓励大家使用一种通用的词汇表来协助彼此的沟通。

· 在创建信息产品描述表(IPD)时(第 6 章),需要确定 GIS 的必要功能来创造一个信息产品。

· 在概念系统设计中(第 7 章),通过确定功能对制定采购方案(第 10 章)和规划实施(第 12 章)准备中的系统要求进行评估。

该词典的目的是用于提升你的规划能力,其作用主要表现在以下三方面:

(1)让你了解整个系统中 GIS 功能的完整知识(大多数 GIS 用户每天大约只访问可用功能的 10%)。

(2)使你能够撰写一份描写你需要的报告,并让它在某种程度上被所有用户或供应商所理解。GIS 软件的用户和供应商往往对他们特定软件的术语非常精通。但是不同的软件对同一种功能或定义有着不同的术语。因此一份独立软件的描述不要被任何品牌的名称所束缚,而应在即使存在不同术语的情况下,也可以让人们方便地交流。

(3)能够让非 GIS 用户了解 GIS 的全面功能。那些参与 GIS 规划的人们,以及高级主管、客户和一个机构的信息技术部门成员,或许对 GIS 软件并不熟悉。那么这样一本词典就可以让你帮助他们来认识它的潜力,激发起他们的兴趣。

每个功能的名称后都附带一份通过你选择的软件来期望实现的过程及其用途的简单介绍。那些认为是高复杂性的功能用星号(*)标注。

该词典被划分为以下部分或任务目录,你会发现下面给出的每个功能都经常被使用到:

· 数据输入。

· 数据储存、数据维护和数据输出。

· 查询。

· 创建要素。

- 操作要素。
- 地址定位。
- 量测。
- 计算。
- 空间分析。
- 表面插值。
- 可视性分析。
- 建模。
- 网络分析。

数据输入(data input)

数字化(digitizing)

数字化是将点和线数据从源文件转换到机器可读格式的一个过程。数字化仪或数字面板这种手工方法仍然被广泛地使用,但它们正越来越多地被扫描方式所取代,扫描方式可以实现线条的自动生成并将其输入到以数字格式存储的数据文件之中。然而,在数据量较小或是其他方式过于昂贵时,许多用户仍然使用手工数字化方式来处理。数字化后的数据常常需要编辑和重新格式化。

扫描(scanning)

扫描是生成一份纸质地图或文件的电子影印稿的过程。你可以根据地图或文件的尺寸,以及你需要的分辨率来使用平板或鼓型扫描仪。扫描结果将以栅格格式数据出现(见下文中的栅格—矢量和矢量—栅格转换)。生成的数据层将包括所有地图或图像中的细节信息,包括你不希望得到的要素。因此,我们常常需要对已扫描完毕的数据进行后期处理。将扫描生成的栅格影像作为矢量数据的背景图来使用是非常有用的,因为它们提供了良好的空间内容并能够协助对地图内容进行解释。

键盘输入(keyboard input)

这个过程是通过手工输入的方式,将字母数字类型的数据转换为机器可识别的格式。此过程不常使用,这是因为人为纰漏造成的危险性很高,同时在输入多个条目和检查时需要较多的劳动力。有时键盘输入是用于标注从硬拷贝地图得来的数据,而在少数情况下是为纠正地图而输入坐标值。

文件输入(file input)

这是一个输入数据的过程,它使用表格数据或 ASCII 格式的文本文件或文字处理软件生成的文件,它们通常需要手工输入和检查。

文件传输(file transfer)

该过程允许你将其他一些软件或系统中产生的数据进行输入操作。被传输的数据文件可能来自外部、商业数据提供商或你所在机构内的其他系统(如 GPS 或 CAD)。数据能以光盘、CD-ROM 或网络形式被传输,或是直接从现场数据采集设备中进行下载。该数据可能需要被重格式化,这样才能与你的 GIS 兼容。

栅格—矢量和矢量—栅格的转换(raster-to-vector and vector-to-raster conversion)

此过程需要改变数据格式以便对数据进行进一步分析和操作。在矢量—栅格转换中,你应该能够转换数据的图形和拓扑特征。同时,你也应该可以选择单元格的尺寸、网格位置以及网格方向。在栅格—矢量转换中,生成拓扑结构是必需的。数据的编辑和平滑处理对于生成有效的矢量视图可能是非常必要的。

数据的编辑与显示(data editing and data display)

这些功能很有可能在数据化时用于对点、线和标签的操作。屏幕或是图纸上显示的错误会有助于进行编辑。这一系列功能显示了一个数据集中存在的不同组成或不同要素,它们是非常必要的。用来编辑和显示的功能如下:

- 选择一个或多个数据集来显示和编辑。
- 在数据集中选择一个特定的区域来进行编辑。
- 选择要素(如点、线或标签等)显示。
- 选择一个或一组要素进行编辑。
- 对所选要素的属性进行查询。
- 按要求显示线端(节点)。
- 旋转、缩放和将一个数据集转移到另一个要素集。
- 在特定范围内删除所有用户选择的要素、编码或数据类型。
- 使用属性或鼠标来删除一个用户选择的要素。
- 使用光标、键盘或鼠标添加一个要素。
- 移动一个要素的所有组成部分或单个组成部分。
- 交互式创建和修改面积。
- 改变标签文字或位置。

创建拓扑*(create topology)

此功能是通过创建智能连接来生成二维或三维多边形或网络的数字化线。在理想情况下,这个过程是自动的并包含了纠正程序(例如,"连线的终点在指定可接受距离内"或是"删除过小的悬挂线")。此外,错误可能会被突出显示在屏幕上,这样就为你进行编辑和正确使用标准图形编辑功能提供了方便。只在数据库中选择某一部分进行拓扑操作的功能是需要的,这样就不必一次性对整个数据库进行处理。

接边处理*(edgematching)

这是一个编辑过程,用于接合跨图幅线和边界地区,以生成一个单一无缝的数字化数据库。由接边处理创建的连接必须是拓扑化和图形化的。由接边处理所连接的地方应变成最终数据集中的完整区域,并且接边后的线应变为单一线。接边处理功能能够处理那些在数据中的小缺口、轻微的差别、悬挂线以及遗漏的线和双线。如果这些误差和错误不能被自动处理,你也应该觉察到它们的存在,以便使用其他方法对其进行纠正。接边处理功能应该允许你为自动编辑创建一个容错值范围。

添加属性(adding attributes)

此过程将描述性的字母数字的数据添加到数字地图或是一份已有的属性表中。属性是地理要素(包括点、线和面)的特征。它们通常以表格形式被储存,与要素相关联。当出现相当数量的属性与要素相联时(或有时因为数据集设计的原因),在 GIS 或是其他数据管理系统(DBMS)中,属性可能会被存储在不同的数据库中。

重新格式化数字数据(reformatting digital data)

此过程是将其他系统中的数据迁移过来,并与你自己的系统相兼容。重新格式化确保可访问性,或协助系统软件的格式转换。重新格式化后的数据应与你的 GIS 中的其他数据在拓扑、图像上兼容。你可能需要将数据重新格式化,以使得数据符合你所在机构的水平。重新格式化也许包含了附加的数字化、另外新增的标签、自动编辑以及数据属性的编辑。

自动重新格式化已经越来越重要,因为用户希望能够将多种数据格式(从打开或专有来源)直接整合到他们自己的 GIS 之中,或者通过 Web 将自己的数据提供给他人使用。互操作性程序可以用于直接读取和输出多种数据源。

方案安排(scheme arrange)

此过程是根据一套规则自动将两个分类系统组合为一个可接受的分类系统。通常在自动重新格式化中被用到。

数据存储、数据维护、数据输出
(data storage, data maintenance, data output)

创建和管理数据库(create and manage database)

这个过程将使用良好的制图数据结构和数据压缩技术对数据集进行组织。当 GIS 包含多个数据集时,数据库的创建和管理将会使数据的访问更加便捷,特别是在某些数据集较大时,其效果会更好。

在大多数情况下,数据将覆盖了较大周边土地范围的单幅地图、图像或文档输入到一个系统中。这些图上的数据必须与具有统一数据结构的数据库相匹配。这样才能使得我们能够对整个数据库或其中一部分进行分析和查询。

编辑和显示(edit and display)(在输出时使用)

能够编辑和在计算机屏幕上显示输出地图产品,这对生成有效的信息产品是很有必要的。这个过程需要编辑、排版、符号化和绘图等各种功能。输出编辑包括了所有在输入时使用的编辑功能。

适当的符号化有助于结果的展示和简化对数据的解释。为方便符号化,你的 GIS 应包括可以用于显示点、线和面的各种符号;能够定位并显示文本和其他字母数字标签;能够创造自己的符号。

符号化(symbolize)

在这个进程中,选择和使用各种符号是为了在计算机屏幕上对你的数据库中的要素进行显示并打印输出。为了创造高品质的 GIS 输出内容,你应该使用各种符号来表示计算机屏幕上的要素——它们存储于数据库中,并将其打印输出。符号化包括以下功能:

- 使用标准的制图符号。
- 使用符号模式填充面域或将不同密度的符号进行交叉填充。
- 以不同尺寸和方向来表示点符号。
- 能够使用多套面向不同学科的符号集(如地质、电力、石油、天然气、水和天气)。

绘图（plot）

这个过程将从 GIS 中生成硬拷贝输出。在 GIS 中，打印和绘图功能可以让"草稿内容"的图形产品出现在计算机屏幕和图纸上，通过大量打印任务的后台处理或累计，可以将图形以不同尺寸打印在图纸或聚酯薄膜上，或是在一份已经打印好的图纸上进行套印。

更新（update）

这个过程需要在现有的数据库中添加新的点、线和面以纠正错误信息或添加新的信息。数字数据库在初步建立之后，可能需要定期进行更新，以反映在景观或兴趣区域的变化。新的建筑物和道路可能被兴建，而原有的建筑物和道路可能被拆除。矿场或森林的范围或它们的所有权人可能会变更，这就需要更新它们的空间范围和数据属性。你可能需要更新数据以纠正数据中的错误。

许多关于编辑和显示的功能都可以来帮助进行更新，在屏幕上进行的快捷数字化功能也会对此有用。撤销操作的功能也十分重要，在更新的过程中，还应该具有更新日志、备份或访问文件保护等功能。

浏览（browse）

浏览用于识别和确定一个兴趣窗口或范围，它可以被其他功能拿来使用。在浏览过程中，你可能不会对数据库进行修改，但你应该能够通过指定一个窗口或中心点来选择范围，并对其进行平移及缩放操作。确认兴趣区后，你应该能进行编辑、测量、查询、重分类或叠加数据。

清除（suppress）

清除用于从你的工作环境中移除要素，这样你就可以在后续处理和分析中将其忽略。相比通常用于选择你所感兴趣的查询功能而言，清除是将你不感兴趣的要素忽略掉。例如，你可能有包含了你研究范围内所有道路的数据源，但是你只关心主要公路。你可以忽略除主要公路之外的所有道路，这样它们在随后的覆盖、显示及绘图操作中就被排除了。

创建清单（报告）（create list）

清单和报告的创建可以作为最终或临时信息产品输出过程的一部分。此外，信息产品本身可能以表、清单和报告的形式出现。你的 GIS 中的功能应该能让你进行下列操作：

- 对任何能够输出字母数字结果的功能，能够创建用户指定的结果列表。

- 对数字列表能够生成小计、汇总和总计结果。
- 根据给定的公式执行算术和代数运算。
- 执行简单的统计操作，如百分比、平均值和众数。
- 以某些标准格式或简单自定义格式创建列表的标题和表头。
- 对数据进行排序操作。
- 创建系统错误报告以更容易地对系统进行修正。

互联网服务(serve on Internet)

在互联网上的服务式 GIS 或地图数据通常显示交互式地图来让用户浏览地理数据。此外，许多地图服务器允许用户查看属性、查询数据库并根据需要生产定制地图。

查询(query)

空间查询(spatial query)

此过程需要基于空间特征选择一个研究区域的子集。该子集可用于汇报、进一步研究或进行分析。

空间查询通常选择一个指定要素或通过在一些要素周围绘制图形形状来实现。例如，可以在屏幕上勾画出一个不规则研究区域的边界，这样边界内的要素都将被选中；或者通过鼠标单击的方式选择一个行政范围，然后对此范围的某一部分进行进一步的研究。

如果涉及空间和属性数据，查询一个数据库可以变得非常复杂。例如，"镇子的东面有哪些房产"？接着可能会问"哪些房子有四间卧室并能够出售"。

查询是最常用的 GIS 功能之一。一个好的 GIS 将为查询提供多种选择方式以满足各种用户的需要。

属性查询(attribute query)

此过程是通过对属性的问题来确定一部分要素以进行进一步的研究。属性查询通常使用一个对话框来帮助建立问题或使用特殊查询语言来实现，如结构化查询语言(SQL)。这些问题类似"哪些道路是双车道"和"哪些房产是在居住区"，它们能够产生要素子集的选择集以进行更深入的研究。

创建要素（generating features）

创建要素（generate features）

此功能具备创建新的要素并将它们添加到数据库的能力。创建要素功能必须能让要素很方便地确定下来，并且对添加到数据库中的新要素数量和任意位置上点的数量没有限制。要素的名称或编码可以赋给新要素。

你的 GIS 中应该可以生成的要素类型包括点、线、多边形、圆、格网单元网和经纬度网。

创建缓冲区（generate buffer）

这是在点、线或面要素周边以指定宽度创建区域的能力。环绕在点或面要素的区域一般称为缓冲区，而线要素周围相交的区域可以被称为缓冲区或走廊（corridor）。

用户设置的缓冲距离用来创建这些缓冲区和走廊，在要素十分复杂和高度曲折的情况下，系统需要自动解决重叠和包含问题。缓冲对于外部面要素和内部面要素，如湖泊，可能都是很有必要的。对于点、线和面要素而言，具有不同距离的缓冲（多个缓冲区）应该是可能的。固定宽度和可变宽度的缓冲区也应该需要，包括缓冲区之间相互交叉。缓冲区的宽度应该可以被设置为相关要素的某些属性，而无须操作过程的介入。

创建视域 *（generate viewshed）

在处理数字高程模型（DEM）时，视域的创建过程可以是确定从一个或多个视点能够看到的地形范围。该视点可以是沿着一条线（如公路线）或用户定义的多边形的任意点。视域地图可帮助用户为诸如通信塔或停车场选址寻找到合适的空旷场地。

创建透视图 *（generate perspective view）

该过程能够生成相对于 DEM 的三轴表面性质的三维块状图。它使用线条消隐和晕渲法，并通过在平面上绘制符号和使用交叉线绘制阴影范围以实现高质量的输出。

随着场景的生成，该功能可以创建一种高级形式的透视图，如生成三维对象（建筑物、树木）并将它们添加到视图之中。这种现实可视化技术能够让你动态地查看现场（在场景的上方或下方实现飞行浏览）并对不断出现在场景中的要素进行动态标注。

创建高程剖面图*(generate elevation cross section)

该过程能够创建穿过一个 DEM 的剖面图,而穿越路径可以是用户设置的任意长度或方向的线。如果穿越剖面线(如道路)上的要素位置可以进行标注则更有用。

创建图表(generate graph)

这个过程可以创建属性数据图表。图表是用来显示两种属性:一个沿着 X 轴,另一个沿着 Y 轴。你可以通过符号、柱形、线或固定趋势线来表示数据的分布。图表可以绘制在地图上,也可以作为其附件。

操作要素(manipulating features)

属性分类(classify attributes)

分类是将要素根据其相似值或属性划分为不同级别的过程。许多数据集的值都在一定范围之内。对于显示或分析而言,将数据以数值进行归类或分类将有助于说明和解释。例如,某个研究区域中 1km 格网单元内的人口总数可以从零至好几百。为了显示所有可能的值,你可以在一份彩色地图中对每一个格网单元都使用不同的颜色,如果地图不是多色彩渲染,那要对用户来进行解释是不可能的。为了达到显示的目标,我们一般都使用八级分类,但对于分析来说,分类越多越好。

消融及合并(dissolve and merge)

两个具有相同属性的邻接区域可以拆除它们的边界。这个共同的属性可以指派给新的更大的区域。使用这些功能,具有相同属性的相邻区域之间的边界被打散,并组成较大的范围;存储着相接范围的属性值的数据表此时会合并到作为结果的更大范围的一个值中。

此功能对接边匹配或重新分类操作是必要的(虽然在某些情况下保持面域之间的边界可能十分重要,如行政或政治边界)。

线简化*(line thin)

此功能在数据输入时,通过减少线的细节信息,能够适当降低数据文件大小。这个功能根据用户定义的容错值,减少了用于定义线或线集的点的数量。线上的许多点将被删除,以减少用于表示要素的点的数量。在此过程中,保留线条的大致形状和信息内容包是十分重要的。

线平滑化* (line smooth)

相对于线稀疏化,线平滑化涉及在线上增加细节信息来更有效地表示要素。线平滑功能使用容错值,通过添加额外的点和减少个别线段的长度来使线条变得光滑,最后出现平滑的效果。在 GIS 中,有许多功能可用于线的平滑化过程。

综合* (generalize)

这是在显示要素时降低细节数量的过程。综合技术用于获得有效的比例尺变化,并协助来自不同数据源的数据进行集成。大比例尺地图(1∶50 000)以小比例尺(1∶250 000)重新显示在屏幕上时,如果没有综合技术的帮助,就将出现混乱并难以解读。

裁剪(clip)

该过程允许你根据一个指定范围从数据库中抽取要素。该功能通常被称为"切甜点"(cookie-cutting)。不管你是在屏幕上使用鼠标定义一个面,还是使用数据库中的另一个要素(如行政区),其结果都将是一个新数据图层,该图层中仅仅包含研究区中感兴趣的那部分要素,而原来的数据图层保持不变。

比例尺变化(scale change)

这个过程的实质是当数据显示时改变其尺寸。比例尺变化一般是在计算机而不是在绘图机上出现的。它具有放大和缩小的功能,以及通过设置精确的比例尺来重新显示数据的功能。在比例尺降低的过程中,可能会用到线条的简化和剔除操作,或线条的平滑操作。线条的打散和属性的融合功能一般需要在大范围比例尺降低之前被触发。我们应该对最终产品,包括标注的易辨性给予特殊的关注。

数据集与其他数据集成之前改变其比例尺需要当心,因为数据在一定比例尺范围内进行处理和分析是最佳的。根据一般规则,如果将数据用于分析,你在改变数据集的比例尺时,需要避免该值大于或小于原比例尺的 2.5 倍。

投影变化(projection change)

该过程允许你在地图正显示数据集时改变其投影。你可能需要改变一个数据集的投影,以使得它能够与来自其他数据源的数据集成到一起。例如,你有一幅地图数字化后的数据,它使用的是通用横轴墨卡托投影(universal transverse Mercator),如果你想要在图上叠加一个使用等面积圆柱投影的数据图层时,你的软件应该提供能够让数据在一系列通用投影或地图基准面中进行变化的功能。

变换*（transformation）

这是通过变换（移动）、旋转和缩放将一个坐标系的坐标转换为另一个坐标系坐标的过程。变换包含了数据的系统化数学处理：该功能被应用于所有的坐标系，在输出时缩放、旋转和移动所有的要素。它经常用于将数据从数字化单位（通常是英寸）转换为表现在地图原件上的真实单位。来自 CAD 图形文件的数据可能需要变换，以将其页面单位转换为实际坐标并与其他数据相集成。

橡皮板拉伸*（rubber sheet stretch）

"橡皮板拉伸"过程用于对数据集进行调整，使用非正式的方式，以使它与另一个数据集相匹配。如果你的 GIS 中有两个数据图层需要叠加，或者数字化板上的一幅地图需要注册到系统中已存在的另一幅同范围的地图中，橡皮板拉伸可能就是必需的。这个功能可以让地图组装在一起或相对应。通过使用公共点或诸如控制点这样的已知位置，其他的数据就可以被"拉伸"实现与另一个数据图层相符。"橡皮板拉伸"通常用于地图和图像数据的配准。

合并*（conflate）

合并是将一个数据集中的线条与其他数据集中的线条进行配准，并将一个数据集的属性转移给另一个数据集的过程。合并能够让两个或多个数据集的内容进行合并以克服它们之间的差异。它以一个单独的版本取代了数据集的两个或更多的版本，以反映出输入数据集的加权平均值。这个配准操作一般是通过"橡皮板拉伸"来实现的。

合并过程最常见的用途之一是将街道网络文件（如美国人口调查局的 TIGER/Line 文件）中的地址和其他地理编码信息转移到具有更精确坐标的文件之中。许多文件中都包含了重要的人口普查数据，但可能缺乏精确的坐标。由于属性极具价值，结合处理可以用于将该属性数据转移到一个更理想的坐标集中。

分割区域*（subdivide area）

这个过程是将一个面根据一套规则进行切割。我们举一个简单的例子，给定一个矩形面的顶点后，它应该可以将该面域细分为十个等面积的矩形。这个面域的边界可能是不规则的，尽管如此，所使用的规则可能是十分复杂的。这些规则可以在分割规划中考虑诸如最大批量值和道路预留值等因素。

伪多边形移除（silver polygon removal）

伪多边形是一个小的面要素，它可以在两个或多个具有相同要素（如湖泊）的数据集的拓扑叠加产生的面域边缘处寻找到。如果两个输入的数据图层中包含了来自两个不同数据源的相似边界，则其拓扑叠加就会产生微小的伪多边形。我们考虑一下将用于拓扑重叠的两个包含土地地块的数据图层，一个数据图层可能来自某个外部数据源，也许是由数据供应商以数字格式提供的；另一个数据图层可能是机构内部数字化生成的。当它们叠加之后，在地块边缘位置上可能会出现如伪多边形这样的小错误——沿着边缘出现的小而薄的多边形。

自动功能会移除这些伪多边形，同时一般会结合使用拓扑叠加和编辑功能。你需要控制用于移除伪多边形的算法。特别是，你应该可以控制分配算法来确定一个伪多边形被分配给了哪一个相邻多边形以及它如何才能被修正。

地址定位（address locations）

地址匹配（address match）

该功能可以匹配地址以确定以不同方式记录的相同地点。这个功能可以降低一份列表（如一张零售商店客户的清单）中的冗余度，但它更多地用来将一份列表中的地址与其他一份或多份列表中的地址相匹配。地址匹配通常作为地址编码的前期工作。用户可以设置不同程度的匹配概率。

地址编码（address geocode）

地址编码可以通过街道地址（或其他地址信息）向地图添加点位置。地址编码需要将一个数据集中的每一个地址与地图数据集中的地址范围进行比对。当一个地址与某个街道段的地址范围相匹配时，就会执行一个插入操作进行定位并将坐标分配给该地址。例如，一个包含了客户地址的文本数据文件可以被匹配到一个街道数据集上。其结果将是一个显示客户居住地点的点数据集。其生成的点与数据集必须是拓扑集成的，并在数据库中可以作为新要素来使用。这些新要素可以被其他系统功能所使用，用于与数据库中其他数据进行结合。

量测（measurement）

测量长度（measure length）

该过程能够测量线的长度。在矢量数据库中，测量结果可自动计算并作为数据库的一部分进行存储。在这种情况下，只要进行简单的查询操作就可以从数据库中检索出长度值。在其他情况下，测量结果可以在你点击感兴趣的源要素之后计算出来。例如,你可从屏幕地图中选择两个位置,然后要求计算它们之间的距离。

测量周长(measure perimeter)

该过程可以测量面域的周长。在矢量数据库中,测量结果可自动计算并作为数据库的一部分进行存储。在这种情况下,只要进行简单的查询操作就可以从数据库中检索出周长值。在其他情况下,测量结果可以在你点击感兴趣的源要素之后计算出来。例如,你可从屏幕地图中选择一个范围,然后要求计算它的周长。

测量面积(measure area)

该过程可以测量多边形的面积。在矢量数据库中,测量结果可自动计算并作为数据库的一部分进行存储。在这种情况下,只要进行简单的查询操作就可以从数据库中检索出面积值。在其他情况下,测量结果可以在你点击感兴趣的源要素之后计算出来。例如,你可从屏幕地图中选择一个地块,然后要求计算地块的面积。

软件的这一功能也应具有计算用户定义的多边形面积的能力。用户定义的多边形可能会将数据库中已有的面域进行细分。在这种情况下,仅在用户定义多边形内的面状要素才需要进行测量。该功能应该测量多边形(如湖泊中的岛屿)内部的所包含的面域并将它们从要素的叠加面域中抽取出来。换言之,它应该可以在无须操作干预时实现三种级别的面积计算"累积"。例如,你应该可以测量一个多边形中的大陆地的面积,该多边形包含了一个湖泊,即它包含了一个岛屿,而该岛屿在一个池塘之中。

测量体积*(measure volume)

该功能可以测量一个要素所占据的三维空间的大小。当要素的表面DEM数据被添加到数据集时,就可以进行体积测量计算(例如你可以测量一座山峰的体积、一个湖泊的体积或一个蓄水层的体积)。

计算(calculation)

计算形心*(calculate centroid)

该功能可以计算一个由用户定义区域的面域(或面域集或格网单元格)的形心。它在形心处生成一个新的点并自动为该范围的每一个形心分配一个连续的数值。这对于在数字化中生成注记多边形是一项有用的技术,形心计算一般是自动在经过打散和融合或叠加操作生成的新面域上进行的。

计算方位(calculate bearing)

该功能可以用于计算数据库中两个或多个点之间的方位(相对于真北的方向)。这是基于要素间关系的一种几何运算。在宏程序或交互式过程中,你应该可以单独执行这种计算,或是将它与其他算术、代数或几何计算相结合。

计算垂直距离或高度(calculate vertical distance or height)

该功能可以计算一个 DEM 中两点之间的垂直距离(高度)。只要点位于被 DEM 覆盖的区域中,两点间垂直距离的计算都应该是可能的。

计算坡度(calculate slope)

坡度(表面值的变化)计算功能可以计算沿线的坡度值,或是一个面域的平均坡度值。

计算坡向(calculate aspect)

该功能可以计算一个坡面朝向的罗盘方向。该功能需要一个 DEM 数据和一块用户指定的面域。通过对地块不同坡向类型数量的加权计算,就可以计算出该面域的平均坡向值。

计算角度和距离*(calculate angle and distance)

该功能可以将一个线性要素的形状概况为从一个起点开始的一组角度值和距离值。用户应该可以设置角度增量和约束来计算出该线性要素上的任何一个已知点。

计算导线位置*(calculate location from a traverse)

该功能在给定一个起点、方向和移动距离后,可以计算一条导线的路径和终点。将生成的路径和终点(一个点或格网单元格)输入到数据库中也是可能的。

算术运算(arithmetic calculation)

该功能可以执行诸如加、减、乘和除这样的运算。你既可以进行独立的算术运算,也可以将算术运算与代数和几何函数相结合,在宏应用程序中加入算术运算,改变算法的变量和分量,并建立交互式过程。

代数运算(algebraic calculation)

代数运算可以进行基于逻辑表达式的运算。你既可以单独执行代数运算,也可以将代数运算与算术和几何函数相结合,在宏应用程序中加入代数运算,改变算法的变量和分量,并建立交互式过程。

统计运算(statistical calculation)

统计功能可以在数据库上执行简单的统计分析和测试。

在 GIS 软件程序中,统计功能正变得普遍起来。尽管如此,要进行更为复杂的统计分析,可能需要将数据转到其他的统计软件包中。统计功能可以让你计算平均值、中位数、标准差、方差、百分位数、交叉表和回归等。

空间分析(spatial analysis)

图形叠加绘制(graphic overplot)

此功能可以将一张地图叠加在另一张地图上,并在屏幕或图纸上进行显示,以查看数据集相交的结果。当你使用图形叠加绘制功能时,数据集既没有集成进数据库,也没有新的数据集被创建。该功能仅仅是对两个(或更多)数据集之间的相互关系作了一种可视化展示。

图形叠加绘制一般用于专题数据图层的组合,为进一步判读提供上下文。例如,在进行查询或其他分析之前,你可能显示了你的研究范围的边界、范围内的道路、土地利用多边形以及河流与湖泊。图形叠加分析也可以用来显示分析的结果,起到辅助判读的作用。土地利用数据集可能被叠加绘制在一个地块面上,这样就能提供研究范围内土地利用变化的三维可视化信息。

拓扑叠加*(topological overlay)

一幅地图与另一幅地图的拓扑叠加将生成两个输入数据图层组合后的新数据。两个输入图层的属性组合,将成为附随输出图层的新属性集。

通常使用的拓扑叠加类型有以下三种。

多边形与点。点在多边形上的叠加将让你在多边形集上叠加上点集,以确定哪个多边形(如果有的话)包含哪个点,同时也将点的属性作为结果添加到数据库中。如果一个点包含在一个多边形中,其多边形的属性将被添加到点上。

多边形与线。线在多边形上的叠加将让你在多边形集上叠加上线集。线条在它与多边形边界的相交处被打断,与线条中每一条线段交叉的多边形的属性都将被添加到线段的属性中去。

多边形与多边形。多边形与多边形的叠加可以让你将两个多边形数据集相叠加。其结果是两个输入数据集的拓扑结合版本,它可以用于创建一张新的输出地图或进行进一步的分析。输出地图中的多边形属性来自两张输入地图。

邻近度分析*(adjacency analysis)

该过程能够找出那些相邻(邻近)的面域,特别是具有共同边界的那些面域。

连通性分析*(connectivity analysis)

该功能可以确定面域或点与其他面域或点是否沿着线性要素并通过跟踪路径相连接。

最近邻域分析*(nearest neighbor analysis)

该功能能够通过设置位置或属性,寻找出离个体或点集、线集或面域集最近的其他点、线和面域。

关联分析*(correlation analysis)

该功能能够通过比对地图显示相同的面域,但这些面域表示的是不同时期的情况。关联关系是一种非常有用的管理工具。对两幅地图之间的差异进行定量分析和解释需要对其进行判定和比较。关联是进行此类过程的方法之一。它可能包含了叠加技术和统计功能。

线性参考*(linear referencing)

线性参考过程可以将多个属性集与一个线性要素的任意部分相关联。在不影响这些属性所在的线性数据坐标的情况下,可以对其进行存储、显示、查询或分析。线性参考使用路径(routes)和事件(events)对线性要素进行建模。

路径用于表示诸如城市街道、高速公路或河流等线性要素。路径包含了描述沿线性要素距离的量测值。这些量测值为数据提供了一个明确的位置,以描述路径的不同部分。沿着线性要素发生的任何事情的属性都可以认为是事件。事件被存储在一个表格数据库而不是在数据的几何对象中,因此,它们不会影响其所在的空间数据。在需要时,这些数据可以从表格数据库中进行访问。

线性参考通过一张事件表,可以计算线性要素上事件的位置,对于这张表,距离度量是可用的。

表面插值(surface interpolation)

插值点高程*(interpolate spot height)

该功能能够预测 DEM 上某个区域中任何一点的高程值。此时会生成一个具有高程属性的新的点。

沿线插值点高程*(interpolate spot height along a line)

该功能通过使用一份 DEM 数据来预测沿着线条的高程值。例如,你有一份 DEM 数据和一份水文网数据,插值过程可以沿着水系以高于水系上的某一指定点高程固定增量值(如 10 英尺)来创建一些点。同样的技术可以用于其他网络,如道路网或者管线网。

等值线插值*(interpolate isoline)

该功能可以从一组规则或不规则空间点值中生成用于表示相同高程的线。如果这些值是来自一份 DEM 数据的高程值,就将生成等高线(contour)。如果这些点的值表示气压读数,则生成的就是等值线。

流域边界插值*(interpolate watershed boundaries)

该功能通过使用一份 DEM 数据和水文网络数据创建流域。在流域研究中会使用到许多术语,如流域盆地(drainage basin)、流域(watershed)、盆地(basin)、排水区(catchment area)和集水区(contributing area)。

可视性分析(visiblity analysis)

视线*(line of sight)

该功能能够计算出给定目标和观察点连线上所能看见的点、线条的某段和多边形的某部分。视线计算需要一个表面(surface)。一般而言,表面数据来自一个 DEM 数据。假设你身处数据集中的一个点(如山顶),则视线计算将确定你是否可以从此点看到一个目标点(如远处另一座山顶上的瞭望塔)。

创建视域*(generate viewshed)

创建视域的过程包含处理 DEM 数据以确定从一个或多个视点上看,地形的哪些范围是可见的(也可参见"创建要素")。

建模(modeling)

算术建模*(arithmetic modeling)

用于对一个或多个输入数据集的值进行加、减、乘或除的操作,并将计算出来的值输出到结果数据集中。

权重建模*(weighted modeling)

权重建模允许你根据一套规则集对一些独立的数据集分配加权指标,并对这些数据集进行叠加以及在生成的相连数据集上执行如重分类、消融和合并功能。权重建模可以使用特定的特征(如适宜进行开发的区域)来区分范围。在该例中,比起地块的坡度或坡向特征,建模过程中靠近市场的地块可以给一个较高的权重值。

网络分析(network analysis)

最短路径*(shortest route)

此功能能够确定一个网络上两点或点集之间的最短路径或最小值路径。路径最小值可以通过诸如成本或时间的形式来表示。如果不需要进行复杂网络分析,那么对于大多数用户而言,最短路径功能就足够了。最短路径可以用于任何一种类型的网络数据,包括交通网、河流网、管道网或电力网。

网络分析*(network analysis)

该功能能够让你执行一系列对网络数据的操作。最短路径和连通度功能是网络分析中很简单的形式。在电力、煤气和通信应用中,需要对网络数据进行更复杂的分析。这些分析可能包括模拟水在复杂网络中的流动、电力分配网络中的荷载平衡、交通流量分析、煤气管道压力损失计算和在苛刻的时间和任务条件下对复杂投递网络进行优化等。

扩展阅读

图书

Boyles, David. 2002. *GIS Means Business: Volume* 2. Redlands, Calif.: ESRI Press.

Brewer, Cynthia. 2005. *Designing Better Maps: A Guide for GIS Users*. Redlands, Calif.: ESRI Press.

DeMers, Michael N. 2004. *Fundamentals of Geographic Information Systems*. 3rd ed. New York: John Wiley & Sons, Inc.

Fleming, Cory, ed. 2005. *The GIS Guide for Local Government Officials*. Redlands, Calif.: ESRI Press.

Eason, Kenneth. 1989. *Information Technology and Organizational Change*. London: Taylor & Francis.

Foresman, Timothy, ed. 1998. *The History of Geographic Information Systems*. New York: Prentice Hall.

Harmon, John E., and Steven J. Anderson. 2003. *The Design and Implementation of Geographic Information Systems*. New York: John Wiley & Sons, Inc.

Huxhold, William E., Eric M. Fowler, and Brian Parr. 2004. *ArcGIS and the Digital City: A Hands-on Approach for Local Government*. Redlands, Calif.: ESRI Press.

Longley, Paul A., Michael F. Goodchild, David J. Maguire, and David W. Rhind. 2002. *Geographic Information Systems and Science*. New York: John Wiley & Sons, Inc.

Mitchell, Andy. 1999. *The ESRI Guide to GIS Analysis, Volume* 1: *Geographic Patterns and Relationships*. Redlands, Calif.: ESRI Press.

Maguire, David, Michael Batty, and Michael Goodchild. 2005. *GIS, Spatial Analysis, and Modeling*. Redlands, Calif.: ESRI Press.

Muehrcke, Phillip, and Juliana Muehrcke. 1998. *Map Use: Reading, Analysis, Interpretation*. Madison, Wis.: JP Publications.

Ormsby, Tim, Eileen Napoleon, Robert Burke. 2004. *Getting to Know ArcGIS*

Desktop:*Second Edition*. Redlands,Calif.:ESRI Press.

O'Sullivan,David,and David Unwin. 2002. *Geographic Information Analysis*. New York:John Wiley & Sons,Inc.

Sommers,Rebecca. 2001. *Quick Guide to GIS Implementation and Management*. Park Ridge,Ill.:Urban and Regional Information Systems Association.

Tang,Winnie,and Jan Selwood. 2005. *Spatial Portals*:*Gateways to Geographic Information*. Redlands,Calif.:ESRI Press.

Thomas,Christopher,and Milton Ospina. 2004. *Measuring Up*:*The Business Case for GIS*. Redlands,Calif.:ESRI Press.

Tomlinson,R. F.,and M. A. G. Toomey. 1999. GIS and US in Canada. In *Mapping a Northern Land*:*The Survey of Canada* 1947－1994,ed. Gerald McGrath and Louis Sebert. McGill Queen's University Press.

Wade,Tasha,and Shelly Sommer,ed. 2006. *A to Z GIS*:*An Illustrated Dictionary of Geographic Information Systems*. Redlands,Calif.:ESRI Press.

Zeiler,Michael. 1999. *Modeling Our World*:*The ESRI Guide to Geodatabase Design*. Redlands,Calif.:ESRI Press.

Zeiler,Michael,and David Arctur. 2004. *Designing Geodatabases*:*Case Studies in GIS Data Modeling*. Redlands,Calif.:ESRI Press.

Web 网站

以下 Web 网站为 GIS 管理人员提供了相关主题的泛读材料。
领先的 GIS 软件厂商主页：
www.esri.com
美国地质调查局官方 GIS 主页：
www.usgs.gov
美国人口调查局 FAQ 栏目：
https://ask.census.gov
爱丁堡大学 GIS 信息交流中心：
www.geo.ed.ac.uk/home/giswww.html

期刊文章

Buliung, R. N., and P. S. Kanaroglou. 2004. On Design and Implementation of an Object-relational Spatial Database for Activity/Travel Behaviour Research. *Journal of Geographical Systems* 6(3): 237-62.

Calkins, Hugh W., and Duane F. Marble. 1987. The Transition to Automated Production Cartography: Design of the Master Cartographic Database. *The American Cartographer* 14(2): 105-19.

Haklay, M., and C. Tobón. 2003. Usability evaluation and PPGIS: Towards a User-centred Design Approach. *International Journal of Geographical Information Science* 17(6): 577-92.

Poch, M., J. Comas, et al. 2004. Designing and Building Real Environmental Decision Support Systems. *Environmental Modelling and Software* 19(9): 857-73.

Tomlinson, R. F, and Douglas A. Smith. 1991. Assessing GIS Costs and Benefits: Methodological and Implementation Issues. *International Journal Geographical Information Systems* 6:3. 247-56.

Wilcox, Darlene L. 2000. Now What Do wWe Do? Using Cost-benefit Analysis for Strategic Planning. *GEO World* 13(2): 42-4.

Wilcox, Darlene L. 1990. Concerning "The Economic Evaluation of Implementing a GIS." *International Journal of Geographical Information Systems* (April-June).

白皮书

以下白皮书均可以在 www.esri.com/esripress/tgis 上寻找到 PDF 格式的版本。

A Descriptive Study of the Usability of Geospatial Metadata. 一份在佛罗里达编制的 FGDC 元数据标准的可用性研究的参考。

Building GIS Catalogs and Implementing a Metadata Catalog Portal. 关于元数据及其在 GIS 中角色的 ArcNews 文章和白皮书。

Building Robust Topologies. 一份关于 ESRI 如何及为什么实现其特殊拓扑格式的白皮书，它从 ArcInfo Workstation 迁移而来，它是 ArcGIS for ArcInfo 用户的想法和概念。

System Design Strategies. 从 ESRI 的视角出发编制的一份系统设计哲学概述，它由 Dave Peters 每季度更新。